高等院校计算机教育系列教材

U0291747

数据挖掘导论

戴 红 常子冠 于 宁 主 编

清华大学出版社

北 京

内 容 简 介

本书为数据挖掘入门级教材,共分 8 章,主要内容分为三个专题:技术、数据和评估。技术专题包括决策树技术、K-means 算法、关联分析技术、神经网络技术、回归分析技术、贝叶斯分析、凝聚聚类、概念分层聚类、混合模型聚类技术的 EM 算法、时间序列分析和基于 Web 的数据挖掘等常用的机器学习方法和统计技术。数据专题包括数据库中的知识发现处理模型和数据仓库及 OLAP 技术。评估专题包括利用检验集分类正确率和混淆矩阵,并结合检验集置信区间评估有指导学习模型,使用无指导聚类技术评估有指导模型,利用 Lift 和假设检验比较两个有指导学习模型,使用 MS Excel 2010 和经典的假设检验模型评估属性,使用簇质量度量方法和有指导学习技术评估无指导聚类模型。

本书秉承教材风格,强调广度讲解。注重成熟模型和开源工具的使用,以提高学习者的应用能力为目标;注重结合实例和实验,加强基本概念和原理的理解和运用;注重实例的趣味性和生活性,提高学习者学习的积极性。使用章后练习、计算和实验作业巩固和检验所学内容;使用词汇表附录,解释和规范数据挖掘学科专业术语;使用适合教学的简单易用开源的 Weka 和通用的 MS Excel 软件工具实施数据挖掘验证和体验数据挖掘的精妙。

本书可作为普通高等院校计算机科学、信息科学、数学和统计学专业的入门教材,也可作为如经济学、管理学、档案学等对数据管理、数据分析与数据挖掘有教学需求的其他相关专业的基础教材。同时,对数据挖掘技术和方法感兴趣,致力于相关方面的研究和应用的其他读者,也可以从本书中获取基本的指导和体验。

本书配有教学幻灯片、大部分章后习题和实验的参考答案以及课程大纲。

本书封面贴有清华大学出版社防伪标签,无标签者不得销售。

版权所有,侵权必究。举报:010-62782989,beiqinquan@tup.tsinghua.edu.cn。

图书在版编目(CIP)数据

数据挖掘导论/戴红,常子冠,于宁主编. —北京:清华大学出版社,2014(2021.1 重印)
(高等院校计算机教育系列教材)
ISBN 978-7-302-38104-4

Ⅰ. ①数… Ⅱ. ①戴… ②常… ③于… Ⅲ. ①数据采集—高等学校—教材 Ⅳ. ①TP274

中国版本图书馆 CIP 数据核字(2014)第 224385 号

责任编辑:章忆文 陈立静
装帧设计:杨玉兰
责任校对:周剑云
责任印制:沈 露

出版发行:清华大学出版社
    网 址:http://www.tup.com.cn, http://www.wqbook.com
    地 址:北京清华大学学研大厦 A 座 邮 编:100084
    社 总 机:010-62770175 邮 购:010-62786544
    投稿与读者服务:010-62776969, c-service@tup.tsinghua.edu.cn
    质量反馈:010-62772015, zhiliang@tup.tsinghua.edu.cn
    课件下载:http://www.tup.com.cn, 010-62791865

印 刷 者:大厂回族自治县彩虹印刷有限公司
经 销:全国新华书店
开 本:185mm×260mm 印 张:13.75 字 数:331 千字
版 次:2015 年 1 月第 1 版 印 次:2021 年 1 月第 8 次印刷
定 价:34.00 元

产品编号:061066-02

前　　言

　　未来学家约翰·奈斯比特(John Naisbitt)惊呼："人类正被数据淹没，却饥渴于信息。"从浩瀚无际的数据海洋中发现潜在的、有价值的信息，是这个大数据时代的一个标志性工作。

　　数据挖掘(Data Mining)是利用一种或多种计算机学习技术，从数据中自动分析并提取信息的处理过程，其目的是发现数据中潜在的和有价值的信息、知识、规律、联系、模式，从而为解释当前行为和预测未来结果提供支持。数据挖掘一般使用机器学习、统计学、联机分析处理、专家系统和模式识别等多种方法来实现，是一门交叉学科，涉及数据库技术、人工智能技术、统计学方法、可视化技术、并行计算等。数据挖掘是一种商业智能信息处理技术，其围绕商业目标，对大量商业数据进行抽取、转换、分析和处理，从中提取辅助商业决策的关键性数据，揭示隐藏的、未知的或验证已知的规律性，是一种深层次的商业数据分析方法。

　　本书作为一本数据挖掘的入门级教材，专注于数据挖掘的基本概念、基本原理和基本技术的介绍和实践应用。全书围绕知识发现过程中的数据专题、技术专题和评估专题展开，包含大量实例和实验。实验采用 Weka 开源数据挖掘工具和 MS Excel 2010，两者作为教学软件，具有很好的通用性和易学易用性。本书最后附有词汇表和数据挖掘数据集，包括了书中涉及的数据挖掘的最基本词汇、例子及实验所用数据集。其中数据集有来自 UCI 的共享数据集，也有为了举例和实验而设计的假想数据集。

　　本书分为 8 章和两个附录，其中戴红编写了 8 章中的大部分内容，常子冠和于宁编写了附录 A 和附录 B，以及前 8 章的部分内容。

本书目标

本书希望帮助读者达到以下学习目标。
- 了解数据挖掘的技术定义和商业定义、作用和应用领域。
- 了解数据挖掘与知识发现、数据查询、专家系统的关系。
- 掌握数据挖掘和知识发现的处理过程。
- 掌握数据挖掘的基本技术和方法，包括有指导的学习技术——决策树技术、产生式规则、神经网络技术和统计分析方法，以及无指导聚类技术和关联分析方法。
- 掌握数据挖掘的评估技术，包括数据评估和模型评估方法。
- 了解数据仓库的设计目标和结构。
- 了解联机分析处理(OLAP)的目标和数据分析方法。
- 掌握时间序列分析方法，了解基于 Web 的数据挖掘目标、方法和技术。
- 能够使用 Weka 软件工具，应用各种数据挖掘算法，建立分类和聚类模型并进行关联分析，尝试解决实际问题。

● 能够使用 MS Excel 进行数据相关性分析，建立回归模型，以及使用 Excel 的数据透视表和数据透视图进行 OLAP 分析。

本书读者

本书既可作为计算机科学、信息科学、数学和统计学专业的入门教材，也可作为如经济学、管理学、档案学等，对数据管理、数据分析与数据挖掘有教学需求的其他相关专业的基础教材。同时，对数据挖掘技术和方法感兴趣，致力于相关方面的研究和应用的其他读者，也可以从本书中获取基本的指导和体验。

本书特点

本书强调基本概念、基本原理、基本技术的广度讲解。注重成熟模型和开源工具的介绍和使用；注重对数据挖掘经典算法过程的可理解性描述，而非聚焦细节的剖析，以提高授课学生的应用能力；注重结合基础实用案例，通过案例加强基本概念和原理的理解和运用；同时注重提高实例的趣味性和生活性，以提高学生的学习积极性。

本书秉承教材风格，使用实例和实验来描述和验证概念、原理和技术；使用章后练习、计算和实验作业巩固和检验所学内容；使用词汇表附录，解释和规范数据挖掘学科专业术语；使用适合教学的简单易用开源的 Weka 和通用的 MS Excel 软件工具实施数据挖掘，验证和体验数据挖掘的精妙。

本书内容

第 1 章 认识数据挖掘。主要是对数据挖掘作全面的概述，包括数据挖掘的基本概念、作用、过程、方法、技术和应用。同时介绍了本书使用的开源数据挖掘软件 Weka。

从第 2 章到第 8 章，可分为三个专题：技术专题、数据专题和评估专题。

技术专题

第 2 章 基本数据挖掘技术。介绍有指导学习技术中的决策树算法、无指导聚类和 K-means 算法，重点讨论生成关联规则技术和针对不同问题如何考虑选择不同的数据挖掘技术和算法。

第 6 章 神经网络技术。介绍神经网络的基本概念、结构模型、反向传播学习、自组织学习方法和神经网络技术的优势和缺点，讨论神经网络的输入和输出数据的要求，详细描述反向传播学习算法和自组织学习方法的一次迭代过程，并通过两个实验，介绍了使用 Weka 软件实现 BP 前馈神经网络模型的过程。

第 7 章 统计技术。介绍数据挖掘中几种常用的统计技术，包括线性回归、非线性回归和树回归，贝叶斯分类器，聚类技术中的凝聚聚类、概念分层聚类和混合模型聚类技术的 EM 算法，对比了统计技术和机器学习方法的不同之处，为针对不同的问题和数据情况选择不同的数据挖掘技术提供参考。

第 8 章 时间序列分析和基于 Web 的挖掘。介绍如何使用神经网络技术和线性回归方法建立预测模型，解决时间序列预测问题，使用数据挖掘对 Web 站点进行自动化评估和提供个性化服务，并就 Web 站点的自适应调整和改善进行了简单阐述，同时针对多模型应用中的两种著名方法装袋和推进进行了简单介绍。

数据专题

第 3 章 数据库中的知识发现。介绍了知识发现的基本概念、基本过程和典型模型，重点剖析知识发现过程中的每个步骤的任务和方法，并通过一个案例说明知识发现的整个过程。

第 4 章 数据仓库。概括性地阐述了数据库和数据仓库的基本概念和特点，介绍了数据仓库模型的设计，重点讨论最常用的星型模型、雪花模型和星座模型的设计，并解释了数据集市和决策支持系统的基本概念。通过一个实验，描述了从决策支持的角度，对数据仓库中的数据进行多维分析的方法。最后介绍了利用 MS Excel 数据透视表和数据透视图建立多维数据分析模型的方法。

评估专题

第 5 章 评估技术。概述了数据挖掘过程中评估的内容和工具，介绍了具有分类输出的有指导学习模型的最基本评估工具——检验集分类正确率和混淆矩阵、数值型输出模型的评估、检验置信区间的计算以及无指导聚类技术对于有指导学习模型的评估作用、有指导学习模型的比较方法，重点讨论了利用 Lift 和假设检验对两个有指导学习模型的性能进行比较。同时，讨论了属性评估，使用 MS Excel 的函数和散点图进行属性相关性分析，以及在属性选择中，如何通过应用经典的假设检验模型来确定数值属性的重要性。本章最后给出了两种无指导聚类模型的评估方法。

附录 本书有两个附录：附录 A 为词汇表，包含了各章以及 Weka 软件中出现的主要词汇和关键术语；附录 B 为本书各章实例、实验、章后习题中涉及的数据集的相关描述，有来自 UCI 的网络共享数据集，也有假想的数据集。

本书资源

- 教学幻灯片，包括所有章节的 PowerPoint 教学幻灯片。
- 习题答案，包括大部分章后习题和实验的参考答案。
- 课程大纲，包括学时建议和各学时的授课内容、讨论议题、习题和实验选择以及阶段测验的建议。

推荐资源如下。

(1) 全球最大的数据挖掘信息网站——http://www.kdnuggets.com/。Data Mining Community's Top Resource for Data Mining and Analytics Software, Jobs, Consulting, Courses, and more。

(2) 机器学习领域的 UCI 数据集——http://archive.ics.uci.edu/ml/。UCI 数据库是加州大

学欧文分校(University of California Irvine)提出的用于机器学习的数据库，目前拥有 200 多个数据集，并且数目还在不断增加。UCI 数据集在数据挖掘领域被认为是标准测试数据集。

欢迎读者来函，对书中不妥之处批评、指正。联系邮箱：daihong@buu.edu.cn。

编　者

2014 年 5 月

目 录

第 1 章　认识数据挖掘

本章要点提示

千百年来，人类总是从自然界和人类社会中不断地寻找和发现信息、知识、规律、联系和模式来发展自己，推进人类的进步。如农民在耕种中寻找着庄稼生长的规律，猎人在动物活动行为中寻找猎物的生活习性，教师在教学中寻找着教学规律，医生在患者病例中寻找疾病之间的联系，商人在消费行为中寻找模式等。数据挖掘就是在数据中发现潜在的和有用的信息、知识、规律、联系和模式的过程。

从本章开始，我们将进入数据挖掘和知识发现的神奇之旅。本章为全书的导入，在本章中将对数据挖掘的基本概念、作用、过程、方法、技术和应用作全面的概述。本章 1.1节给出了数据挖掘的定义。1.2 节将对与数据挖掘有着密切关系的机器学习进行探讨。1.3节介绍了数据查询与数据挖掘之间的关系。1.4 节介绍了专家系统和数据挖掘方法解决问题的不同。1.5 节描述了数据挖掘的过程。1.6 节对数据挖掘的作用进行了全面阐述。1.7 节介绍了几种常见的数据挖掘方法和技术。1.8 节对数据挖掘的应用领域和经典案例进行了简单介绍。1.9 节介绍了本书使用的一种开源数据挖掘软件 Weka。

1.1　数据挖掘的定义

数据挖掘(Data Mining)是利用一种或多种计算机学习技术，从数据中自动分析并提取信息的处理过程。数据挖掘的目的是寻找和发现数据中潜在的有价值的信息、知识、规律、联系和模式。数据挖掘与计算机科学有关，一般使用机器学习、统计学、联机分析处理、专家系统和模式识别等多种方法来实现。从学科的角度上看，数据挖掘是一门交叉学科，涉及数据库技术、人工智能技术、统计学、可视化技术、并行计算等多种技术。

以上是从技术角度给出的数据挖掘定义。从商业角度上来描述数据挖掘的定义为：数据挖掘是一种商业智能信息处理技术，是围绕商业目标开展的，对大量商业数据进行抽取、转换、分析和处理，从中提取辅助商业决策的关键性数据，揭示隐藏的、未知的或验证已知的规律性，是一种深层次的商业数据分析方法。

以下是对定义中的几个概念进行的进一步解释。

(1) 数据。数据挖掘使用的数据一般是真实的、大量的、可能具有噪声的数据，数据的质量很大程度上影响着数据挖掘的质量。目前随着计算机硬件技术和数据库、数据仓库数据管理等软件技术的发展，计算机能够收集和分析并处理大量的、结构复杂的、异构的数据。同时大量的数据中，可能真正有价值的信息很少，数据挖掘就是要在这些数据中发现有价值的信息。"人类正被数据淹没，却饥渴于信息" ——约翰•奈斯比特(John Naisbitt, 未来学家)。

(2) 潜在的有价值的信息、知识、规律、联系、模式。一般从数据中发现的不是浅知识(Shallow Knowledge)，即不是通过查询和搜索就能够获取的信息，而是隐含的、潜在的规律和模式。并且发现的知识是可被用户接受和理解的，往往可用于解决某个特定问题或进行特定领域的决策支持。

(3) 数据挖掘与知识发现的关系。数据库中的知识发现(Knowledge Discovery in Database，KDD)是一个经常与数据挖掘互换使用的术语。KDD 是一个处理过程和方法体系，它包括目标定义、数据准备、数据挖掘和解释、模型检验和评估、模型应用等阶段。尽管在很多场合下，数据挖掘和知识发现之间的界限并不明显，看到不加区分地使用，但严格来说，数据挖掘其实仅仅是 KDD 过程中的一个阶段。第 3 章中将详细讨论 KDD 过程和方法。

除了知识发现，与数据挖掘相关的词汇还有机器学习和人工智能、商务智能、模式识别、数据查询和数据分析、决策支持和专家系统等。下面对与数据挖掘相关的机器学习、数据查询和专家系统进行简单解释，并给出它们与数据挖掘之间的关系。在第 4 章中对数据分析、决策支持作进一步的阐述。

1.2　机　器　学　习

机器学习(Machine Learning，ML)是模拟人类的学习方法来解决计算机获取知识问题的方法。通过机器学习，可以利用大量的经验积累来改善系统的性能。机器学习是人工智能(Artificial Intelligence)的核心，是使计算机具有智能的根本途径，在商业智能分析等领域具有广泛的应用。

1.2.1　概念学习

机器学习是通过对大量的实例进行训练，从中发现经验化规律的过程。机器学习结果的通常表现形式为概念，即机器最擅长的是学习概念。概念(Concept)是具有某些共同特征的对象、符号或事件的集合。概念可以从三个不同的角度来看待，分别为概念定义的传统角度、概率角度和样本角度。

1. 传统角度

在传统角度(Classical View)中，所有概念都有明确的定义，某个实例是否属于一个概念，需要按照这个明确的定义来确定。如"优秀学生"若使用经典概念观点，则可定义为：每学期平均成绩 85 分(含)以上、参加社会工作 1 项及以上的学生。这个定义中存在两个条件，一为平均成绩的条件，二是参加社会工作情况。若将平均成绩和参加社会工作作为两个属性，≥85 分和 1 项作为属性的值，这个定义可以写成如下形式。

(1) 平均成绩≥85。

(2) 承担社会工作≥1。

传统概念定义中，概念的特征是定义明确的，不允许出现模棱两可的情况。以上两个条件必须同时满足，这样的学生才是优秀学生。

2. 概率角度

对个别样本实例进行概括性描述，这些概括性说明就构成了概率角度(Probabilistic

View)概念。如"优秀学生"的概率角度的概念定义如下。

(1) 一贯表现较好、成绩优良的学生，大多数都是优秀学生。

(2) 承担过社会工作，平均成绩在80分以上的学生，80%都是优秀学生。

以上两条是通过观察大量"优秀学生"实例得出的概括性描述。概率的观点并未给出优秀学生的确切定义，只是提供了优秀学生判定的一个参考。通过概率观点所定义的概念，不能直接得出判断结论。如一个参加过社会工作、平均成绩为85分的学生，不能肯定其就是"优秀学生"，他作为"优秀学生"的概率为80%。

3. 样本角度(Exemplar View)

样本角度(Exemplar View)概念定义既不是传统定义明确的条件，也不是概括性描述，而是将某个概念中的典型实例组成一个集合，使用该集合来描述概念定义。判断一个新实例是否属于某个概念分类，就将其与该集合中的典型实例进行比较，符合其中的某个实例，它就是这个概念类中的一员。如"优秀学生"的样本角度的概念定义如下。

(1) 承担过1项社会工作，平均成绩85分。

(2) 承担过2项社会工作，平均成绩83分。

(3) 没有承担过社会工作，平均成绩90分。

以上仅仅列出了三个样本组成的集合，实际中，为了更好地覆盖所有概念类的实例情况，样本除了能够正确描述概念类，具有典型性之外，还需要具有一定的覆盖度。从样本角度上，是将概念通过概念样本来表达，并用概念样本分类新的实例。若一名学生平均成绩为91分，若其与该概念样本充分地相似，则可以认为他是"优秀学生"。

在机器学习中，机器学习工具的不同决定了所学概念的不同表达形式。一般的概念结构如树、规则、网络和数学方程等。其中树结构和规则是人类容易解释和理解的概念形式，被称为白盒子结构，而网络和数学方程是人类不容易解释和理解的概念结构，被称为黑盒子结构。

1.2.2 归纳学习

机器学习的方式是基于归纳的学习。归纳学习(Induction-Based Learning)方法是人类学习的最重要方式之一。人类通过对事物的特定实例的观察，对所掌握的已有经验材料的研究，从归纳中获取和探索新知识，并以概念的形式表现出来。如小时候，我们在认知这个世界时，通过各种事物的典型实例，如动物中的老虎、狮子、大象等，植物中的松树、玫瑰花、兰花草等，在大脑中形成个别实例的记忆，通过大脑的加工抽象出表达这些事物的典型特征(属性)，如外观、形状、颜色、声音、动作等，最终形成动物和植物的概念分类模型。模型建立完成后，在对世界的进一步认知过程中，就会自然地使用这些模型来区分具有相似特征的更多的事物或实例。在应用概念分类模型进行未知实例分类的过程中，还在使用新的实例进行模型的进一步修正，这个过程使得我们大脑中对于事物的认识进一步地准确和完整。这种学习就是归纳学习。

以下是几个归纳学习的例子。

(1) 通过分析信用卡持卡人的消费行为，归纳出他的信用卡消费模式(模型)。当信用卡被盗刷时，信用卡公司可以利用这个消费模式(模型)判断出该消费行为是异常的，从而提醒持卡人该卡被盗用。

(2) 零售商经常通过分析顾客的购买行为，找出行为中的规律，如经典的啤酒和尿布案例，归纳出一般性规律，从而指导货架的摆放和商品的促销。

(3) 通过鸢尾花的花瓣和花萼的长度和宽度的特点，归纳出鸢尾花的类别，用该分类模型来判断未知种类鸢尾花的类别。

数据挖掘中使用了大量的机器学习方法，一般分为两大类：有指导(监督)的学习和无指导(监督)的聚类。有指导的学习就是上述的基于归纳的学习，是通过对大量已知分类或输出结果的实例进行训练，建立分类或预测模型，用来分类未知实例或预测输出结果的未来值。

1.2.3　有指导的学习

归纳学习是为了建立一个用于分类或预测的模型，而通过对大量已知分类或输出结果值的实例进行训练，调整分类模型的结构，达到建立能够准确分类或预测未知的模型的目的。这种基于归纳的概念学习过程被称为有指导(监督)的学习(Supervised Learning)。其中，用于有指导学习的样本数据被称为数据实例(Instance)，用于训练的实例被称为训练实例(Training Instance)。除此之外，分类模型建立完成后，通常需要经过检验实例(Test Instance)进行检验，判断模型是否能够很好地应用在未知实例的分类或预测中。

模型的训练过程是从个体实例归纳出概念类，属于归纳学习，但利用分类模型对未知实例进行分类判断的过程则是演绎的过程。下面通过一个例子来说明有指导的学习过程。

【例 1.1】　给定如表 1.1 所示的数据集 T，使用有指导的学习方法建立分类模型，对未知类别的实例进行分类。

表 1.1　感冒诊断假想数据集

序号	Increased -lym 淋巴细胞升高	Leukocytosis 白细胞升高	Fever 发烧	Acute-onset 起病急	Sore-throat 咽痛	Cooling-effect 退热效果	Group 群体发病	Cold-type 感冒类型
1	Yes	No	Yes	Yes	No	Good	Yes	Viral
2	No	Yes	Yes	No	Yes	Not good	Yes	Bacterial
3	Yes	No	Yes	Yes	Yes	Good	Yes	Viral
4	Yes	No	No	Yes	No	Unknown	No	Viral
5	No	No	No	No	Yes	Unknown	No	Bacterial
6	No	Yes	Yes	Yes	No	Not good	No	Bacterial
7	No	Yes	Yes	No	Yes	Not good	No	Viral
8	Yes	No	Yes	No	No	Good	Yes	Viral
9	Yes	Yes	Yes	Yes	Yes	Good	Yes	Viral
10	Yes	Yes	Yes	No	Yes	Not good	No	Bacterial

表 1.1 是一个关于感冒类型诊断的小型假想数据集，数据集的格式为"属性-值"格式

(Attribute-Value Format)，表中第一行显示了属性的名称。数据集共有 8 个属性，前 7 个属性表达了病人患感冒的临床症状，分别为 Increased-lym(淋巴细胞是否升高)、Leukocytosis(白细胞是否升高)、Fever(是否发烧)、Acute-onset(是否起病急)、Sore-throat(是否有咽痛症状)、Cooling-effect(服用退烧药的退热效果如何)、Group(是否有群体发病情况)。这些属性在有指导的学习中被称为输入属性(Input Attribute)，是用来表示分类特征的属性。第 8 个属性为 Cold-type(感冒类型)，它有两个取值：Viral(病毒性的)和 Bacterial(细菌性的)，是有指导学习中的输出结果，被称为类或输出属性(Output Attribute)。

数据集中有 10 个实例，每个实例显示一位感冒患者的症状和类型。例如，第一个实例表示感冒患者淋巴细胞升高、白细胞未升高、发烧、起病急、咽部不疼痛、使用退烧药效果较好、有群体发病情况，最后该患者被诊断为病毒性感冒。

机器学习中的有指导学习方法和技术很多，常用的有决策树、产生式规则、神经网络等。下面使用最常用的决策树方法建立表 1.1 的分类模型，用于对一个未知感冒类型的患者进行诊断。

决策树(Decision Tree)是一种简单的、易于解释和理解的概念结构。决策树是一个倒立的树，树的非叶子节点表示在一个属性上的分类检查，叶子节点表示决策判断的结果，该结果选择了正确分类较多实例的分类。决策树有很多算法，在第 2 章中将对此进行详细介绍，这里使用决策树的经典算法 C4.5。决策树如图 1.1 所示。

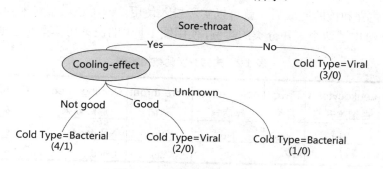

图 1.1 感冒类型诊断决策树

从这棵决策树中得出以下几点结论。

(1) 当患者没有咽痛症状(Sore-throat=No)，可以认为其患有病毒性感冒(Cold-type=Viral)。

(2) 当患者有咽痛症状(Sore-throat=Yes)，并且使用了退烧药，用药效果不好(Cooling-effect=Not good)，则可以判断其得了细菌性感冒(Cold-type = Bacterial)。

(3) 当患者有咽痛症状，并且使用了退烧药，用药效果较好(Cooling-effect = Good)，则可以判断其得了病毒性感冒。

(4) 当患者有咽痛症状，未用退烧药(Cooling-effect = Unknown)，则可以判断其得了细菌性感冒。

从决策树中可以看到，决策树中仅出现了两个输入属性：Sore-throat(是否有咽痛症状)和 Cooling-effect(服用退烧药的退热效果如何)，其他属性如 Increased-lym(淋巴细胞是否升高)、Leukocytosis(白细胞是否升高)、Fever(是否发烧)、Acute-onset(是否起病急)、Group(是否有群体发病情况)对于诊断感冒类型没有起到任何作用。因数据集数据量太少，此结论仅供参考。

决策树叶子节点中的数字格式(m/n)表示沿着这条树的路径(分支)达到叶子节点的实例数共 m 个，其中 n 个实例被分类错误。例如，当患者没有咽痛症状(Sore-throat = No)，该分支的决策结果是认为患者患有病毒性感冒(Cold-type = Viral)。该分支的叶子节点中数字为(3/0)，表示符合这条分支判断条件的实例共有 3 条，全部被分类为患有病毒性感冒，并且与实际情况相比，全部被分类正确。而当患者有咽痛症状(Sore-throat = Yes)，并且使用了退烧药，用药效果不好(Cooling-effect = Not good)，该分支的决策结果为判断患者得了细菌性感冒(Cold-type = Bacterial)。该分支的叶子节点中数字为(4/1)，表示符合这条分支判断条件的实例共有 4 条，全部被分类为患有细菌性感冒，但实际上，其中有一人是患有病毒性感冒的，即有一条实例被分类错误。

表 1.1 中的 10 条实例作为训练数据用于创建决策树模型，这棵决策树能够正确分类这10 条实例中的 9 条，分类正确率达到 9/10=90%。但是这个分类正确率仅仅说明对于训练数据的分类正确程度，没有检验对于未参与训练的其他实例的分类正确程度，所以还应该使用检验实例来检验模型分类未参与训练的未知实例的分类正确率，从而确定模型在后续使用中的效果。检验集中实例的分类也是已知的，这样才能对模型计算的分类结果与实际分类结果进行比较，计算出检验数据上的分类正确率，这个检验集分类正确率将预示着模型未来的性能。

分类模型建立和检验完成后，就可以实际投入使用，即用该模型对未知分类的实例进行分类。表 1.2 给出了两个未知分类的实例，使用图 1.1 中的决策树模型对它他们进行分类。

表 1.2　未知分类的数据实例

Increased -lym 淋巴细胞升高	Leukocytosis 白细胞升高	Fever 发烧	Acute-onset 起病急	Sore-throat 咽痛	Cooling-effect 退热效果	Group 群体发病	Cold-type 感冒类型
No	Yes	Yes	No	No	Not good	No	?
Yes	No	Yes	No	Yes	Good	No	?

(1) 对于第一条实例，患者没有咽痛症状(Sore-throat = No)，则可以诊断为患有病毒性感冒(Cold-type = Viral)。

(2) 对于第二条实例，患者有咽痛症状(Sore-throat = Yes)，并且使用了退烧药，用药效果较好(Cooling-effect = Good)，则可以诊断为也患有病毒性感冒(Cold-type = Viral)。

决策树一般都可以被翻译为一个产生式规则集合。产生式规则的格式为：

IF 前提条件 THEN 结论

前提条件描述输入属性的值，结论说明输出属性的结果。将决策树翻译为产生式规则的方法是从根节点出发，沿着树的一条路径到叶子节点来创建规则。规则的前提条件由这条路径中的所有属性值组成，规则的结论是叶子节点的输出值。图 1.1 的感冒类型诊断决策树可以翻译为以下 4 条产生式规则。

```
(1) IF Sore-throat = No   THEN  Cold-type = Viral
(2) IF Sore-throat = Yes & Cooling-effect = Good THEN Cold-type = Viral
(3) IF Sore-throat = Yes & Cooling-effect = Not good THEN Cold-type =Bacterial
(4) IF Sore-throat = Yes & Cooling-effect = Unknown  THEN Cold-type = Bacterial
```

现在可以使用产生式规则对表 1.2 中的未知实例进行分类。

(1) 对于第一条实例，患者没有咽痛症状(Sore-throat = No)，适用第一条规则，则可以诊断为患有病毒性感冒(Cold-type = Viral)。

(2) 对于第二条实例，患者有咽痛症状(Sore-throat = Yes)，并且使用了退烧药，用药效果较好(Cooling-effect = Good)，适用第二条规则，则可以诊断为也患有病毒性感冒(Cold-type = Viral)。

1.2.4　无指导的聚类

无指导(监督)聚类(Unsupervised Clustering)是一种无指导(无教师)的学习，在学习训练之前，没有预先定义好分类的实例，数据实例按照某种相似性度量方法，计算实例之间的相似程度，将最为相似的实例聚类在一个组——簇(Cluster)中，再解释和理解每个簇的含义，从中发现聚类的意义。

【例 1.2】 给定如表 1.1 所示的数据集 T，使用无指导聚类方法，对所有实例进行分类，解释每个簇的含义。

对于表 1.1 中的数据先进行简单处理，删除 Cold-type(感冒类型)属性，这样表中数据仅为患者的患病症状，没有诊断结果，即没有任何有指导性的分类信息。现在我们希望通过无指导聚类方法，从这些数据中挖掘出潜在的有价值的信息或模式。

与有指导学习不同，在无指导聚类之前，不能确定数据挖掘的目标，即我们希望找到有价值的信息，但具体找什么，没有明确的目标。一般情况下，可以在评估了无指导聚类模型的质量后，对于将实例聚类为质量较好的几个簇的属性进行评估，评估哪些属性能够较好地聚类簇，哪些属性能够较好地区分不同簇的实例。

无指导聚类有很多种算法，如 K-means(K-均值)算法、凝聚聚类方法、概念分层 Cobweb 算法、EM 算法等，其中 K-means 算法是一种最为常用和易用的算法。算法需要在聚类前指定一个初始簇的个数，本例中，可以将初始簇个数指定为 2，应用 K-means 算法，将去掉感冒类型后的表 1.1 中的实例聚类为两个簇，每个簇有 5 个实例，分别为 Cluster 0 = {1,3,4,8,9}和 Cluster 1 = {2,5,6,7,10}(其中的数字为实例在表 1.1 中的序号)。通过观察这两个簇实例的感冒类型属性，发现实际上两个簇分别表达了病毒性感冒(Cold-type = Viral)和细菌性感冒(Cold-type = Bacterial)两种感冒类型。每个簇的概念结构可以表示为一个产生式规则，其规则如下。

```
(1)  IF Increased -lym = Yes & Cooling-effect =Good  THEN Cluster = 0
(rule accuracy = 4/4 = 100%, rule coverage = 4/5 = 80%)
(2)  IF Sore-throat = Yes & Cooling-effect = Not good THEN Cluster = 1
(rule accuracy = 4/4 = 100%, rule coverage = 4/5 = 80%)
```

每条规则结论的后面的数字表示规则的准确率和覆盖率，分别表示了规则的置信度和有效性。Cluster 0 和 Cluster 1 的规则准确率分别为 100%，表示这两条规则在满足前提条件的情况下，100%是正确的。Cluster 0 和 Cluster 1 的规则覆盖率分别为 80%，表示在 Cluster 0 和 Cluster 1 的实例中的 80%满足规则的前提条件。

Cluster 0 规则显示出当某人淋巴细胞升高且用了退烧药后效果较好，则他一定患有病毒性感冒，在患病毒性感冒的人里，有 80%淋巴细胞升高且用了退烧药后效果较好。

1.3 数 据 查 询

数据查询(Data Query)是通过数据查询语言在数据中找出所需要的数据或信息。数据查询与数据挖掘在定义中有相似的地方，都是从数据中找出需要的信息。那么什么时候应该使用数据挖掘，什么时候使用数据查询呢？

在明确需要查找的数据或信息的情况下，可以考虑使用数据库查询语言，如 SQL 语言和 OLAP(联机分析处理)工具发现并报告数据库中的信息。例如：

(1) 查找平均成绩大于等于 85 分的学生姓名。

(2) 找出所有咽痛的患者。

(3) 给出患有病毒性感冒又不发烧的患者名单。

(4) 找出患有病毒性感冒和细菌性感冒的人数。

(5) 找出职业为教师的驾车者 8 月份因闯红灯接受违章处罚的信息。

以上这些查询能够为决策提供有价值的信息，但这些信息是浅层次的信息或知识，它们是数据中显式存在的数据或信息——浅知识或多维知识(Multidimensional Knowledge)。数据查询要么是对原始数据的简单投影和选取，要么是基于多维的数据选取，要么是对数据进行统计计算获得的计算数据或汇总信息，它不能获取数据中潜在的、隐藏的信息或知识——隐含知识(Hidden Knowledge)。

在数据挖掘之前，要寻找的信息或知识等不是非常明确或者只有一个寻找方向。例如：

(1) 开发一个描述感冒类型的特征文件，用于疾病诊断。

(2) 对于完成一天的学习任务后是否外出打篮球，给出一个决策模型。

(3) 对某种植物的特征进行提取，建立分类模型。

(4) 预测股票价格。

(5) 找出顾客网络购物行为中的规律。

使用数据查询很难得到上述问题的理想答案。在具有高质量、充足的数据的情况下，通过数据挖掘的有指导学习、无指导聚类和关联分析能够较好地完成上述任务。

1.4 专 家 系 统

一些情况下，使用数据查询和数据挖掘方法都不能有效地解决问题。例如：希望发现数据中潜在的有价值的信息，而不是显式的信息；缺乏高质量的、充足的数据；没有可行的数据挖掘算法等，此时，在需要解决问题的领域中，寻找到一位或几位能够高效解决领域问题的人或模拟这些人解决问题的计算机软件系统是个可行的办法。

专家系统(Expert System)是一种具有"智能"的计算机软件系统，它能够模拟某个领域的人类专家的决策过程，解决那些需要人类专家处理的复杂问题。专家系统中一般包含以规则形式表示的领域专家的知识和经验，系统就是利用这些知识和方法进行推理和判断，从而解决该领域中的实际问题。有能力解决领域中复杂问题的人通常被称为该领域中的专家(Expert)。如能够诊断疑难杂病的医生、能够作出市场决策的 CEO、能够处理法律纠纷的法律顾问等。专家通常具有该领域中较高的知识水平和技能，具有丰富的经验，能够快速有效地解决领域问题。

对于感冒类型诊断问题，图 1.2 给出了使用专家系统和数据挖掘解决问题的过程。数据挖掘方法使用数据和数据挖掘工具创建感冒类型诊断的规则系统，而使用专家系统的方法是借助于两种人——专家和知识工程师以及专家系统创建工具产生感冒类型诊断的规则系统。其中知识工程师(Knowledge Engineer)接受培训，为获取专家的知识而与之进行交流。获取知识后，使用自动化工具创建新知识的计算机模型。不论是通过专家系统还是数据挖掘方法创建的知识系统(这里的规则系统)，是一样的模型系统。另外，还可以让专家系统和数据挖掘进行协作，共同解决较为困难的问题。

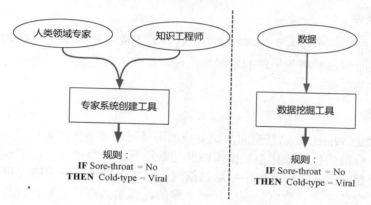

图 1.2 专家系统 vs 数据挖掘

1.5 数据挖掘的过程

数据挖掘是 KDD 过程中的一个阶段，第 3 章将详细介绍 KDD 的完整处理过程，这里只描述一次数据挖掘实验所经历的过程。可以将一次数据挖掘实验分为以下四个步骤。

(1) 准备数据，包括准备训练数据和检验数据。

(2) 选择一种数据挖掘技术或算法，将数据提交给数据挖掘软件。

(3) 解释和评估结果。

(4) 模型应用。

一次数据挖掘实验过程的简单示意如图 1.3 所示。

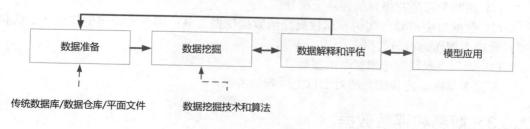

图 1.3 数据挖掘实验过程示意图

1.5.1 准备数据

数据挖掘中数据的质量和数量是影响挖掘结果的重要因素，可能需要花费大量的时间和精力，所以数据准备是整个数据挖掘过程中较为重要和费时费力的阶段。数据挖掘的数据集的大小可能是万条或十万条，也可能是十条、几十条或几百条，通常情况下，数据集中具有几百条或几千条实例，大多数数据挖掘工具工作效果最好。

在明确数据挖掘目标后，可以通过从传统数据库、数据仓库和平面文件三种途径收集和抽取数据。

1. 传统数据库

数据来源之一为一个或多个传统数据库。传统数据库又称为操作型数据库(Operational Database)，它是面向日常事务处理的数据库，通常结构为关系模型。数据库中包含若干个规范化了的二维关系表。

2. 数据仓库

数据仓库(Data Warehouse)是面向决策支持而不是日常事务处理而设计的。数据仓库是从多种、异构、分散的传统操作型数据库或其他数据源中抽取面向主题的数据，打上时间戳，进行集成存储。在从操作环境中抽取数据时，通常要进行数据的清洗和变换。

数据仓库中存储的所有数据是面向同一主题的，通常具有冗余数据。数据挖掘就是利用这些冗余数据发现知识，建立模型。数据仓库中的数据用来支持面向主题的 OLAP 或数据挖掘，所以一般是只读的，只有在特殊情况下才可以进行修改。第 4 章将详细讨论数据仓库、关系数据模型和 OLAP。

3. 平面文件

一些数据量较小的数据集可以存储在如 Excel 电子表格、.csv、.arff 这样的平面文件中。如表 1.1 所在的 ColdType.xls 文件。

1.5.2 挖掘数据

数据准备完成后，选择一种数据挖掘技术或算法，将数据提交给数据挖掘工具，应用该算法建立模型。在选择数据挖掘技术或算法时，需要进行如下考虑。

(1) 判断学习是有指导的还是无指导的。

(2) 数据集中的哪些实例和属性提交给数据挖掘工具；哪些数据实例作为训练数据；哪些数据实例作为检验数据。

(3) 如何设置数据挖掘算法的参数。

在第 3 章中，将详细介绍对于以上问题的考虑。

1.5.3 解释和评估数据

解释和评估数据是对数据挖掘的输出进行检查，评估其是否达到挖掘目标，确定所发

现的信息或知识是有价值的。数据挖掘的评估工具有多种，关于这部分内容将在第 5 章中详细介绍。

如果数据挖掘的结果经过解释和评估后，发现不理想，可以使用或选择新的数据实例或属性，选择新的数据挖掘算法或参数，进行重复实验，直到得到满意结果为止。所以一个数据挖掘过程是个迭代的过程，往往需要多次实验来获取最为满意的结果。

1.5.4　模型应用

数据挖掘的终极目标是将所发现的知识应用于解决实际问题，即模型的应用。可以应用分类模型解决如例 1.1 中的疾病诊断问题；可以应用聚类模型解决对顾客的分类，找出不同类中顾客的行为特征，从而为诸如促销活动等提供决策支持；可以通过应用关联分析模型，找出顾客购买的商品之间的关联关系，对于货架摆放、商品促销等提供决策支持。

1.6　数据挖掘的作用

数据挖掘的作用可以分为两大类：建立有指导的学习模型和无指导聚类模型。有指导的学习模型是通过使用若干输入属性来预测输出属性的值。多数有指导的数据挖掘算法仅允许有一个输出属性，可以有多个输入属性。数据集中的输入属性和输出属性的类型可以是分类类型或数值类型，也可以是两者的混合。有指导的学习模型中的输出属性的值依赖于输入属性的取值，所以输出属性又被称为因变量(Dependent Variables)，相对的，输入属性被称为自变量(Independent Variables)。当学习是无指导的时，不存在输出属性，数据集中的所有属性都是输入属性——自变量。

有指导的学习模型又可以按照输出属性是分类类型的还是数值类型的，分为分类模型和估计模型。同时若模型是用来预测未来结果的，则该模型又可以被称为预测模型。不论有指导的学习模型是哪一类，都可以统称为分类模型。在无指导聚类模型中，可以将分析属性间关联关系的模型称为关联分析模型。这样，数据挖掘根据其用于分类、估计、预测、聚类和关联分析而建立的模型共有五种，如图 1.4 所示。

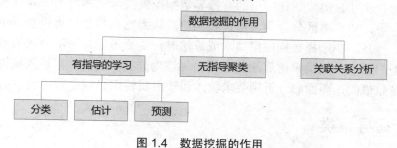

图 1.4　数据挖掘的作用

1.6.1　分类

分类(Classification)是通过有指导的学习训练建立分类模型，使用模型对未知分类的实例进行分类。注意，分类的输出属性是分类类型而不是数值类型的。例 1.1 中的决策树就是分类模型。

1.6.2 估计

与分类模型相似，估计(Estimation)模型是用来确定一个未知的输出属性值。与分类模型不同的是，估计模型的输出属性是数值类型的而不是分类类型的。如估计房屋的价格、客户的年龄等，都是估计模型的作用。

大多数有指导数据挖掘技术不能同时解决分类和估计两类问题。如决策树算法只能建立分类模型，不能建立估计模型，即输出属性只能为分类类型的，不能是数值类型的。为了能够使用某种本不支持该类模型建立的算法建立该类模型，通常的做法是对属性的类型进行变换。如为了估计房屋的价格而建立有指导的学习模型，价格属性为数值类型的输出属性，不能使用决策树算法建立分类模型。为了能够使用决策树算法，可以将数值型的价格映射为几个离散的区间值，如使用 100～499 K、500～999 K、1000～1999 K、2000～2999 K 等分别表示 10 万～49.9 万、50 万～99.9 万、100 万～199.9 万、200 万～299.9 万等价格区间，这样就可以使用决策树算法建立的分类模型来估计房屋的价格区间了。又比如，使用回归方程模型可以估计或预测输出属性的数值型结果，若需要使用回归分析建立分类模型，此时数据集实例的实际输出属性为分类类型的值，如 Yes 或 No，用回归分析建立模型之前需要将 Yes 和 No 变换为数值型的 1 和 0。模型的估值结果不一定正好是 1 或 0，那么可以约定接近 1 的输出表示为 Yes，接近 0 的输出表示为 No，这样就使得估值或预测模型发挥了分类模型的作用。

1.6.3 预测

与分类模型和估计模型不同，预测模型的目的是确定未来的输出结果而不是当前的行为。预测模型的输出可以是分类类型的或数值型的。如预测一个人是否会去打篮球；预测明天上证指数的收盘价格；预测在未来的三个月内，哪些客户会购买某种品牌手机等。

大部分用以建立分类或估计模型的有指导数据挖掘技术同样可用于建立预测模型。在实际应用中，不需要严格区分分类、估计和预测，认为它们都是分类模型，用于解决三个方面的问题。但是，在选择数据挖掘技术或算法时，需要考虑算法所要求的输入和输出属性的数据类型的要求。如决策树算法要求输出属性为分类类型的，而输入属性可以是分类的，也可以是数值的；而回归分析则要求输入和输出属性都必须是数值类型的数据。

1.6.4 无指导聚类

对于无指导聚类，没有因变量来指导学习过程。通过对聚类所形成的簇的质量进行度量而将最相似的实例分在若干个簇中，每个簇有定义明确的含义，包含着学习的概念结构。无指导聚类的主要目标就是发现数据中的这些概念结构。无指导聚类一般有以下四个方面的作用。

(1) 在数据中发现概念形式的有价值的知识(见第 2 章)。

(2) 对有指导的学习模型的性能进行评估(见第 5 章)。

(3) 选择属性，确定有指导学习的最佳输入属性(见第 5 章).

(4) 探测孤立点(见第 3 章)。

关于第一条作用，例 1.2 已经说明了使用聚类方法如何发现数据中的有价值的知识。

关于第二条和第三条作用，使用无指导聚类技术评估有指导模型的性能，是无指导聚类的一个重要应用。在建立了一个有指导学习模型之后，发现检验集分类正确率不够理想，此时可能是多方面的因素影响模型的性能，其中就包括训练数据中的属性是否对于分类有较强的预测能力。为了能够找出对于分类最具贡献价值的属性，可以对建立有指导学习模型的训练数据集进行聚类分析，将原来的输出属性删除后，按照有指导模型中的输出属性的可能取值的个数设置初始簇个数，进行无指导聚类分析，检查聚类输出以确定来自有指导概念类的实例是否能够自然地聚类在一起。如果不能，可以断定用于训练的属性不能用于区分概念类，这样可解释有指导的学习模型运行不好的原因。重新选择属性，再应用无指导聚类进行前述的属性评估，重复试验，直到为有指导的学习模型选择出一组最优的属性。

关于第四条作用，无指导聚类还可以用于探测数据中出现的非典型实例。非典型实例又被称为孤立点(Outliers)，无指导聚类通过检查那些不能和其他实例自然聚类在一起的那些实例来识别孤立点。识别孤立点是重要的，在使用统计技术进行数据挖掘时，经常将孤立点作为噪声数据进行处理。而对于某些应用，识别孤立点是用来判断特异情况的发生，如在判断信用卡是否被盗用时，孤立于持卡人的信用卡消费特征之外的消费行为被识别为一个孤立点，它就可能是一次盗用信用卡进行消费的交易实例。

1.6.5　关联关系分析

关联分析(Association Analysis)是发现事物之间关联关系的分析过程，其典型应用就是购物篮分析(Market Basket Analysis)。购物篮分析是确定顾客在一次购物中可能一起购买的商品，发现其购物篮中不同商品之间的联系，分析顾客的购买习惯，从而发现购买行为之间的关联。这种关联的发现可以帮助零售商制定营销策略，其中一个著名的应用案例就是尿布和啤酒。购物篮分析的输出结果是描述顾客购买行为的一组关联关系，这些关联关系以一组特殊的规则形式——关联规则(Association Rules)来表达。关于关联分析将在第 2 章中进行详细说明。

1.7　数据挖掘技术

数据挖掘技术(Data Mining Technique)是对一组数据应用一种数据挖掘方法，一般由一个数据挖掘算法和一个相关的知识结构，如树结构或规则来定义的。在 1.2.3 节介绍了决策树技术和产生式规则，下面将介绍两种有指导数据挖掘技术的神经网络和回归分析，以及一种关联分析和聚类技术技术。

1.7.1 神经网络

神经网络(Neural Network)是一种具有统计特性的数学模型，它的创建思想源于人类神经网络的结构、功能和运行过程。它试图模拟人脑的功能来完成学习功能。神经网络已经成功地应用于多个领域的问题中，是非常流行的数据挖掘技术。

神经网络表现为多种形状和格式，可以建立有指导的学习模型和无指导的聚类模型。神经网络的输入属性必须是数值类型的，输出属性则可以是数值类型的也可以是分类类型的。

前馈(Feed-Forward)神经网是常用的有指导的学习模型。图 1.5 是一个三层全连接前馈神经网。全连接指的是每一层的每个节点都与其下一层的所有节点相连接，而同层节点之间不相连。每个网络连接上都具有权重值，如图中的 w_{1j}、w_{2j}、w_{3j} 等。

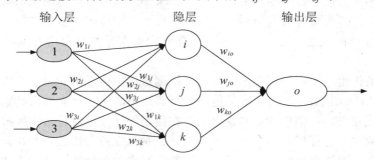

图 1.5　三层全连接前馈神经网

对于前馈网络，一个实例的输入属性值输入到输入层，通过隐层到达输出层。输入层节点数由输入属性的个数决定，每个输入属性都有一个输入层节点。输出层可能有一个或多个节点(图 1.5 中输出层有一个节点)来表达模型的输出结果。

建立神经网络模型分为两个阶段。第一个阶段为学习训练阶段，第二个阶段为检验阶段。在网络训练期间，将每个实例的输入属性值提交给输入层节点。神经网络使用输入值和网络连接权重值来计算每个实例的输出。将每个实例的输出和希望的网络输出进行比较，希望值和计算输出值之间的误差通过修改连接权值传回网络。当达到一定的迭代次数后或当网络收敛到一个预定的最低错误率时，训练终止。在模型建立的第二阶段中，固定网络权重，将模型用于计算新实例的输出值。

神经网络方法的主要缺点是缺乏对所学内容的解释，以及将分类类型的数据转换为数值型值。

在第 6 章中将详细介绍神经网络技术。

1.7.2 回归分析

回归分析(Regression Analysis)是一种统计分析方法，它可以用来确定两个或两个以上变量之间的定量的依赖关系，并建立一个数学方程作为数学模型，来概化一组数值数据，进而进行数值数据的估值和预测，其应用非常广泛。

表 1.3 中的数据集有 11 个实例,每个实例数据描述了一座办公楼的 Floor Space(底层面积)、Number of Offices(办公室个数)、Number of Entrances(入口个数)、Building Age(大楼使用年数)和 Value(价值)。开发商希望根据这些实例应用线性回归分析来估计出某个不知道价值的办公楼的价值。

将 Floor Space、Number of Offices、Number of Entrances 和 Building Age 作为自变量,分别用 x_1、x_2、x_3 和 x_4 表示,Value 作为因变量,使用回归分析建立的回归模型如式(1.1)所示。

$$Value = 27.64x_1 + 12529.77x_2 + 2553.21x_3 + (-234.24)x_4 + 52317.83 \tag{1.1}$$

表 1.3 办公楼数据集

No.	Space(x_1)	Offices(x_2)	Entrances(x_3)	Age(x_4)	Value
1	2310	2	2	20	142000
2	2333	2	2	12	144000
3	2356	3	1.5	33	151000
4	2379	3	2	43	150000
5	2402	2	3	53	139000
6	2425	4	2	23	169000
7	2448	2	1.5	99	126000
8	2471	2	2	34	142900
9	2494	3	3	23	163000
10	2517	4	4	55	169000
12	2540	2	3	22	149000

现在,开发商可以使用回归方程预估办公楼的价值了。设有一座未知价值的办公楼,面积为 2500、3 个办公室、2 个入口,已使用 25 年,则其估计价值由式(1.2)计算所得,为 158257.56。

$$y=27.64×2500+12529.77×3+2553.21×2-234.24×25+52317.83=158257.56 \tag{1.2}$$

在第 7 章中将详细介绍回归分析方法和工具。

1.7.3 关联分析

关联分析是一种关联规则(Association Rule)挖掘技术,用于发现数据中属性之间的有价值的联系。与传统的产生式规则不同,关联规则可以有多个输出属性,且一个规则的输出属性可以在另一规则中作为输入属性。关联分析可以用来发现潜在的令人感兴趣的商品购买组合,是购物篮分析的常用技术。

关联分析有多种算法,其中最著名的为拉克什·阿戈沃(Rakesh Agrawal)等人于 1993 年提出的 Apriori 关联分析算法。Apriori 算法不支持数值型数据,所以在使用该算法之前,需要进行必要的数据变换。

【例 1.3】 应用 Apriori 算法，对表 1.1 中的数据集进行关联分析，找出感冒症状之间的关联关系。

对表 1.1 中的感冒类型诊断数据集应用 Apriori 算法所生成的三条关联规则如下。

```
(1)   IF Leukocytosis = Yes THEN Fever = Yes
(rule accuracy = 5/5 = 100%, rule coverage = 5/8 = 62.5%)
(2)   IF Increased-lym = No THEN Sore-throat=Yes
(rule accuracy = 4/4 = 100%, rule coverage = 4/7 = 57.1%)
(3)   IF Cooling-effect = Good THEN Fever = Yes
(rule accuracy = 4/4 = 100%, rule coverage = 4/8 = 50%)
```

这三条规则的准确率都达到了 100%，它们的覆盖率分别为 62.5%、57.1% 和 50%。对于第三条规则中 50% 的规则覆盖率说明，每两个发烧的人中有一个使用退烧药后退烧效果较好。

关联分析可能会产生大量的规则，其中大部分规则是无价值的。在数量繁多的规则集合中找出有价值的规则，有时是非常困难的。为了减少最终产生规则的数量，并提高规则的质量，可以通过控制准确率和覆盖率的方法，尽可能地降低关联规则的数目。

在第 2 章中将详细探讨 Apriori 算法的使用。

1.7.4 聚类技术

聚类技术作为数据挖掘的重要技术，具有多种算法，包括基于划分的聚类方法、基于分层的聚类方法和基于模型的聚类方法等。前面介绍的 K-means 算法(第 2 章还将详细探讨该算法)，就是著名的基于划分的聚类方法，在第 6 章中还将介绍三种聚类技术，包括凝聚聚类和 Cobweb 两种概念分层聚类方法，以及一种基于模型的聚类方法——EM 算法。

聚类技术还可以用来对有指导学习模型进行评估。将有指导建模使用的训练集作为无指导聚类的数据集(可以删除有指导学习中作为输出的属性)来度量聚类形成的簇的质量。如果簇的质量良好，则证明使用该训练集训练的有指导模型的质量良好。反之，可以证明用于有指导学习的训练集数据不是最好的选择，这就需要在有指导学习训练之前，对训练集中的实例和属性进行重新评估和选择。

1.8 数据挖掘的应用

数据挖掘已经成功应用到经济、科学、社会和生活的各个领域，通过网络可以发现大量关于数据挖掘的资讯、公司、工作岗位、公共领域、商业软件、培训和会议等。认识数据挖掘在各领域中的应用，能够帮助我们在选择和应用数据挖掘技术解决实际问题时提供参考。

1.8.1 应用领域

根据著名的数据挖掘网站 www.kdnuggets.com 对 2012 年数据挖掘应用所作的一个投票调查结果，可以大致了解到目前数据挖掘应用领域的分布情况，如图 1.6 所示。

Industries / Fields where you applied Analytics / Data Mining in 2012?	
CRM/Consumer analytics (56)	28.6%
Health care/ HR (32)	16.3%
Retail (29)	14.8%
Banking (28)	14.3%
Education (28)	14.3%
Advertising (26)	13.3%
Fraud Detection (25)	12.8%
Social Media / Social Networks (24)	12.2%
Science (23)	11.7%
Finance (20)	10.2%
Direct Marketing/ Fundraising (19)	9.7%
Search / Web content mining (16)	8.2%
Biotech/Genomics (15)	7.7%
Insurance (15)	7.7%
Credit Scoring (14)	7.1%
Manufacturing (14)	7.1%
Medical/ Pharma (13)	6.6%
Telecom / Cable (13)	6.6%
Web usage mining (13)	6.6%
Software (11)	5.6%
Ecommerce (10)	5.1%
Government/Military (10)	5.1%
Entertainment/ Music/ TV/Movies (9)	4.6%
Investment / Stocks (8)	4.1%
Security / Anti-terrorism (7)	3.6%
Travel / Hospitality (6)	3.1%
Social Policy/Survey analysis (2)	1.0%
Junk email / Anti-spam (1)	0.5%
Other (20)	10.2%

图 1.6　www.kdnuggets.com 网站公布的 2012 年数据挖掘的应用领域

www.kdnuggets.com 网站每年都会通过问卷调查的形式收集当年的数据挖掘应用领域的数据分布，并发布。每年的应用领域排名不尽相同，但几乎覆盖了如下领域。

(1) Ecommerce / Finance / Banking / Insurance：商业、金融、银行业和保险业。

(2) Investment / Stocks：投资和股票。

(3) Credit Scoring / Fraud Detection：信用评分和欺诈检测。

(4) CRM / Consumer Analytics：客户关系管理和消费行为分析。

(5) HR：人力资源管理。

(6) Health care / Medical / Pharma：健康、保健和制药业。

(7) Retail / Travel / Hospitality：零售业、旅游业和酒店业。

(8) Direct Marketing / Fundraising：直销和资金募集。

(9) Science / Education：科学和教育。

(10) Advertising / Social Media / Social Networks：广告、社交媒体和社交网络。

(11) Search / Web content mining / Web usage mining：搜索、Web 文本挖掘和使用挖掘。

(12) Software：软件。

(13) Biotech / Genomics：生物技术和基因学。

(14) Manufacturing：制造业。

(15) Telecom / Cable：电信。

(16) Entertainment / Music / Sports / TV / Movies：娱乐、音乐、体育、电视和电影。

(17) Government / Military：政府和军事。

(18) Security / Anti-terrorism：安全和反恐。

(19) Social Policy / Survey analysis：社会政策和调查分析。

(20) Junk email / Anti-spam：反垃圾邮件。

1.8.2　成功案例

除了最著名的数据挖掘成功应用案例——沃尔玛的尿布和啤酒之外，在各个领域都存在着大量的成功应用案例，现在列举如下。

(1) 美国最大的医疗保险公司 Empire Blue Cross 利用数据挖掘技术，甄别出虚假开立医疗凭据的医生，节省滥赔支出。

(2) 金融犯罪强制网络 AI 系统(FAIS)使用数据挖掘技术，识别大型现金交易中可能存在的洗钱行为。

(3) 加拿大西门菲沙大学(Simon Fraser)的 KDD 研究组根据其拥有的十几年的客户数据，进行数据挖掘分析，提出了新的电话收费和管理办法，制定出公司和客户都受益的优惠政策。

(4) 美国梅隆(Mellon)银行使用 Intelligent Agent 数据挖掘工具提高销售和定价金融产品的准确率。

(5) 美国西部通信(US West Communications)根据家庭大小、家庭成员平均年龄和所在地特征，使用数据挖掘和数据仓库来确定客户的倾向和需要，从而帮助签约新客户和增加与新客户的交易额。

(6) 使用贝叶斯分类数据挖掘技术，萨莎(Sacha)等人成功地通过心肌 SPECT 图像对心肌灌注进行分类，诊断患者是否患有冠心病。

(7) 20 世纪 Fox 公司利用数据挖掘技术分析票房收入来确定在各个市场环境中更容易被接受的演员和故事情节。

(8) 科学界普遍认为存在两种 γ 射线爆。慕克吉(Mukherjee)等人使用统计聚类分析法发现了第三类 γ 射线爆。

(9) NBA 球队使用 IBM 公司开发的数据挖掘应用软件 Advanced Scout 系统来优化他们的战术组合。

(10) 全球十大视频网站之一 Netflix 公司应用大数据的挖掘技术，成功营销热播剧——《纸牌屋》。

1.9 Weka 数据挖掘软件

1.9.1 Weka 简介

Weka(Waikato Environment for Knowledge Analysis，怀卡托智能分析环境)诞生于 University of Waikato(新西兰怀卡托大学)，是一个基于 Java 的免费开源软件。它集成了大量有关数据挖掘的机器学习算法和统计技术，具有数据预处理、分类、聚类、关联分析、属性选择和交互式可视化等功能，其操作简单、易学易用，可作为入门软件完成一些简单的数据挖掘工作。

艾贝·弗兰克(Eibe Frank)教授等人利用其在机器学习方面的研究积累设计开发了 Weka 系统。Weka 最早是用 C++语言来实现的，1998 年开始用 Java 语言重新编写。2005 年 8 月，在第 11 届 ACM SIGKDD 国际会议上，怀卡托大学的 Weka 小组荣获了数据挖掘和知识发现领域的最高服务奖，Weka 系统也得到了社会的广泛认可，被誉为数据挖掘和机器学习历史上的里程碑，是现今最完备的数据挖掘工具之一。

Weka 具有集成化用户界面，用户可以在所选择的数据集上应用各种预处理和数据挖掘算法，无须编程。同时利用其数据可视化工具帮助用户查看分析结果。Weka 还有一个通用的 API，可以像嵌入其他库一样将 Weka 嵌入应用程序以实现诸如服务器端自动进行数据挖掘。

Weka 基于 Java 环境，若计算机上没有安装 JRE，需下载包含 JRE 的 Weka 版本。本书中的数据挖掘实验使用的是 Weka 3.6.10 版本。

1. Weka 的特点

Weka 软件具有如下特点。

(1) 跨平台，能够在 Windows、UNIX 等多种操作系统环境下运行。

(2) 支持结构化文本文件、数据挖掘格式文件和数据库接口。

(3) 可处理连续型数值数据和离散型(字符型和日期型)数据。

(4) 具有缺失数据处理、噪声处理、标准化、数据离散化、属性构造、转换变量、拆分数据、数据平滑等数据预处理功能。

(5) 具有分类、聚类、关联和可视化等数据挖掘功能，包括多种机器学习算法、统计技术以及神经网络技术。

(6) 提供算法组合、用户自定义算法嵌入、算法参数设置功能。

(7) 能够生成基本报告、测试报告、输出格式，实现模型解释、模型比较、数据评分功能；

(8) 具有数据、挖掘过程及挖掘结果可视化功能。

2. Weka 的文件格式

Weka 支持三种数据访问方式，即访问本地数据文件、站点或数据库。Weka 默认使用的数据文件格式为 ARFF(Attribute-Relation File Format)，它是一种 ASCII 文本文件格式，由两部分组成：第一部分为头信息(Head Information)，包括对关系的声明和对属性的声明；第二部分为数据信息(Data Information)，即数据集中的数据实例(Instance)。

图 1.7 给出了表 1.1 感冒类型诊断数据集的 ARFF 文件格式。其中：

1) 头信息部分

@relation 定义了数据集的名称。@attribute 定义了数据集的属性，它包含属性名和属性的可能取值(或属性的类型)。ARFF 文件格式常用的两种基本数据类型为 Nominal(分类类型)和数值类型(实型 Real 或整型 Integer)。分类类型的属性枚举值列在属性名的后面，由一对花括号括起来，如 Fever{Yes, No}；数值类型的属性，如 iris 数据集中的 sepallength 属性，在 ARFF 文件的头信息部分表示为@attribute sepallength real。

2) 数据信息部分

@data 定义了数据集的开始。数据集是无序的，实例中的属性值用逗号","分隔。若属性值中存在缺失数据，在缺失处用问号"？"来表示。

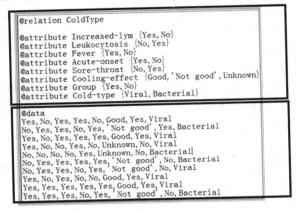

图 1.7　表 1.1 感冒类型诊断数据集的 ARFF 文件格式

Weka 除了可以加载默认的 ARFF 文件之外，还可以加载.csv 文件(可由 Excel 和 Matlab 导出)、.names 和.data 文件(C4.5 原始文件)以及.bsi 文件。Weka 自带三种文件格式转换器，当无加载 ARFF 文件时，系统会自动调用文件格式转换器将其他格式文件自动转换为 ARFF 格式。

3. Weka 的功能

运行 Weka，即可出现如图 1.8 所示的 Weka GUI Chooser 窗口，用户可以选择使用 Weka 的几种界面(GUI)：Explorer、Experimenter、KnowledgeFlow 和 Simple CLI。

图 1.8　Weka GUI Chooser 窗口

(1) Explorer：这是数据挖掘用户最常用的界面。在该界面中可以加载数据集，对数据进行预处理，选择 Weka 提供的各种数据挖掘算法和设置参数，执行数据挖掘，获得挖掘结果，并在整个过程中进行可视化查看。

(2) Experimenter：用户可以在此界面中同时使用多个算法对一组(或多组)数据进行分析，并对各种算法结果进行比较，从中选出最佳算法结果。还可以将一项任务分割成多个子项，每个子项可以在单独的计算机上执行，以加快数据挖掘进程。

(3) KnowledgeFlow：用户可以在此界面中，通过拖动工具条中的部件将其放置在画布中。这些部件包括数据源、预处理工具、数据挖掘算法、评估或可视化模块。在画布上将这些部件组合在一起便形成一个数据流。在执行递增学习算法时，大型数据集就可以被分批读取和处理，从而解决了 Explorer 将数据集中所有数据全部加载到内存，对内存要求高的问题。

(4) Simple CLI：其他三个界面中的所有功能均能够在该界面中通过输入文本命令的方式来运行。

数据挖掘的主要工作在 Explorer 界面中完成。单击 Explorer 按钮，即可打开 Weka Explorer 界面，如图 1.9 所示。该界面中有 6 个选项卡，分别代表了 Weka 支持的 6 种功能，包括 Preprocess (预处理)、Classify(分类)、Cluster(聚类)、Associate(关联分析)、Select attributes(属性选择)和 Visualize(可视化)。

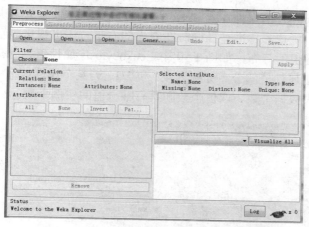

图 1.9　Weka Explorer 界面

- 预处理。完成数据加载、缺失数据填补、属性过滤及实例过滤等功能。经过预处理器处理后的数据集，能够被分类、聚类、关联分析、属性选择及可视化功能所共享，可以将它们各自的算法应用到该数据集，最后完成数据挖掘任务。

- 分类。使用多种算法实现有指导的学习训练和检验，建立分类和回归模型。分类器包括贝叶斯分类器、树、规则、函数、元学习、懒惰分类器和杂项类分类器，实现的算法近 50 多种，包括 NativeBays 算法、Id3 算法、J48(C4.5)算法、决策树算法、LinearRegression 函数、多层感知器等。

- 聚类。支持著名的聚类算法，包括 EM(Expectation-maximization，最大化期望)算法、Cobweb 算法、SimpleKMeans(简单 K-均值)算法等。

- 关联分析。支持包括 Apriori 算法在内的多种关联分析算法。
- 属性选择。用于对属性进行筛选。
- 可视化工具。可以实现数据挖掘实验前的数据集可视化、实验后的输出结果可视化。

下面通过几个例子来说明如何使用 Weka 软件进行数据挖掘实验。

1.9.2 使用 Weka 建立决策树模型

【例 1.4】 使用 Weka 为表 1.1 感冒类型诊断数据集建立决策树模型，并对表 1.2 中的未知类别的实例进行分类。

1. 准备数据

ColdType-training.arff 文件为训练数据集，ColdType-test.arff 文件为检验数据集，分别包含表 1.1 和表 1.2 中的数据。

2. 加载和预处理数据

打开 Weka Explorer 界面，切换到 Preprocess 选项卡，单击 Open file 按钮，加载 ColdType-training.arff 文件，如图 1.10 所示。界面中显示了该数据集的实例个数为 10，属性数为 8。选中某个属性，若该属性为分类类型的，界面能够显示其各个取值的实例个数，如图 1.10 中 Leukocytosis 的属性 Yes 和 No 取值的实例个数都为 5；若属性是数值型的，则显示其最大最小值、均值和标准差。同时在界面的右下方还可视化显示了每个属性取值的实例中，其输出属性值的分布，如图 1.10 中 Leukocytosis 属性值为 Yes 和 No 的各 5 个实例中，Cold-type 输出属性值的分布分别为 4/1 和 2/3。若某个属性被选中，界面上还给出了该属性的类型、缺失数据个数、取值个数和具有唯一值的实例个数。

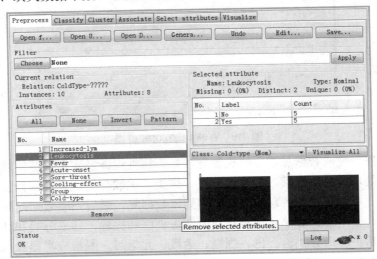

图 1.10　加载了 ColdType-training.arff 文件后的 Weka Explorer 界面

在该界面中还可以进行属性和实例的筛选，选中属性列表中的某个(些)属性，单击 Remove 按钮可以删除属性(注意仅为筛选，不会删除原始数据集中的属性)。单击 Edit 按钮，

可以打开 Viewer 对话框，如图 1.11 所示。在该对话框中可以对数据实例进行筛选，对缺失数据进行填补，对错误数据进行修改，对属性进行重命名，对数据进行排序等。

可以使用界面上的 Save 按钮，将 CSV 文件存为 ARFF 文件来构造 ARFF 格式文件，也可以使用 Undo 按钮，撤销最近一步操作。

图 1.11　ColdType-training.arff 文件的 Viewer 对话框

3. 建立分类模型

切换到 Classify 选项卡，单击 Choose 按钮，可以打开分类器选择对话框。在该对话框中能够看到 Weka 支持的有指导学习算法。通过展开不同的节点可以选择不同的算法。本例中展开 trees 节点，选择 J48(C4.5 决策树算法，详见第 2 章)，建立决策树模型。

在开始数据挖掘实验前，可以通过单击 Choose 按钮右方的文本框，打开算法参数设置对话框进行参数设置，还可以在 Test options 面板中设置检验方式，本例中选择 Use training set，即将训练实例作为检验实例。关于 Weka 中检验方式设置的详细内容见第 2 章。在 Test options 面板的底部有一个 More options 按钮，单击该按钮，可以打开 Classifier evaluation options 对话框，设置分类器评估选项，最常用的设置是选中 Output predictions 复选框，使得在输出结果报告中出现预测输出结果。

上述内容设置完毕后，注意保证输出属性为 Cold-type(系统默认，输出属性下拉列表显示在 Test options 面板的下面)，单击 Start 按钮，即可执行数据挖掘，分类器的输出结果如图 1.12 所示。

输出结果中给出了决策树的结构。决策树共有 6 个节点，其中 4 个节点为叶子。该决策树的检验数据为训练数据，检验的结果为分类正确实例数(Correctly Classified Instances)为 9 个，占 90%；分类错误的实例数(Incorrectly Classified Instances)为 1 个，占 10%。其他数据将在本书的后续章节中陆续详细介绍。输出结果窗口最下方的 Confusion Matrix，即混淆矩阵，它给出了实际分类和模型计算分类正确和错误的实例数。如图 1.12 中的混淆矩阵(Confusion Matrix)中的“5”表示 Viral 类中实际有的 5 个实例，模型也将其正确分类到了 Viral 类中；混淆矩阵中的“4”表示 Bacterial 类中实际有的 4 个实例，模型也将其正确分类到了 Bacterial 类中；而混淆矩阵中的“1”则表示实际在 Viral 类中 1 的实例，被模型错误地分类到了 Bacterial 类中。

通过分类正确率值可以对建立的分类模型的质量进行初步评估，因本例中该值为 90%，可以认为模型的性能较好。但是本例中使用的检验数据为训练数据，所以对于模型在未来的未知数据中所表现的性能，不能通过现在的分类正确率进行评估。

为了能够直观地查看决策树模型，可以在 Result list 列表框的当前数据挖掘会话条目上右击，从弹出的快捷菜单中选择 Visualize tree 命令，打开如图 1.13 所示的 Tree View 窗口。

4. 分类未知实例

为了能够利用所建立的分类模型分类未知实例，可以在执行数据挖掘之前，将 Test options 检验方式设置为 Supplied test set，并打开 ColdType-test.arff 文件作为检验集。同时在 Classifier evaluation options 对话框中选中 Output predictions 复选框，使得在输出结果中显示预测结果。单击 Start 按钮，即可执行数据挖掘，分类未知实例的结果如图 1.14 所示。可以看到，表 1.2 中的两个未知分类的实例的模型分类结果都为 Viral。

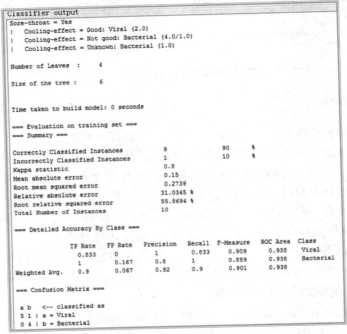

图 1.12　感冒类型诊断分类模型输出结果

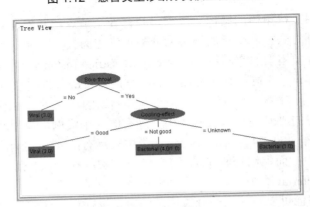

图 1.13　感冒类型诊断决策树

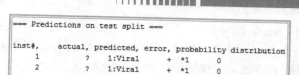

```
=== Predictions on test split ===

inst#,     actual, predicted, error, probability distribution
    1          ?    1:Viral      +   *1       0
    2          ?    1:Viral      +   *1       0
```

图 1.14　表 1.2 中两个未知实例的分类结果

1.9.3　使用 Weka 进行聚类

【例 1.5】　使用 Weka 对表 1.1 感冒类型诊断数据集进行聚类，并解释和评估聚类结果。

1. 准备数据

使用 ColdType.csv 文件作为数据集，它包含了表 1.1 中的数据。

2. 加载和预处理数据

打开 Weka Explorer 界面，切换到 Preprocess 选项卡，单击 Open file 按钮，加载 ColdType.csv 文件。

3. 聚类

切换到 Cluster 选项卡，单击 Choose 按钮，在如图 1.15 所示的算法选择对话框中选择 SimpleKMeans(简单 K-均值算法)选项。再单击 Choose 按钮右方的文本框，打开算法参数设置对话框，在其中设置聚类算法的相关参数。本例中设置簇的个数 (numClusters)为 2，其他参数保持默认，如图 1.16 所示。在执行聚类之前，设置 Cluster mode 面板中的评估方式为 Classes to clusters evaluation，并选择分类属性为 Cold-type。

图 1.15　选择聚类算法

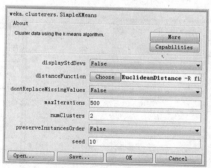

图 1.16　设置聚类算法的参数

单击 Start 按钮，执行聚类，结果如图 1.17 所示。

4. 解释和评估聚类结果

从图 1.17 所示的结果中可以看到，数据集中的 10 个实例被聚类到两个簇中，每个簇有 5 个实例。通过实际类对聚类结果进行评估，发现聚类的两个簇 Cluster 0 和 Cluster 1 分别对应着 Viral 类和 Bacterial 类，其中原来在 Viral 类中的 6 个实例中的 5 个被聚类到了 Cluster 0 中，而原来在 Bacterial 类中的 4 个实例和 Viral 类中的 1 个实例被聚类到了 Cluster 1 中，即有一个实例被聚类到了错误的簇，聚类错误率为 10%，如图 1.17 的最下方。

为了能够更好地研究这些簇，可以在 Result list 列表框的本次数据挖掘会话条目上右击，从弹出的快捷菜单中选择 Visualize cluster assignments 命令，打开 Clusterer Visualize 簇可视化窗口，如图 1.18 所示。在该窗口中将 X 轴改为 Cluster(Nom)，将 Y 轴改为 Cold-type(Nom)，将颜色改为 Cluster (Nom)，拖动 Jitter 滑块将坐标系中的点分散开，以便能更清楚地查看结果。从可视化结果中可以看到，Cluster 0 中的实例都来自 Viral 类，而 Cluster 1 中的实例有 4 个来自 Bacterial 类，1 个来自 Viral 类。那么这个本来属于 Viral 类，但被错误地分到了簇 Cluster 1 中的是哪个实例呢？可以在图 1.18 中的这个实例点上单击，打开 Weka:Instance info 窗口，在该窗口中将显示这个实例的详细信息，如图 1.19 所示。

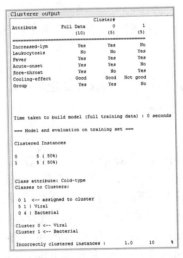

图 1.17　感冒类型诊断聚类结果

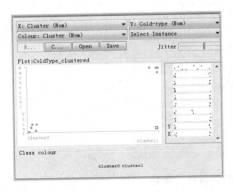

图 1.18　感冒类型诊断聚类可视化界面

图 1.19　聚类错误的实例信息

1.9.4　使用 Weka 进行关联分析

【例 1.6】　使用 Weka 分析表 1.1 感冒类型诊断数据集中数据的关联关系。

1. 准备数据

使用 ColdType.csv 文件作为数据集，它包含了表 1.1 中的数据。

2. 加载和预处理数据

打开 Weka Explorer 界面，切换到 Preprocess 选项卡，单击 Open file 按钮，加载 ColdType.csv 文件。

3. 关联分析

切换到 Associate 选项卡，单击 Choose 按钮，在算法选择对话框中选择 Apriori 算法。算法参数保持默认，其中规则数默认为 10 条，最小置信度为 0.9。单击 Start 按钮，执行关联分析，结果如图 1.20 所示。

```
Best rules found:

 1. Leukocytosis=Yes 5 ==> Fever=Yes 5    conf:(1)
 2. Leukocytosis=Yes 5 ==> Sore-throat=Yes 5    conf:(1)
 3. Group=Yes 5 ==> Fever=Yes 5    conf:(1)
 4. Leukocytosis=Yes Sore-throat=Yes 5 ==> Fever=Yes 5    conf:(1)
 5. Leukocytosis=Yes Fever=Yes 5 ==> Sore-throat=Yes 5    conf:(1)
 6. Leukocytosis=Yes 5 ==> Fever=Yes Sore-throat=Yes 5    conf:(1)
 7. Cooling-effect=Good 4 ==> Increased-lym 4    conf:(1)
 8. Increased-lym=No 4 ==> Sore-throat=Yes 4    conf:(1)
 9. Cooling-effect=Not good 4 ==> Leukocytosis=Yes 4    conf:(1)
10. Cooling-effect=Good 4 ==> Fever=Yes 4    conf:(1)
```

4. 解释和评估结果

图 1.20　感冒类型诊断数据集的关联分析结果

关联分析发现了 10 条最佳规则，所有规则的置信度都为 100%。尽管这些关联规则具有较好的置信度，但是多数都是没有价值的关联。从众多规则中寻找有价值的规则是一件有挑战性的工作。关于 Apriori 算法更详细的内容参见第 2 章。

本 章 小 结

本章内容概述如图 1.21 所示。

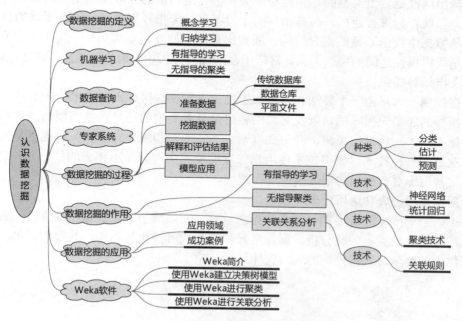

图 1.21　第 1 章内容导图

数据挖掘是基于归纳的学习，它通过建立模型来发现数据中隐含的知识或模式。数据挖掘算法创建的模型是对数据的概念化，表现形式可以是白盒子的树和规则，也可以是黑盒子的网络和方程等。与数据挖掘密切相关的概念有机器学习、数据查询和专家系统等。机器学习是模拟人类的学习方法，来解决计算机获取知识的问题。机器学习分为有指导的学习和无指导的聚类，机器学习中很多方法被用在数据挖掘中。与数据挖掘期望从数据中发现潜在的知识不同，数据查询是从数据中找到所需要的显式的浅知识。而在没有高质量和充足数据的情况下，需要借助人类专家的知识、技能和经验，创建带"智能"的计算机软件系统——专家系统，用人类的知识而不是数据为决策建立模型。

与数据挖掘相关的另一个概念是 KDD(知识发现)，在很多情况下两者可以互用。但实际上，数据挖掘仅仅是 KDD 处理过程中的一个阶段。一次数据挖掘实验需要经过四个步骤，包括数据准备、数据挖掘、解释和评估结果及模型应用。在进行数据准备时，可能需要从传统的关系型数据库、数据仓库或平面文件中抽取数据。数据经过清洗、变换等处理后再提交给数据挖掘工具。在进行数据挖掘之前，需要选择数据挖掘技术或算法，并设置参数，再执行挖掘操作。得到的挖掘结果需要作进一步的解释和评估，如果达到理想的性能，可以应用建立的模型解决实际问题。如果模型的性能不够理想，就要回到挖掘数据阶段，甚至数据准备阶段，重新进行数据实例和属性的选择、挖掘技术和算法的选择以及参数的重新设置等，之后进行重复实验，直到得到理想的结果为止，所以数据挖掘过程是个多次迭代的过程。

数据挖掘可以建立有指导的学习模型和无指导的聚类模型，可以进行分类、估计、预测、聚类和关联分析。分类和估计是相似的，区别在于分类的输出属性是分类类型的，而估计的输出属性是数值类型的。预测与分类和估计是相似的，区别只是预测是对将来的结果而不是当前行为进行建模。与有指导的学习不同，无指导聚类往往没有明确的目的，只是期望从数据中找出隐藏的概念结构，或找出数据中的非典型实例——孤立点。关联分析的目的是找出属性之间的关联关系，常常用在购物篮分析中，为货架摆放、商品宣传促销、开发交叉市场等提供决策支持。

数据挖掘技术是由一个算法和一个知识结构来定义。区分不同技术的一般特征是看学习是有指导的还是无指导的，以及它们的输出是分类类型的还是数值类型的。常见的有指导数据挖掘技术，包括决策树、产生式规则、神经网络和统计方法。关联规则是在市场应用中受欢迎的一种技术。聚类技术使用相似度度量将实例分成不相交的划分——簇，聚类技术还常常用于对有指导的学习模型进行评估。

数据挖掘已经成功运用于多个领域。

Weka 是一个基于 Java 的开源数据挖掘软件，它集成了大量数据挖掘算法，具有数据预处理、分类、聚类、关联分析、属性选择和交互式可视化等功能，其操作简单。易学易用，可作为一个学习数据挖掘的入门软件。

习　　题

1. 对于以下问题，考虑使用有指导的学习方法、无指导的聚类方法和数据查询方法中的哪一种更为合适。若使用有指导的学习方法，请确定可能的输入属性和输出属性。

(1) 决定放假是否回老家。

(2) 当顾客访问购物网站时，哪些商品会同时购买？

(3) 一年中，职业为教师的驾车者走公交车道而接受违章处罚的情况。

(4) 找出年龄、职业、受教育程度、收入、工作时间、婚姻状况、家庭成员人数等与一个人是否会投资股票之间是否存在联系。

2. 定义"成功人士"的概念。确定概念中的属性特征，并分别从传统角度、概率角度和样本角度描述这个概念。

3. 为表 1.1 感冒类型诊断数据集画一张前馈神经网络图。

4. 假设有两个类，各有 100 个实例。第一个类中的实例是患有病毒性感冒(Cold-type = Viral)的患者数据。第二个类中的实例是患有细菌性感冒(Cold-type = Bacterial)的患者数据。根据以下规则回答下面的问题。

```
IF Increased -lym(淋巴细胞是否升高)= Yes & Sore-throat(是否有咽痛症状)= No
THEN Cold-type = Viral
(rule accuracy = 80%, rule coverage = 60%)
```

(1) 患有病毒性感冒的患者中有多少人淋巴细胞升高且没有咽痛症状？

(2) 患有细菌性感冒的患者中有多少人淋巴细胞升高且没有咽痛症状？

5. 在不使用 Sore-throat(咽痛)属性的情况下，使用 Weka 软件为表 1.1 建立一棵决策树，解释和评估结果，并对表 1.2 中的实例进行分类。

6. 访问 UCI 网站，选择一个数据集，使用 Weka 软件进行有指导的学习、无指导的聚类和关联分析，并解释和评估结果。

第 2 章　基本数据挖掘技术

本章要点提示

基于数据挖掘的多种分析方法，包括分类、估计、预测、关联分析、聚类和复杂数据类型挖掘等，产生了多种数据挖掘技术和算法。这些技术和算法多数都基于统计技术和机器学习技术，经典的算法如分类决策树算法 C4.5，关联规则算法 Apriori、聚类算法 K-means，支持向量机(SVM)、EM 算法，分类回归树 Cart，朴素贝叶斯算法，最近邻算法(KNN)，迭代分类 Adaboost，Google 专用算法 PageRank 等。本章将介绍三种数据挖掘技术和算法，在第 7 章中将专门介绍基于统计技术的其他算法。

本章 2.1 节介绍有指导学习技术中的决策树算法；2.2 节重点讨论生成关联规则技术；2.3 节介绍无指导聚类和 K-means 算法；2.4 节将针对数据挖掘技术和算法的选择，进行简单的讨论。

2.1　决　策　树

从数据产生决策树的机器学习技术称为决策树学习，简称决策树(Decision Tree)。决策树是数据挖掘中最常用的一种分类和预测技术，使用其可建立分类和预测模型。决策树模型是一个树状结构，树中每个节点表示分析对象的某个属性，每个分支表示这个属性的某个可能的取值，每个叶节点表示经历从根节点到该叶节点这条路径上的对象的值。模型通过树中的各个分支对对象进行分类，叶节点表示的对象值表达了决策树分类的结果。决策树仅有一个输出，若需要有多个输出，可以建立多棵独立的决策树以处理不同输出。

决策树是一种常用的有指导学习模型，其中 C4.5 算法是面向非商业用途的分类决策树的经典和常用算法。C4.5 是由 J. 罗斯·昆兰(J.Ross Quinlan)在 ID3 的基础上提出的，其基本思想是：给定一个表示为"属性-值"格式的由多个实例构成的数据集，数据集具有多个输入属性和一个输出属性，输入属性表达了数据集中每个实例的某个方面的特征或行为，输出属性代表每个实例属于且仅属于的那个类(Class)。算法使用数据集中的部分或全部实例作为训练实例建模，即通过已知分类类别的数据，进行有指导的学习训练，找到一个从属性值到类别的映射关系，即分类模型。这个分类模型可以用于分类或预测新的未知分类的实例。在模型应用之前，往往需要进行必要的剪枝和检验。剪枝是用来限制树的规模，提高模型的分类正确率；检验是评估决策树模型的质量的重要环节，也可以对模型分类未知实例的能力进行检测。

决策树的优势在于不需要任何领域知识和参数设置，适合于探测性的知识发现。

下面以 C4.5 算法为基础，介绍决策树算法的一般过程、算法中的关键技术以及决策树模型的解释方法。

2.1.1 决策树算法的一般过程

以 C4.5 为基础，决策树算法的一般过程如下。

(1) 给定一个表示为"属性-值"格式的数据集 T。数据集由多个具有多个输入属性和一个输出属性的实例组成。

(2) 选择一个最能区别 T 中实例的输入属性，C4.5 使用增益率来选择该属性。

(3) 使用该属性创建一个树节点，同时创建该节点的分支，每个分支为该节点的所有可能取值。

(4) 使用这些分支，将数据集中的实例进行分类，成为细分的子类。

(5) 将当前子类的实例集合设为 T，对数据集中的剩余属性重复(2)～(3)步，直到满足以下两个条件之一时，该过程终止，创建一个叶子节点，该节点为沿此分支所表达的分类类别，其值为输出属性的值。

- 该子类中的实例满足预定义的标准，如全部分到一个输出类中，分到一个输出类中的实例达到某个比例。
- 没有剩余属性。

下面通过一个例子来说明决策树算法的一般过程。

【例 2.1】 给定如表 2.1 所示的数据集 T，建立一棵决策树，用于预测某个学生是否决定去打篮球。

表 2.1 中包含了 15 条实例，分别表示一个学生一天的学习结束后决定是否去打篮球的信息。每个实例有 5 个属性，分别表示 Weather(当天的天气)，有两个取值，分别为 Sunny(晴天)和 Rain(下雨)；Temperature(气温)，有 5 个取值范围，分别为-10～0℃、0～10℃、10～20℃、20～30℃和 30～40℃；Courses(当天上完的课时数)，范围为 1～8；Partner(是否有球友)，取值为 Yes 和 No，分别表示"有"和"无"；Play(是否去打篮球)，取值为 Yes 和 No，分别表示"是"和"否"。

表 2.1 一个假想的打篮球数据集

No.	Weather	Temperature/℃	Courses	Partner	Play
1	Sunny	20～30	4	Yes	Yes
2	Sunny	20～30	4	No	Yes
3	Rain	-10～0	1	Yes	Yes
4	Sunny	30～40	5	Yes	Yes
5	Rain	20～30	8	No	No
6	Sunny	-10～0	5	Yes	Yes
7	Sunny	-10～0	7	No	No
8	Rain	20～30	2	Yes	Yes
9	Rain	20～30	6	Yes	No
10	Sunny	10～20	6	Yes	No
11	Rain	10～20	3	No	No

续表

No.	Weather	Temperature/℃	Courses	Partner	Play
12	Rain	10~20	1	Yes	No
13	Sunny	10~20	8	Yes	No
14	Sunny	0~10	3	Yes	Yes
15	Rain	0~10	2	Yes	No

使用打篮球数据集中的几个实例进行有指导的学习训练，其中将 Weather、Temperature、Courses 和 Partner 作为输入属性，Play 作为输出属性。建立的决策树如图 2.1 所示。

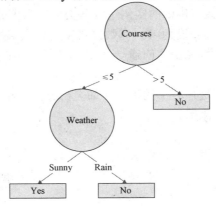

图 2.1　打篮球决策树

2.1.2　决策树算法的关键技术

在决策树算法中有以下三项关键技术。

(1) 选择最能区别数据集中实例属性的方法。

(2) 剪枝方法。

(3) 检验方法。

以上三项关键技术决定了决策树建立过程中的三个重要环节：树分支节点的创建、剪枝和检验。选择属性作为分支节点的方法不同在很大程度上决定了不同的决策树算法，如 ID3 和 C4.5 算法的区别之一就是选择属性的方法不同。剪枝方法是为控制决策树规模、优化决策树而采取的剪除部分分支的方法。检验方法是评估决策树的分类正确程度的方法。下面逐一介绍这三种方法。

1. 选择最能区别数据集中实例属性的方法

C4.5 使用了信息论(Information Theory)的方法，即使用增益率(Gain Ratio)的概念来选择属性，目的是使树的层次和节点数最小，使数据的概化程度最大化。

C4.5 选择的基本思想是：选择具有最大增益率的属性作为分支节点来分类实例数据。要了解增益率的概念，首先需要了解信息论中的信息熵和信息增益的概念。

1) 信息熵

1948 年，克劳德·香农(Claude Shannon)提出了"信息熵"(Information Entropy)的概念，他把信息变化的平均信息量称为"信息熵"，解决了对信息的量化问题。在信息论中，信息熵是信息的不确定程度的度量。信息的熵越大，信息就越不容易搞清楚，需要的信息量就越大。信息熵越大，能传输的信息就越多。信息熵的计算公式如下：

$$H(x) = -\sum_{i=1}^{n} p(x_i) \log_2(p(x_i)) \tag{2.1}$$

其中：$H(x)$表示随机事件 x 的熵；p 表示 x_i 出现的概率；x_i表示某个随机事件 x 的所有可能结果。因式中对数的底为 2，所以式中计算得到的熵的单位是比特(bit)。

例如，一次投硬币实验，理想情况下正反两面出现的概率分别为 1/2，则投硬币这个事件的熵值为 1，如式(2.2)，即表示可以用平均编码长度为 bit 对其进行编码。

$$H(投硬币) = -\left(\frac{1}{2}\log_2\left(\frac{1}{2}\right) + \frac{1}{2}\log_2\left(\frac{1}{2}\right)\right) = 1 \tag{2.2}$$

又例如，一个随机事件 x，有三种可能的取值：x_1、x_2 和 x_3，出现的概率分别为 1/4、1/2 和 1/4，则编码平均比特长度为 3/2。计算如式(2.3)。

$$H(x) = -\left(\frac{1}{4}\log_2\left(\frac{1}{4}\right) + \frac{1}{2}\log_2\left(\frac{1}{2}\right) + \frac{1}{4}\log_2\left(\frac{1}{4}\right)\right) = -\left(\frac{1}{4}\times(-2) + \frac{1}{2}\times(-1) + \frac{1}{4}\times(-2)\right) = \frac{3}{2} \tag{2.3}$$

信息熵可以直接作为信息量的度量，信息量通常使用 $I(x)$表示。

2) 信息增益

信息增益(Information Gain)表示当 x 取属性 x_i 值时，其对降低 x 的熵的贡献大小。信息增益值越大，越适于对 x 进行分类。如投硬币实验中，正面和反面出现都为整个事件的信息熵的减少的贡献为 1/2，即带来 0.5bit 的增益。

C4.5 使用信息量和信息增益的概念计算所有属性的增益，并计算所有属性的增益率，选择值最大的属性来划分数据实例。

计算属性 A 的增益率的公式如下：

$$\text{GainRatio}(A) = \frac{\text{Gain}(A)}{\text{SplitsInfo}(A)} \tag{2.4}$$

其中，对于一组 I 实例，计算 Gain(A)的公式如下：

$$\text{Gain}(A) = \text{Info}(A) - \text{Info}(I, A) \tag{2.5}$$

根据信息熵的公式，可以很容易地得出 Info(I)和 Info(I,A)。Info(I)为当前数据集所有实例所表达的信息量，Info(I,A)为根据属性 A 的 k 个可能取值分类 I 中实例之后所表达的信息量。计算 Info(I)和 Info(I,A)的公式如式(2.6)和式(2.7)所示。

$$\text{Info}(I) = -\sum_{i=1}^{n} \frac{出现在i类中的实例个数}{所有实例总数} \log_2\left(\frac{出现在i类中的实例个数}{所有实例总数}\right) \tag{2.6}$$

$$\text{Info}(I, A) = -\sum_{j=1}^{k} \frac{出现在j类中的实例个数}{所有实例总数} \text{Info}(j类) \tag{2.7}$$

其中，n 为实例集合 I 被分为可能的类的个数，k 为属性 A 具有 k 个输出结果。

最后：SplitsInfo(A)是对 A 属性的增益值的标准化，目的是消除属性选择上的偏差(Bias)，即在所有实例的属性 A 的取值只有一个时，该属性总被优先选取的情况。计算 Splits

Info(A)的公式如式(2.8)所示。

$$\text{Splits Info}(A) = -\sum_{j=1}^{k} \frac{\text{出现在}j\text{类中的实例个数}}{\text{所有实例总数}} \log_2 \left(\frac{\text{出现在}j\text{类中的实例个数}}{\text{所有实例总数}} \right) \tag{2.8}$$

现在使用式(2.4)计算增益率的公式,完成例2.1中提出的任务。

创建根节点,有 4 个输入属性可选,分别计算这 4 个属性的增益率值。现在以Weather(天气)为例介绍计算过程。图 2.2 给出了使用 Weather 作为根节点的局部决策树。

图 2.2 中表示当 Weather 作为根节点时,因该属性有两个取值,故按照这两个取值创建了两个分支:Sunny 和 Rain,这两个分支将数据集中所有实例分为两类,第一类中有 5 个Play 属性为 Yes 的实例,3 个 Play 属性为 No 的实例;第二类中有 2 个 Play 属性为 Yes 的实例,5 个 Play 属性为 No 的实例。

(1) Info(I)= $-$(7/15log$_2$(7/15)+8/15log$_2$(8/15))= 0.996792≈0.9968

(2) Info(I,Weather)= 8/15Info(Sunny)+ 7/15Info(Rain)= 0.9118

其中:Info(Sunny)= $-$ (5/8log$_2$(5/8) + 3/8log$_2$(3/8)) = 0.9544

Info(Rain)=$-$(2/7log$_2$(2/7) + 5/7log$_2$(5/7)) = 0.8631

(3) SplitsInfo(Weather)= (8/15log$_2$(8/15) + 7/15log$_2$(7/15)) = 0.9968

(4) Gain(Weather) = Info(I)$-$ Info(I,Weather)≈0.9968$-$0.9118 = 0.085

(5) GainRatio(Weather) = Gain (Weather) / SplitsInfo(Weather)

= 0.085 / 0.9968 = 0.085

其他两个分类类型的属性计算过程同理。但是数值型属性 Courses 的增益值如何使用式(2.4)计算得到呢?C4.5 算法对这些数值型数据进行排序,计算每个可能的二元分裂点(Binary Splits)的增益率值来离散化这个属性值。例 2.1 中的 Courses 属性的排序结果如表 2.2 所示。

表 2.2　打篮球数据集中数值型属性 Courses 的排序结果

1	1	2	2	3	3	4	4	5	5	6	6	7	8	8
Yes	No	Yes	No	No	Yes	Yes	Yes	Yes	Yes	No	No	No	No	No

计算每个可能分裂点的增益率值,即计算 1 和 2 之间,2 和 3 之间……,直到 7 和 8 之间的二元分裂增益率值。这样,每个分裂点被看作是一个具有两个值的独立属性。从表 2.2 很直观地发现,"5"这一课时数应该是最好的分裂点。

通过计算 4 个属性的增益率值后,的确发现 Courses 属性的≤5 和>5 分裂点处具有最佳增益率值,为 0.4457。图 2.3 给出了使用 Courses 作为根节点的局部决策树。

图 2.2　Weather 作为根节点的局部决策树　　图 2.3　Courses 作为根节点的局部决策树

　　继续在分成的两个类的实例集合中计算三个分类类型属性的增益率值和除了课时数为 5 的分裂点之外的 Courses 属性其他分裂点上的增益率值，继续创建节点，直到某子类中的实例满足预定义的标准，如该子类实例的 Play 输出属性值全部为 Yes 或 No，即分到一个输出类中，或没有剩余属性可以作为分支节点为止。

　　完整的决策树如图 2.4 所示，该图与图 2.1 有些不同，主要体现在叶子节点处。图 2.1 的叶节点表达了输出结果——分类属性 Play 是 Yes 还是 No，即是去打篮球还是不去打篮球，是通常的决策树表达方法。而图 2.4 是分析了分支节点的分类情况，即在分支节点分类的子类中取各类输出值的实例个数。将图 2.4 变为图 2.1 的形式，需要取沿着该分支分成的子类中出现较多的输出值作为最终分类结果，即 2 Yes 和 3 No 的子类中出现较多的输出值为 No，故沿着这条路径的实例被全部分为 Play 为 No 的一类，即不去打篮球。

　　【例 2.2】　使用表 2.1 所示的数据集 T，使用 Weka 软件，应用 C4.5 算法建立决策树，用于预测某个学生是否决定去打篮球。

　　使用 Weka 软件，选择 C4.5 算法(C4.5 算法在 Weka 中名为 J48)建立决策树的步骤如下。

　　(1) 加载名为 PlayBasketball.csv 打篮球数据集。

　　(2) 切换到 Classify 选项卡，单击 Choose 按钮，打开分类器算法选择对话框，展开 trees 节点，选择 J48 选项，如图 2.5 所示。

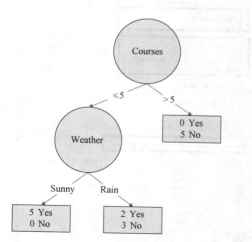

图 2.4　Courses 作为根节点的完整决策树　　　　图 2.5　在 Weka 中选择 C4.5(J48)决策树算法

　　(3) 在 Test options 面板中选择 Use training set 选项，设置检验集为训练集。单击该面板下方的下拉按钮，设置输出属性为 Play，如图 2.6 所示。

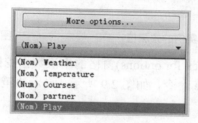

图 2.6　选择输出属性为 Play

(4) 单击图 2.6 中的 More options 按钮，打开 Classifier evaluation options 对话框，选中 Output predictions 复选框，如图 2.7 所示。表示将在输入结果中显示作为检验集实例的计算输出。

(5) 单击 Start 按钮，开始有指导的学习训练。输出结果如图 2.8(a)和 2.8(b)所示。从图 2.8(a)中可以看到如下信息。

- 该决策树是剪枝过的"J48 pruned tree"。
- 生成了这棵决策树的规则，用另外一种方式表达分类模型的结果。
- 在训练集上进行的检验评估，输出显示了每个检验集实例的实际值和预测值的对比情况，其中 error 列出现"+"，表示该实例的预测值和实际值不符。

从图 2.8(b)中可以看到如下信息。

- 检验集分类正确率为 86.67%，错误实例数为 2 个。
- 混淆矩阵 Confusion Matrix 显示出有 5 个实际为 Yes 类的实例被正确分类到 Yes 类，有 8 个实际为 No 类的实例被正确分类到 No 类，有 2 个实际为 Yes 类的实例被预测为 No。

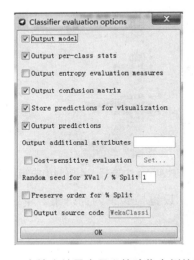

```
Classifier output
Test mode:evaluate on training data

=== Classifier model (full training set) ===

J48 pruned tree
------------------

Courses <= 5
|   Weather = Sunny: Yes (5.0)
|   Weather = Rain: No (5.0/2.0)
Courses > 5: No (5.0)

Number of Leaves  :      3

Size of the tree :       5


Time taken to build model: 0 seconds

=== Predictions on training set ===

inst#,    actual, predicted, error, probability distribution
   1      1:Yes     1:Yes         *1      0
   2      1:Yes     1:Yes         *1      0
   3      1:Yes     2:No       +  0.4   *0.6
   4      1:Yes     1:Yes         *1      0
   5      2:No      2:No          0     *1
   6      1:Yes     1:Yes         *1      0
   7      2:No      2:No          0     *1
   8      1:Yes     2:No       +  0.4   *0.6
   9      2:No      2:No          0     *1
  10      2:No      2:No          0     *1
  11      2:No      2:No          0.4   *0.6
  12      2:No      2:No          0.4   *0.6
  13      2:No      2:No          0     *1
  14      1:Yes     1:Yes         *1      0
  15      2:No      2:No          0.4   *0.6
```

(a)

图 2.7 在输出结果中显示检验集实例的预测值　　　　图 2.8 输出结果

(6) 在 Result list(right-click for options)窗格的本次数据挖掘会话条目上右击，在弹出的快捷菜单中选择 Visualize tree 命令，如图 2.9 所示，显示决策树，如图 2.10 所示，与例 2.1 中建立的决策树相同。

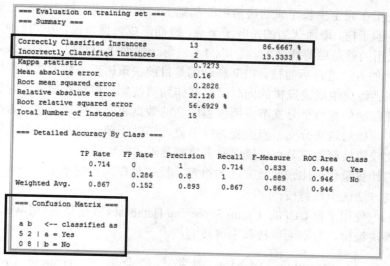

=== Evaluation on training set ===
=== Summary ===

Correctly Classified Instances   13   86.6667 %
Incorrectly Classified Instances   2   13.3333 %
Kappa statistic   0.7273
Mean absolute error   0.16
Root mean squared error   0.2828
Relative absolute error   32.126 %
Root relative squared error   56.6929 %
Total Number of Instances   15

=== Detailed Accuracy By Class ===

              TP Rate   FP Rate   Precision   Recall   F-Measure   ROC Area   Class
              0.714   0   1   0.714   0.833   0.946   Yes
              1   0.286   0.8   1   0.889   0.946   No
Weighted Avg. 0.867   0.152   0.893   0.867   0.863   0.946

=== Confusion Matrix ===

 a b   <-- classified as
 5 2 | a = Yes
 0 8 | b = No

(b)

图 2.8　输出结果(续)

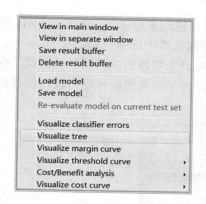

图 2.9　结果选项菜单

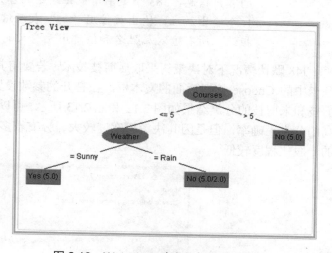

图 2.10　Weka J48 建立的打篮球决策树

2. 决策树剪枝

从图 2.8(a)中可以看到该决策树是经过剪枝的。剪枝(Pruning)是为控制决策树规模，优化决策树而采取的剪除部分分支的方法。剪枝分为两种：预剪枝(Pre-Pruning)和后剪枝(Post-Pruning)。

预剪枝是在树的生长过程中设定停止生长指标，一般是指定树的最大深度和当前实例集合中实例数量小于预先设定的阈值，当达到该指标时就停止继续分支，使决策树不能充分生长，从而达到剪枝的目的。预剪枝最大的问题是最大深度的预先指定是否将会直接导致因限制树的生长影响决策树的质量，使之不能更加准确地对新数据实例进行分类和预测。

后剪枝是指在完全生长而成的决策树的基础上，根据一定的规则标准，剪掉树中不具备一般代表性的子树，取而代之的是叶子节点，进而形成一棵规模较小的新树。C4.5、ID3、CART 算法采用的就是后剪枝技术。其中 C4.5 采用一种称之为悲观剪枝法(Pessimistic Error Pruning，PEP)的方法进行后剪枝。PEP 被认为是目前决策树后剪枝方法中精度较高的技术之一，它使用训练集生成决策树的同时又将其作为剪枝集，剪枝和检验同时进行。在剪枝的过程中，递归地估算每个分支节点所覆盖的当前数据集实例的错误率。若在某个分支节点处剪枝，则剪枝后这个分支节点会变为叶节点，该叶子节点被分类到分类错误率最低的分类，然后比较剪枝前后该节点的错误率来决定是否进行剪枝。

后剪枝的计算量代价比预剪枝方法大得多，特别是在大数据集中。而对于小数据集的情况，后剪枝方法优于预剪枝。

【例2.3】 使用来自 UCI 的 Credit Screening Databases 数据集，应用 Weka 的 J48(C4.5)算法建立两棵决策树，分别为剪枝和未剪枝的。

说明：Credit Screening Databases 数据集的全名为 Japanese Credit Screening Database，包含 690 个申请信用卡的客户信息，其中 307 个是申请被接受了的客户信息，383 个是申请被拒绝了的客户信息。数据集有 15 个输入属性和 1 个输出属性，输出属性用"＋"表示信用卡申请被接受，用"－"表示被拒绝。所有输入属性名和值都用无意义的符号表示，以保护机密数据。

J48 默认情况下对决策树采取后剪枝技术，若要将其设置为未剪枝的，单击 Classify 选项卡中的 Choose 按钮后面的文本框，在打开的参数设置对话框中选择，如图 2.11 所示。剪枝和未剪枝的分类结果如图 2.12 和图 2.13 所示。可以看到未剪枝的决策树尽管得到了更高的分类正确率，但是因其决策树宽度较大、分支较多，对于结果的解释能力较弱，分类的一般化程度较低。

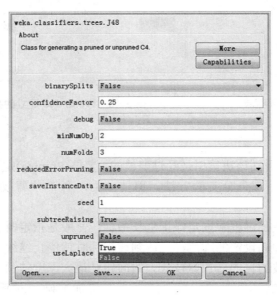

图 2.11　设置"未剪枝的"

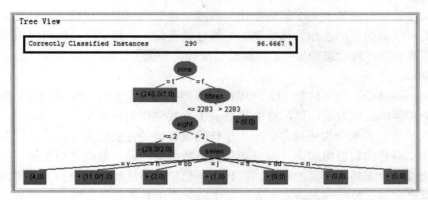

图 2.12　经过剪枝的决策树

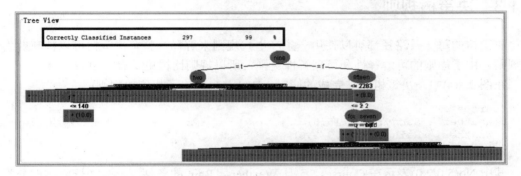

图 2.13　未经过剪枝的决策树

3. 决策树检验

像其他的有指导学习模型一样，决策树也需要采取一些检验方法对其分类的正确程度进行评估。检验方法有多种，Weka 提供了以下四种检验方法。

(1) use training set：使用在训练集实例上的预测效果进行检验。

(2) supplied test set：使用另外提供的检验集实例进行检验，此时需要单击 Set 按钮来选择用来检验的数据集文件。

(3) cross-validation：使用交叉验证(Cross Validation)来检验分类器，所用的折数填在 Folds 文本框中。

(4) percent split：百分比检验。从数据集中按一定百分比取出部分数据作为检验集实例用，根据分类器在这些实例上的预测效果来检验分类器的质量。取出的数据量由"%" 栏中的值决定。

其中，交叉检验(简称 CV)是用来检验分类器性能的一种最为常用的统计分析方法，其基本思想是：将数据集分为训练集和检验集，划分方法不同，存在不同的 CV 检验方法。

① Hold-Out 方法：将数据集随机划分为训练集和检验集。此方法处理简单，但是其随机性地划分训练集和检验集，并未达到交叉检验的目的，其检验结果受数据集随机分组的影响较大，所以这种方法的检验效果并不具有说服力。

② k-折交叉检验(k-CV)：将数据集分成 k 组(一般均分，且大于等于 2)，将每组数据

分别做一次检验集对由其余 $k-1$ 组数据作为训练集建立的模型进行检验,将这 k 个检验的检验集分类正确率的平均值作为该模型的平均性能度量。k-折交叉检验可以有效地避免模型训练不够或训练过度状态的发生,检验结果比较有说服力。Weka 中的交叉检验方法即为 k-折交叉检验。

③ Leave-One-Out 交叉检验(LOO-CV):设数据集有 n 个实例,则 LOO-CV 即为 n-CV。它是将每个实例单独作为验证集,对由其余 $n-1$ 个实例作为训练集建立的模型进行检验,将这 n 个检验的检验集分类正确率的平均值作为该模型的性能度量。此方法因其每次建模都使用了几乎所有的数据集实例,其分布与完整数据集相同,故模型结果更为可靠。同时训练和检验过程中无随机变量的影响,检验结果稳定。但这种交叉检验方法因建立的模型数量与数据集实例个数相同,成本太大,在实际应用中 k-折交叉检验更具优势。

2.1.3 决策树规则

决策树的每一条路径都可以使用一条产生式规则来解释,整个决策树可以被映射为一组规则。由于规则的可解释性和可理解性更强,所以规则比树更具有吸引力。

在图 2.8(a)中,决策树建立完成的同时,Weka 也给出了相应的规则:

```
Courses≤5
| Weather = Sunny: Yes (5.0)
| Weather = Rain: No (5.0/2.0)
Courses >5: No (5.0)
```

其中 No(5.0/2.0)表示在 Courses≤5 且 Weather = Rain 的条件下,分类器将实例分类到"不去打篮球"一类,即 Play = No。沿着这个路径的实例个数一共有 5 个,则它们全部被分类到"不去打篮球"一类,但其中有 2 个实例被分类错误。

可以将以上 Weka 产生的规则翻译为以下三条产生式规则。

(1) IF Courses <= 5 and Weather = Sunny THEN Play = Yes

正确率:5/5 = 100% 覆盖率:5/7 = 71.4%

(2) IF Courses <= 5 and Weather = Rain THEN Play = No

正确率:3/5 = 60% 覆盖率:3/8 = 37.5%

(3) IF Courses > 5 THEN Play = No

正确率:5/5 = 100% 覆盖率:5/8 = 62.5%

然而在决策树的规模较大、宽度较宽时,规则系统的复杂度也会提高,其解释能力会下降。所以在将树映射为规则之前,需要做的重点工作是剪枝,或在规则生成后,简化或淘汰已有规则。例如,若出现如下一条规则:

IF Courses <= 5 and Weather = Sunny and Temperature = 20~30℃ THEN Play = Yes

正确率:2/2 = 100% 覆盖率:2/7 = 28.6%

则此时可将其简化为上面三条产生式规则中的第(1)条,在正确率没有降低的前提下,规则更加简练,覆盖了更一般的情况,这种裁剪是可行的和适当的。实际上,大多数决策树算法都能够自动化规则的创建和简化过程。

2.1.4 其他决策树算法

以上是以 C4.5 为基础的决策树算法的一般过程和关键技术,它的前身是 ID3 算法。ID3 算法是 J. 罗斯·昆兰在 1986 年提出的, 与 C4.5 算法最大的不同是, ID3 使用信息增益而不是信息增益率来选择分裂属性,而属性取值最多的属性往往信息增益最大, 但它并不一定是最优分裂属性。其次, C4.5 对 ID3 在其他方面也进行了改进, 如在建立决策树的过程中剪枝、能够对连续的数值属性进行离散化处理(如 Courses 属性)、能够处理缺失数据等,所以 ID3 算法最终被 C4.5 所取代。

1984 年雷奥·布莱曼(Leo Breiman)等人提出了 CART(Classification And Regression Tree,分类回归树), 详细内容参见"第 7 章 统计技术"。CART 因其在商业应用方面所得到的普遍关注, 而应用相当广泛。CART 与 C4.5 非常相似,但是其叶子节点为数值型数据而不是分类类型数据, 其树的分支全部为二元分裂,剪枝需要专门的检验集而不是使用训练集实例。

戈登 V.凯斯(Gordon V. Kass)1980 年提出了 CHAID 决策树算法。CHAID 与 C4.5 和 CART 不同, 它要求所有属性为分类类型属性, 且使用 x^2 显著性检验来选择分裂属性。CHAID 因具有统计学特色, 而在 SAS 和 SPSS 等商业统计软件包中得到很好的应用。

2.1.5 决策树小结

决策树作为一种普遍使用的分类模型, 具有如下优点。
(1) 决策树容易被理解和被解释, 并且可以被映射到一组更具吸引力的产生式规则。
(2) 决策树不需要对数据的性质作预先的假设。
(3) 决策树能够使用数值型数据和分类类型数据的数据集建立模型。
决策树也存在以下局限性。
(1) 输出属性必须是分类类型, 且输出属性必须为一个。
(2) 决策树算法是不稳定(Unstable)的, 因为训练数据的微小变化将导致树中每个属性分裂点处有不同的选择。这种变化造成的影响很大, 属性的选择影响着所有的后续子树。

例如:若将表 2.1 中的第三条实例的 Play 属性值由 Yes 改为 No, 再进行相同的决策树训练, 则生成的分类模型完全不同, 如图 2.14 所示。

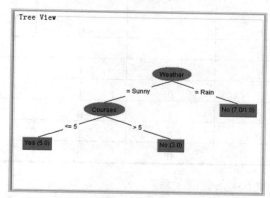

图 2.14 训练数据微小变化导致训练结果完全不同

(3) 用数值型数据集创建的树较为复杂(如例 2.3 中的未剪枝的决策树)，因为数值型数据的属性分裂通常是二元分裂。

2.2 关 联 规 则

关联分析(Association Analysis)是发现事物之间关联关系(Associations)的分析过程，其典型应用就是购物篮分析(Market Basket Analysis)。购物篮分析是确定顾客在一次购物中可能一起购买的商品，发现其购物篮中不同商品之间的联系，分析顾客的购买习惯，从而发现购买行为之间的关联。这种关联的发现可以帮助零售商制定营销策略，其中一个著名的应用案例就是尿布和啤酒。购物篮分析的输出结果是描述顾客购买行为的一组关联关系，这些关联关系以一组特殊的规则形式——关联规则(Association Rules)来表达。

2.2.1 关联规则概述

关联规则的一般表现为蕴含式规则形式：X→Y。其中，X 和 Y 分别称为关联规则的前提或先导条件(Antecedent)和结果或后继(Consequent)。

关联规则与传统的用于分类的产生式规则有两点不同。

(1) 在某条关联规则中以前提条件出现的属性可以出现在下一条关联规则的结果中。

(2) 传统的用于分类的产生式规则的结果中仅能有一个属性，而关联规则中则允许其结果包含一个或多个属性。

【例 2.4】 根据顾客实际购买行为数据(如表 2.3 所示，其中值为 1 表示购买了该种商品；值为 0 表示未购买该种商品)，分析顾客在网络购物中购买图书、运动鞋、耳机、DVD 和果汁五种商品时，是否存在购买行为上的关联。

表 2.3 网络购物交易记录表

No.	Book	Sneaker	Earphone	DVD	Juice
1	1	1	1	1	1
2	1	1	1	1	0
3	0	1	1	0	0
4	0	1	0	1	1
5	0	0	1	1	0
6	1	1	1	1	0
7	1	0	1	1	1
8	0	1	0	1	1
9	0	0	1	1	1
10	1	0	0	0	1

通过分析，可得到如下 4 条关联关系。

(1) 如果顾客购买了 Sneaker(运动鞋)，那么他们也会购买 Earphone(耳机)。

(2) 如果顾客购买了 Book(图书)，那么他们也会购买 Juice(果汁)。

(3) 如果顾客购买了 Book(图书)和 DVD，那么他们也会购买 Earphone(耳机)。

(4) 如果顾客购买了 Book(图书)、Sneaker(运动鞋)和 Earphone(耳机)，那么他们也会购买 DVD。

得到以上 4 条关联关系后，其可信程度如何？即一个顾客购买了运动鞋后，他会购买耳机的可能性有多大？

一般情况下，使用置信度(Confidence)来度量每个关联规则在前提条件下结果发生的可能性。置信度是在假设购买运动鞋的情况下，顾客购买耳机的条件概率。因此，根据表 2.3，可以计算出关联关系(1)的置信度为：

数据集中一共有 10 个实例，即有 10 条购买交易记录，其中购买了 Sneaker(运动鞋)的交易有 5 条，在购买了运动鞋的 5 条交易中，又购买了 Earphone(耳机)的交易有 3 条，则在购买运动鞋的情况下，购买耳机的置信度为 3/5 = 60%。

以此类推，第(2)、(3)、(4)条关联关系的置信度分别为 3/5 = 60%、4/4 = 100%、2/2 = 100%。

规则置信度并未提供这条关联关系在所有交易中所占的比例，即包含在关联关系中的购买行为是普遍交易行为，还是个别行为。例如，若在大量的交易记录中，只出现一次顾客购买了图书又购买了果汁的记录，这个关联关系的置信度为 1/1 = 100%，但是这种极个别行为尽管置信度很高，但在全部交易中的覆盖程度很低，这样的关联关系在应用时，需要特别慎重。

可以使用支持度(Support)这个统计量来度量包含了关联关系中出现的属性值的交易占所有交易的百分比。支持度是在关联关系中出现的所有条目(Items)在数据集实例(交易)中所占的最小百分比，这里的条目是指属性的取值，表示为 Sneaker = 1。因此，根据表 2.3，可以计算出关联关系(1)的支持度为：

数据集中一共有 10 个实例，即有 10 条购买交易记录，其中购买了 Sneaker(运动鞋)和 Earphone(耳机)的交易有 3 条，则规则(1)的支持度为 3/10 = 30%。

以此类推，第(2)、(3)、(4)条关联关系的支持度分别为 3/10 = 30%、4/10 = 40%、2/10 = 20%。

一般在关联分析过程中，设置置信度和支持度的阈值，当分析得到的关联关系达到置信度和支持度的阈值时，这样的关联关系被认为是有趣的，而被保留下来应用到实际问题中。

2.2.2 关联分析

1993 年，阿戈登(Agrawal)等人提出了著名的关联分析算法——Apriori 算法。Apriori 算法的基本思想如下。

(1) 生成条目集(Item Sets)。条目集是符合一定的支持度要求的"属性-值"的组合。那些不符合支持度要求的"属性-值"组合被丢弃，因此，规则的生成过程可以在合理的时间内完成。

(2) 使用生成的条目集创建一组关联规则。

【例 2.5】 将表 2.3 作为数据集，使用 Apriori 算法进行关联分析，产生描述网络购买行为的关联规则。

具体步骤如下。

(1) 设置支持度阈值为 50%，创建第一个条目集表，如表 2.4 所示。该表是包含单项条目的集合。由于 Earphone = 0、DVD = 0 和 Juice = 0 三个条目不满足支持度要求，需要从条目集中删除，而其他 7 个条目将保留在条目集 1 中，并作为下一步构造双项条目集合的基础。

表 2.4　网络购物行为关联分析条目表 1

条 目 集	条目个数	符合支持度要求	结 果
Book = 1	5	Yes	保留
Sneaker = 1	5	Yes	保留
Earphone = 1	7	Yes	保留
DVD = 1	8	Yes	保留
Juice = 1	6	Yes	保留
Book = 0	5	Yes	保留
Sneaker = 0	5	Yes	保留
Earphone = 0	3	No	删除
DVD = 0	2	No	删除
Juice = 0	4	No	删除

(2) 设置支持度阈值为 40%，创建第二个条目集表，如表 2.5 所示。该表是包含双项条目的集合。构造双项条目时，只需要考虑从单项集合表中导出的"属性-值"组合。因组合双项条目太多，表 2.5 中仅显示符合支持度要求而保留下来的条目。

表 2.5　网络购物行为关联分析条目表 2

条 目 集	条目个数	符合支持度要求	结 果
Book =1 & Earphone = 1	4	Yes	保留
Book =1 & DVD = 1	4	Yes	保留
Book =0 & DVD = 1	4	Yes	保留
Sneaker =1 & DVD = 1	4	Yes	保留
Sneaker =0 & Earphone = 1	4	Yes	保留
Sneaker =0 & DVD = 1	4	Yes	保留
Earphone = 1& DVD = 1	6	Yes	保留
DVD = 1 & Juice =1	5	Yes	保留

(3) 仍将支持度阈值设置为 40%，使用双项条目表中的"属性-值"组合生成三项条目集，有两条条目，如下所示。

```
Book =1 & Earphone = 1& DVD = 1
Sneaker =0 & Earphone = 1 & DVD = 1
```

(4) 再次将支持度阈值设置为 40%，以三项条目集为基础，生成四项条目集，发现没有符合支持度要求的条目，条目集生成工作结束。

(5) 以生成的条目集为基础创建关联规则。首先设置置信度阈值为 80%，然后从双项和三项条目集表中生成关联规则，最后，所有不满足置信度阈值的规则将被删除。

以下为以双项条目集中的第一条条目生成的两条规则。

IF Book =1 THEN Earphone = 1

置信度：4/5 = 80%，保留

IF Earphone = 1 THEN Book =1

置信度：4/7 = 57.1%，删除

以下为以三项条目集中的第一条条目生成的三条规则。

IF Book =1 & Earphone = 1 THEN DVD = 1

置信度：4/4 = 100%，保留

IF Book =1 & DVD = 1 THEN Earphone = 1

置信度：4/4 = 100%，保留

IF Earphone = 1 & DVD = 1 THEN Book =1

置信度：4/6 = 66.7%，删除

【例 2.6】 使用 Weka 的 Apriori 算法为表 2.3 生成关联规则。

实验步骤如下。

(1) 为适应 Apriori 算法的要求，将表 2.3 中的数值型数据变换为分类类型数据，即其中的 1 用 Yes 替换，0 用 No 替换，加载数据集。

(2) 切换到 Associate 选项卡，单击 Choose 按钮，选择 Apriori 算法，如图 2.15 所示。

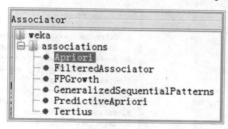

图 2.15 选择 Apriori 算法

(3) 单击 Choose 按钮右方的文本框，在算法参数设置对话框中，设置 outputItemSets 为 True，希望输出条目集，如图 2.16 所示。从图中可以看到使用置信度 Confidence 进行规则的度量，最小置信度为 0.9。支持度 Support 阈值的上下限为 0.1~1.0。

(4) 单击 Start 按钮，输出结果如图 2.17 所示。在图 2.17(a)中可以看到支持度阈值为 0.35，置信度阈值为 0.9，以及各个条目集。在图 2.17(b)中可以看到生成的关联规则有 10 条，置信度全部为 100%。

图 2.16　设置算法参数

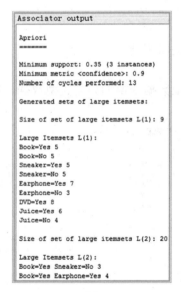

(a)

```
Best rules found:

 1. Juice=No 4 ==> Earphone=Yes 4      conf:(1)
 2. Book=Yes DVD=Yes 4 ==> Earphone=Yes 4    conf:(1)
 3. Book=Yes Earphone=Yes 4 ==> DVD=Yes 4    conf:(1)
 4. Sneaker=No DVD=Yes 4 ==> Earphone=Yes 4   conf:(1)
 5. Sneaker=No Earphone=Yes 4 ==> DVD=Yes 4   conf:(1)
 6. Earphone=No 3 ==> Juice=Yes 3      conf:(1)
 7. Book=No Juice=Yes 3 ==> DVD=Yes 3    conf:(1)
 8. Sneaker=Yes Juice=Yes 3 ==> DVD=Yes 3    conf:(1)
 9. Earphone=Yes Juice=Yes 3 ==> DVD=Yes 3   conf:(1)
10. DVD=Yes Juice=No 3 ==> Earphone=Yes 3    conf:(1)
```

(b)

图 2.17　Apriori 算法输出结果

2.2.3　关联规则小结

关联规则不受因变量个数的限制，能够在大型数据库中发现数据之间的关联关系，所以其应用非常广泛。但是，一次关联分析输出的规则往往数量较多，且多数并无利用价值，

所以对关联规则的解释和应用必须谨慎。

例如，顾客如果购买了牛奶，那么他也会购买面包。这条规则的置信度很高，但是没有什么价值。因为多数去超市购物的人都会为早餐准备牛奶和面包，同时购买两种商品不足为奇，这条规则不能提供给我们任何有趣的、有潜在价值的、新颖的市场信息。

然而，以下关联规则是有趣的。

(1) 某个商品销售额上升，而它与另一个商品相关联。这条规则有助于促销相关联的商品。

(2) 某个关联的置信度低于预期。这条规则表达出规则中相关商品可能有竞争关系的信号。

2.3　聚类分析技术

聚类分析是指将多个无明显分类特征的对象，按照某种相似性分成多个簇(Cluster)的分析过程。目前有许多聚类算法和技术，参见"第7章　统计技术"。这里将介绍最著名、应用最广泛、聚类效果也很好的 K-means 算法。

K-means 算法(K-均值算法)是斯图尔特·劳埃德(Stuart Lloyd)于 1982 年提出的简单而有效的统计聚类技术。其基本思想为如下。

(1) 随机选择一个 K 值，用以确定簇的总数。

(2) 在数据集中任意选择 K 个实例，将它们作为初始的簇中心。

(3) 计算这 K 个簇中心与其他剩余实例的简单欧氏距离(Euclidean Distance)，用这个距离作为实例之间相似性的度量，将与某个簇相似度高的实例划分到该簇中，成为其成员之一。

(4) 使用每个簇中的实例来计算该簇新的簇中心。

(5) 如果计算得到新的簇中心等于上次迭代的簇中心，终止算法过程。否则，用新的簇中心作为簇中心并重复步骤(3)～(5)。

K-means 算法说明如下。

(1) 算法的第一步需要随机选择一个簇的总数，这时需要有一个初始判断，数据中可能包含多少个类(簇)。

(2) 算法选择 K 个数据点作为初始簇中心是随机的。

(3) 相似性的度量有多种方法，其中简单欧氏距离(Euclidean Distance)是最常用的度量方法，如式(2.9)所示。其余度量方法还包括曼哈顿距离(Manhattan Distance)、切比雪夫距离(Chebyshev Distance)、编辑距离(Edit Distance)等。但 K-means 算法目前仅支持简单欧氏距离和曼哈顿距离。

$$\text{Distance}(A-B) = \sqrt{(x_1 - x_2)^2 + (y_1 - y_2)^2} \tag{2.9}$$

其中：A、B 为两个对象；x_1、y_1 为对象 A 的属性；x_2、y_2 为对象 B 的属性。

(4) 通过计算每个新簇的平均值来更新簇中心。

(5) 算法终止的条件是每个簇的簇中心不再改变。即聚类到某个簇中的所有实例都保留在该簇中，不再变化。

2.3.1 K-means 算法

【例 2.7】 对表 2.6 中的数据进行 K-means 聚类分析。

表 2.6 用于 K-means 算法的数据集

Instance	x	y
1	1.0	1.0
2	2.0	1.5
3	4.0	3.5
4	5.0	4.5
5	3.5	5

表 2.6 中有 5 个实例，每个实例有两个属性，名为 x 和 y。可以将这 5 个实例映射到一个二维坐标系下的点，x 和 y 属性值分别为这些点的坐标值，如图 2.18 所示。

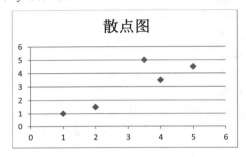

图 2.18 表 2.6 中数据的坐标映射

对表 2.6 中的数据执行 K-means 聚类分析，其步骤如下。

(1) 设置 K 值为 2。

(2) 任意选择两个点分别作为两个簇的初始簇中心。假设选择实例 1 作为第 1 个簇中心、实例 2 作为第 2 个簇中心。

(3) 使用式(2.9)，计算其余实例与两个簇中心的简单欧氏距离(Euclidean Distance)，结果如表 2.7 所示。表中的 C_1 和 C_2 表示两个簇中心，表中的值为所有实例距离两个簇中心的距离，如实例 3 中的值 3.91 和 2.83，表示实例 3 距离两个簇中心的距离。从表中可以看到，第 3、4、5 个实例距离簇 2 最近，故将第 3、4、5 个实例划分到簇 2 中。在算法的第一次迭代后，得到两个簇：{1}和{2,3,4,5}。

表 2.7 第一次到第三次迭代中实例与簇之间的简单欧氏距离(Euclidean Distance)

簇中心			簇中心		簇中心	
$C_1 = (1.0,1.0)$ 和 $C_2 = (2.0,1.5)$			$C_1 = (1.0,1.0)$ 和 $C_2 = (3.625,3.625)$		$C_1 = (1.5,1.25)$ 和 $C_2 = (4.17,4.33)$	
Instance	C_1	C_2	C_1	C_2	C_1	C_2
1	0	1.12	0	3.71	0.56	4.60
2	1.12	0	1.12	2.68	0.56	3.57

续表

簇中心 $C_1 = (1.0,1.0)$ 和 $C_2=(2.0,1.5)$			簇中心 $C_1 = (1.0,1.0)$ 和 $C_2=(3.625,3.625)$		簇中心 $C_1 = (1.5,1.25)$ 和 $C_2=(4.17,4.33)$	
Instance	C_1	C_2	C_1	C_2	C_1	C_2
3	3.91	2.83	3.91	0.40	3.36	0.85
4	5.32	4.24	5.32	1.63	4.78	0.85
5	4.72	3.81	4.72	1.38	4.25	0.95

(4) 重新计算新的簇中心。

对于簇 1：簇中心不变，即 $C_1 = (1.0,1.0)$。

对于簇 2：$x = (2.0+4.0+5.0+3.5) / 4 = 3.625$，$y = (1.5+3.5+4.5+5) / 4 = 3.625$。

得到新的簇中心 $C_1= (1.0,1.0)$ 和 $C_2=(3.625,3.625)$，因为簇中心发生了变化，算法必须执行第二次迭代，重复步骤(3)。

第二次迭代之后的结果导致了簇的变化：{1,2}和{3,4,5}。

(5) 重新计算每个簇中心。

对于簇 1：$x = (1.0+2.0) / 2= 1.5$，$y = (1.0+1.5) / 2 = 1.25$。

对于簇 2：$x = (4.0+5.0+3.5) / 3 = 4.17$，$y = (3.5+4.5+5) / 3 = 4.33$。

这次迭代后簇中心再次改变。因此，该过程继续进行第三次迭代，结果形成{1,2}和{3,4,5}两个簇，与第二次迭代后形成的簇完全一样，若继续计算新簇中心的话，簇中心的值一定不变，至此，算法结束。聚类结果如图 2.19 所示。

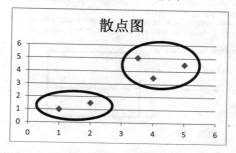

图 2.19　表 2.6 中数据的聚类结果

实际上，对于初始簇中心的选择不同，可能会导致最后的聚类结果不同，这是该算法的局限性。那么，如何评估一个聚类是最佳的？如何找到最佳聚类呢？

K-means 算法的最优聚类通常为：簇中所有实例与簇中心的误差平方和最小的聚类。而寻找最佳聚类的方法是对于给定的 K 值，选择不同的初始簇中心重复执行算法。然而对于大的数据集，此方法是不可行的，一般做法是指定一个终止标准，如可接受的最大均方误差。

下面对表 2.6 中的数据集使用 Weka 进行 K-means 聚类，检查聚类结果是否与例 2.7 相同。

【例 2.8】 使用 Weka 对表 2.6 中的数据进行 K-means 聚类分析。

(1) 加载例 2.7.csv 数据集，选择 Instance 列，单击 Remove 按钮，使该属性不参加训练。切换到 Cluster 选项卡，单击 Choose 按钮，打开算法选择对话框，选择 SimpleKMeans

算法，如图 2.20 所示。

(2) 单击 Choose 按钮右方的文本框，打开参数设置对话框，查看参数，并保持默认。注意将 K 值(numClusters 聚类数)设置为 2，距离函数选择欧氏距离，如图 2.21 所示。

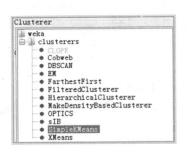

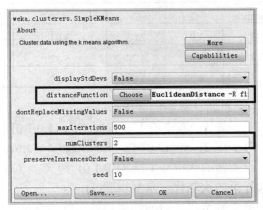

图 2.20 选择 K-means 算法   图 2.21 设置 K-means 算法的参数

(3) 单击 Start 按钮，查看结果，如图 2.22 所示。注意结果中将实例分为 0 和 1 两个簇，分别由 3 个和 2 个实例，每个簇中心值分别为(4.1667,4.3333)和(1.5,1.25)，与上述计算结果完全相同。

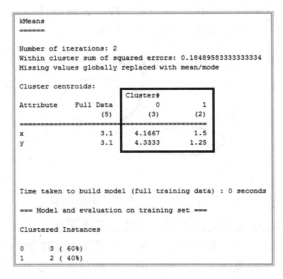

图 2.22 K-means 聚类的输出结果

(4) 在 Result list 窗格中的本次数据挖掘会话条目上右击，弹出如图 2.23 所示的输出选项快捷菜单，选择 Visualize cluster assignments 命令，打开聚类结果可视化窗口，选择 x、y 坐标分别显示 x、y 属性值，如图 2.24 所示，与图 2.19 完全相同。

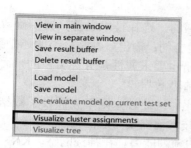

图 2.23　输出结果选项菜单

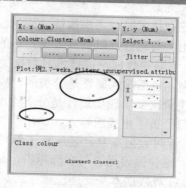

图 2.24　K-means 聚类的可视化输出结果

2.3.2　K-means 算法小结

K-means 算法是一种非常受欢迎的算法，它容易理解，其实现也很简单。但存在如下局限性。

(1) 该算法只能处理数值型数据，若数据集中有分类类型的属性，要么将该属性删除，要么将其转换成等价的数值数据。

(2) 在算法开始执行之前，需要随机选择 K 值，作为初始簇的个数。这种选择明显带有随意性，一个错误的选择，将会直接影响聚类的效果。通常需要选择不同的 K 值进行重复实验，以期望找到最佳的 K 值。

(3) 当簇的大小近似相等时，K-means 算法的效果最好。

(4) 无法得知哪些属性对于确定簇的划分是重要的，一些对于聚类贡献不大的属性可能会对聚类效果造成影响。通常可以在聚类之前对属性进行选择。

(5) 聚类所形成的簇的解释是一件困难的事。通常可以使用有指导的数据挖掘工具对无指导聚类算法所形成簇的性质作进一步的解释。

2.4　数据挖掘技术的选择

对于一个需要解决的实际问题，存在多种技术可供选择。选择何种技术解决特定的问题，没有一个 IF-THEN-ELSE 模式，即很难从一个确定的条件推出一个确定的选择结果，也没有一个固定的选择流程。实际上，选择数据挖掘技术时需要考虑多方面的因素，有技术层面的，有商业需求和应用需求的考虑，还可能有很多制约条件，如数据本身的质量、人员的数据挖掘技术水平、解释和评估能力等。通常可以从以下几个方面来考虑数据挖掘技术的选择。

(1) 数据挖掘技术分为三个大类，包括有指导的学习技术、关联分析和无指导的聚类技术。首先应该确定这个特定问题是有指导的还是无指导的，是否需要进行关联关系分析，从而决定是使用 C4.5 决策树技术、产生式规则、KNN、回归分析、贝叶斯分析、神经网络技术等有指导的挖掘技术，还是使用 K-means 算法、凝聚聚类、Cobweb 算法、EM 算法、神经网络技术等聚类技术，或是使用 Aprioro 关联分析算法等关联分析技术。

(2) 不同数据挖掘技术对数据集中的属性之间的相关程度有不同的适应性，需要在选择不同挖掘技术时，考虑属性之间的相互影响，并采用属性选择方法，删除一些具有正相关或负相关的属性，以提高数据挖掘的质量。

(3) 不同的数据挖掘技术对数据类型本身是敏感的。选择技术之前，要明确数据集属性的类型，包括输入属性是分类的、数值的，还是混合的；输出属性是分类的还是数值的。例如，决策树要求输出属性是分类类型的，关联分析也要求属性是分类类型的，而神经网络、回归分析等则要求输入、输出属性都必须是数值型数据。

(4) 针对数据本身，还应该了解数据的分布，比如统计技术则事先假设了数据是正态分布的，这种假设是否与实际相符，是在采取统计技术前需要考虑的问题。

(5) 针对数据本身，还应该了解属性对于分类的预测能力。在神经网络、KNN 和各种聚类技术中都是事先假定所有属性具有相同重要性的情况下，若存在对于分类预测无价值的属性，将会对模型结果产生很大影响。

(6) 对于数据集中存在噪声数据和缺失数据的考虑。一些数据挖掘技术能够较好地处理噪声和缺失数据，如神经网络技术，但是决策树处理缺失和噪声数据却是个困难。

(7) 如果学习是有指导的，判断有一个输出属性还是有多个输出属性，如决策树和回归分析都要求只能有一个输出属性。

(8) 对所学知识的解释能力往往也是在选择某种技术建模时需要考虑的内容。如果对模型的可解释性和可理解性要求较高，神经网络和回归模型这样的黑盒子结构就不太适合了，而如决策树、产生式规则等白盒子结构则更为适合。

(9) 在选择挖掘技术时是否有时间上的考虑。如神经网络的创建时间可能要比创建决策树和产生式规则长。

(10) 选择机器学习技术还是统计技术的一些考虑，详见"第 7 章 统计技术"。

不论选择哪种数据挖掘技术，在建模过程中为了得到更好的效果，如更高的分类正确率，或者更好的聚类质量，往往需要进行多次实验，在每次实验中，可能会有不同的属性和实例的选择、不同的参数配置、不同的检验方法和检验集的选择等。数据挖掘项目的成功，技术选择仅为关键环节之一。所以，有人说数据挖掘是技术，也是艺术，并不夸张。

本 章 小 结

本章内容概述如图 2.25 所示。

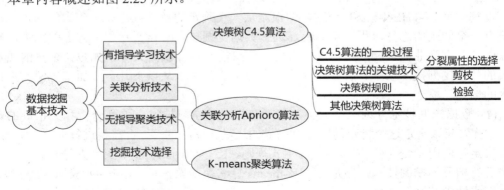

图 2.25　第 2 章内容导图

随着数据挖掘技术的广泛应用，产生了多种技术和算法。本章介绍了三种经典的算法：分类决策树算法 C4.5、关联规则算法 Apriori、聚类算法 K-means。在第 7 章还将专门介绍基于统计技术的其他算法。

决策树是目前最流行的一种有指导数据挖掘技术，其中 C4.5 算法使用最为广泛。C4.5 算法的基本思想是将数据集中的实例作为训练集，训练集数据有多个输入属性和一个分类类型的输出属性。选择增益率最大的属性作为分裂属性，创建根节点和其他分支节点，按照该属性的可能取值建立分支，对实例进行分类，这个迭代过程直到满足一定的终止条件为止。决策树叶子节点表达了从根到该点的路径上实例的分类结果。分裂属性的选择、剪枝和检验是决策树算法的关键技术。决策树易于理解并能够准确地映射为一组产生式规则。

关联规则能从大型数据库中找到数据之间的关联关系，关联规则和传统的产生式规则不同。其中 Apriori 算法作为其经典算法，得到普遍应用。算法中使用置信度和支持度两个指标来确定从数据中挖掘出的关联关系是否有趣、是否对市场有预测价值。但是，尽管有这两个指标的质量控制，关联分析的结果也会产生大量的规则，而其中多数规则价值仍然不高，在实际中需要谨慎应用。

K-means 算法是一种具有统计特色的无指导聚类技术。算法中的所有属性都必须是数值型的。算法执行之前，需要随机选择 K 值，即初始簇的个数，以及随机指定 K 个实例作为这 K 个簇的中心。计算剩余的每个实例与各个簇中心的相似程度时，往往使用简单欧氏距离进行度量。将相似性最高的实例划分到相应的簇中，计算所产生的新的簇中心，重复该过程直到簇中心不再改变为止。K-means 算法易于实现和理解。但是，该算法也存在一些局限性，如算法开始时 K 值选择的随机性、缺乏对数据集属性的重要性判断、缺乏对所发现知识的解释能力等。然而，尽管如此，K-means 算法仍然是一种使用最广泛的聚类技术之一。

习　题

1. 关联规则和传统的用于分类的产生式规则有什么异同？

2. 对于 K-means 算法，最优聚类的评判标准是什么？

3. 设计方案解决 K-means 算法缺乏对所发现内容进行解释的问题。提示：尝试使用决策树算法对 K-means 算法形成的簇的定义进行解释。

4. 画出使用 Partner 作为根节点的决策树，并写出决策时的产生式规则。

5. 计算使用 Partner 作为根节点的增益率值。

6. 计算使用 Temperature 作为根节点的增益率值。

7. 使用表 2.3 中的数据，计算以下关联规则的置信度和支持度值。

```
IF Juice = 1 & DVD = 1 THEN Earphone =1
```

8. 对以下三项条目，列出三条规则，使用表 2.3 中的数据确定这些规则的置信度和支持度的值。

```
Book =1 & Sneaker = 0 & DVD = 1
```

9. 使用表2.8所示的数据集，应用 K-means 算法进行聚类，初始值 K 为 2，请写出完整的迭代过程和最后的聚类结果。使用 Weka 软件完成相同的任务，并检查两个结果的异同。

表2.8　数据集

Instance	A	B
1	4.0	2.5
2	1.5	1.0
3	3.0	1.5
4	4.5	3.5
5	4.0	2.5
6	2.5	5.0

10. 使用表2.1中的打篮球数据集进行 K-means 无指导的聚类，选择 K 值为 2，且不使用 Play 属性。检查聚类结果，并与 Play 实际分类情况进行比较。

11. 在班级或学校开展打篮球问卷调查活动，考虑在完成一天的学习之后决定是否去打篮球的影响因素，设计调查问卷，对问卷结果进行整理，生成数据集，建立有指导学习模型和无指导聚类模型，从中找出你感兴趣的知识或预测某位同学是否去打篮球。还可以选择其他研究主题，如决定是否去看电影、决定是否参加某个社团、决定是否选修某门课程等。

12. 登录某电子商务网站，查看和收集某些商品的购买信息，提出某些商品一般会被一起购买的假设，采集数据，使用关联分析验证你的假设。

第3章 数据库中的知识发现

本章要点提示

数据库中的知识发现是一个从数据集中发现知识的过程，经常与数据挖掘等同使用。但实质上，两者是不同的，数据挖掘仅仅为知识发现过程中的一个步骤。本章将介绍知识发现的整个过程，并通过一个完整实例加以说明。

本章 3.1 节介绍知识发现的基本概念、基本过程和典型模型。3.2 节重点剖析知识发现过程中的每个步骤的任务和方法。3.3 节通过一个案例说明知识发现的整个过程。

3.1 知识发现的基本过程

数据库中的知识发现(Knowledge Discovery in Data, KDD)是从数据集中提取可信的、新颖的、具有潜在使用价值的能够被人类所理解的模式的非烦琐的处理过程。KDD 一词是马(萨马 M.法耶德)Usama M.Fayyad 于 1989 年首次提出，并给出如上定义。

从定义中可以看到，KDD 是一个处理过程，过程中的大部分步骤是系统自动执行的；数据集是一个有关事实的集合，如某信用卡公司的客户信息数据集，是描述事物某个方面的数据和信息；模式是针对某个数据集，描述了数据自身的特性；"可信的"要求经过 KDD 过程从数据集中发现的模式必须能够经受正确性检验，具有一定的正确性，能够应用到新数据中；"新颖的"表示经过 KDD 过程发现的模式应该是以前没有发现的、希望得到的新发现；"潜在使用价值"表示经过 KDD 过程发现的模式应该是有价值的、有意义的，这种价值和意义一般不能直接从数据中看出来或查询和搜索出来，是可以被利用的潜在价值；KDD 的目的是利用所发现的模式解决实际问题，"可被人理解"的模式帮助人们理解模式中包含的信息，从而更好地评估和利用。

从 Fayyad 提出 KDD 概念后，针对不同领域的应用，目前存在多种 KDD 过程模型。各种过程模型描述了 KDD 整个处理过程的步骤和各个阶段中的目标和方法。

3.1.1 KDD 过程模型

1. 经典 KDD 处理模型

经典 KDD 处理模型又称阶梯处理模型，是 Fayyad 等人提出的具有九个步骤的阶梯递进的 KDD 处理模型(如图 3.1 所示)，这九个步骤分别如下。

(1) 数据准备：了解应用领域的相关情况，熟悉相关背景知识，确定用户的要求。

(2) 数据选择：根据用户的要求从数据库中提取与 KDD 相关的数据，KDD 将主要从这些数据中进行知识提取，在此过程中，会利用一些数据库操作对数据进行处理。

(3) 数据预处理：对从数据库中提取的数据进行加工，检查数据的完整性及数据的一致性,对其中的噪声数据、缺失数据进行处理。

(4) 数据缩减:对经过预处理的数据,根据知识发现的任务对数据进行再处理,主要通过投影或数据库中的其他操作减少数据量。

(5) 确定 KDD 的目标:根据用户的要求,确定 KDD 是发现何种类型的知识,因为对KDD 的不同要求会在具体的知识发现过程中采用不同的知识发现算法。

(6) 确定知识发现算法:在确定 KDD 目标后,根据这个目标选择合适的知识发现算法,包括选取合适的模型和参数,并使得知识发现算法与整个 KDD 的评价标准相一致。

(7) 数据挖掘:运用选定的知识发现算法,从数据中提取出用户所需要的知识,这些知识可以用一种特定的方式表示或使用一些常用的表示方式,如决策树、产生式规则或回归方程等。

(8) 模式解释:对发现的模式进行解释。在此过程中,为了取得更为有效的知识,可能会返回到前面的处理步骤中反复进行前面的 KDD 过程,从而提取出更有效的知识。

(9) 知识评价:将发现的知识以用户能理解的方式呈现给用户,同时对所发现的知识进行检验和评估。

KDD 是一个交互的、迭代的、多步骤处理过程。一次 KDD 并不一定得到理想结果,因此 KDD 是一个目标和数据不断优化的过程。可以在当前选择的知识发现算法不变的情况下,对学习参数进行调整,并重新训练和评价,直到达到满意的结果为止。也可以选择其他知识发现算法,对同一个数据集进行实验,对比实验经过,找到最合适的知识表示形式和挖掘方法。

在以上过程中,还可以强调专家和用户的作用,提供给他们参与和支持 KDD 过程的机会。

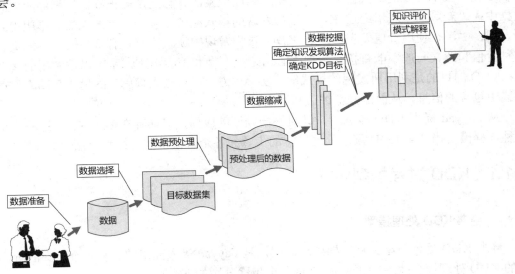

图 3.1　经典 KDD 处理模型

2. CRISP-DM 过程模型

另一种在应用中已经得到公认的处理模型是 CRISP-DM(Cross Industry Standard Process

for Data Mining,跨行业数据挖掘标准流程)。CRISP-DM 是由几个公司组成的联盟开发的与具体产品无关的数据挖掘模型,并首先应用在保险领域。该模型包括以下六个过程。

(1) 商业理解(Business Understanding)。关注的焦点是项目目标和商业前景的需求。给出了数据挖掘问题的定义和最初的计划。

(2) 数据理解(Data Understanding)。重点是数据的收集和假设的构造。

(3) 数据准备(Data Preparation)。选择表、记录和属性,为所选的模型工具清洗数据。

(4) 建模(Modeling)。重点是选择和应用一个或多个数据挖掘技术。

(5) 评估(Evaluation)。通过对发现的结果进行分析,判断开发的模型是否达到了商业目标,同时确定该模型未来的使用价值。

(6) 部署(Deployment)。若模型达到了商业目标,制订行动计划应用模型。

如果想了解 CRISP-DM 过程模型更多的内容,可以访问 Web 站点http://www.crisp-dm.org。

3. 联机 KDD 模型 OLAM

传统的数据挖掘过程一般存在着如下问题。

(1) 尽管在经典模型和 CRISP-DM 过程模型中可通过强调人的参与提高交互性,但大部分工作还是由机器自动化完成,交互性仍显不足,导致用户对 KDD 过程的参与困难。

(2) 数据挖掘算法对用户是一个黑盒子,用户对于 KDD 中发现的内容还是缺乏解释和理解,进而对评估结果和应用结果带来困难。

(3) 一旦在数据准备和选取阶段建立的数据集完成后,该数据集一般不会发生变化,KDD 过程只能一次对这一个数据集进行挖掘,对于多个相关数据集上模式的比较和趋势分析实现很困难。

联机分析挖掘(On-line Analytical Mining),又称多维数据挖掘,由加拿大 Simon Fraser 大学韩家炜(Jiawei Han)教授等在数据立方体(Data Cube)的基础上提出的一种数据挖掘技术。OLAM(On-line Analytical Mining Model)技术将数据挖掘技术(DM)和联机分析处理技术(OLAP)集成在一起,在多维数据库中发现知识,克服了传统的数据挖掘过程存在的问题。

3.1.2 知识发现软件

按照知识发现软件的发展过程,可将知识发现工具分为独立的知识发现软件、横向的知识发现软件和纵向的知识发现软件。

1. 独立的知识发现软件

独立的知识发现软件是针对某一种数据挖掘算法设计开发的软件。这种软件出现在数据挖掘和知识发现研究的早期,仅具有 KDD 过程中的数据挖掘能力,其中的数据预处理等工作需要用户手工完成。目前这种软件很少见。

2. 横向的知识发现软件

横向的知识发现软件是集成化的知识发现工具集,即知识发现的通用软件,如 Enterprise Miner、Intelligent Miner、Cognos、SetMiner、Clementine、Warehouse Studio、RuleQuest、See5 等。

3. 纵向的知识发现软件

纵向的知识发现软件是指针对特定的应用提供完整的数据挖掘和知识发现解决方案的软件。这种软件与具体的商业逻辑相结合，针对不同的应用而专门指定挖掘算法软件，针对性强，只能用于一种应用，可以处理特殊的数据，达到特殊的目的，从而也使得通过 KDD 过程发现的知识的可靠性更强，更能发挥 KDD 的作用。

3.1.3 KDD 过程的参与者

KDD 是个系统性项目，在整个 KDD 过程中，需要有以下三类人员的参与和支持。

1. 业务分析人员

业务分析人员的主要职责是解释业务对象，根据业务对象，确定用于数据定义和数据挖掘算法的业务需求。业务分析人员一般具有较强的应用领域背景，精通业务，对 KDD 项目的目标认识充分和明确。

2. 数据分析人员

数据分析人员的主要职责是将业务需求转化为知识发现，应用数据分析、数据挖掘的各种算法、方法和工具及软件，选择合适的技术，实施挖掘会话，并对 KDD 结果进行解释和评估。数据分析人员一般精通数据分析和数据挖掘技术。

3. 数据管理人员

数据管理人员的主要职责是负责按照 KDD 目标提取数据。数据管理人员一般精通数据管理技术，能够使用数据库技术构造 KDD 的目标数据集。

除此之外，知识发现专家和应用领域的用户也是整个 KDD 过程中的参与者。专家在 KDD 过程中的知识评估阶段发挥着重要作用，而用户在整个过程的各个阶段都应该充分地参与。如目标定义阶段，需要用户与业务分析人员合作，充分准确地确定项目目标。又如在评估和部署阶段，从用户的角度对知识进行评估，也是提高知识的实用性的一种途径，部署中更需要用户的配合，才能真正达到应用的目标。

下面以 CRISP-DM 过程模型为例，进一步讨论 KDD 过程的每个步骤的应用。

3.2 KDD 过程模型的应用

3.2.1 步骤 1：商业理解

商业理解包括以下几方面任务。

1. 任务——确定商业目标

业务分析人员从商业的角度出发，充分理解知识发现所关注的领域，了解用户的需求、

用户需求目标得以实现的制约条件和影响因素，记录可获知的企业商业形势方面的信息，以及描述项目成果成功与否的标准。

2. 任务——评估形势

查找所有的资源、制约条件、假设以及确定 KDD 目标和项目方案时要考虑的各种其他因素。列出所有对项目有用的资源，包括参与 KDD 过程的各类人员、数据摘要和数据来源数据库及获取数据的途径、数据处理的软硬件平台等。列出项目的所有要求，包括项目的进度要求、数据使用权限、数据集的大小、项目结果的可理解性和质量、安全性和法律问题以及所有的假设等。

3. 任务——确定 KDD 目标

商业目标是以商业术语表现出来的目标，而 KDD 目标是从技术的角度描述要实现的目标。例如"提升手表的信用卡账单促销的成功率"可能是个商业目标，而 KDD 目标可能应该是"根据信用卡持卡人的收入水平、性别、年龄、以前是否购买过信用卡保险或促销产品，来预测其是否会购买手表促销产品"。

可以列出一份将要达到的 KDD 目标清单，描述提出的假设或所期望的结果，以及局限条件。目标的确定可以使用自顶向下的分析方法，将目标进行逐层分解。

4. 任务——制订项目计划

描述实现 KDD 目标进而实现商业目标的计划，计划中应包括项目中各阶段的措施、数据挖掘的工具和技术的初步选择等。

3.2.2 步骤 2：数据理解

数据理解包括以下几方面任务。

1. 任务——收集和描述数据

获得项目资源中列出的项目数据，描述所得数据，包括数据格式、属性个数、实例个数、属性特征及其他特征。

2. 任务——探查数据

对数据集中的数据进行进一步探查，包括找出更具重要性的属性、被预测的因变量、几个属性之间的关系、简单聚类的结果、重要的潜在的簇的特征、简单统计分析的结果等，得到对数据的最初发现、初期假设和这些发现对 KDD 过程下面步骤的影响。可以使用一些图表来可视化展示数据特征，或形成一些有趣的数据子集作进一步的探查，从而希望全面掌握数据的特征。

对数据是否存在缺失和错误进行检查，列出数据质量检查结果，包括出现缺失和错误的数据和位置、以何种方式出现、是否为普遍现象、可能的解决办法等。

3.2.3 步骤 3：数据准备

数据准备阶段将产生 KDD 使用的数据集。该阶段包括用于 KDD 的数据的抽取、检查数据的完整性、数据的一致性，包括消除噪声数据、推导计算缺失数据、消除重复记录、完成数据类型转换等。数据抽取和预处理工作一般可能占整个 KDD 过程的 70%左右。

1. 任务——抽取数据

在一个或多个人类专家以及知识发现工具的帮助下，选择一组要进行分析的初始数据来创建一个目标数据集(Target Data Set)。抽取的依据是与 KDD 目标的相关性、数据质量和技术限制，如数据大小的限制和数据类型的要求等。数据抽取包括属性的选择和实例的选择。

1) 数据源

数据对于一个 KDD 项目的成功与否起着至关重要的作用。数据抽取的主要数据来源一般为三种——传统数据库、数据仓库和平面文件。传统数据库是一种操作型、事务型数据库，其存储的满足日常事务处理的数据，多数为关系型数据结构。关系型数据库(Relational DataBase，RDB)中的数据都是用一个由行与列组成的关系表的集合来表示，表的一列称作属性，表的一行存放一条数据记录的信息，单独的行称作元组(Tuple)，关系型表中的所有元组用一个或多个属性的组合来唯一标识。为消除冗余，提高数据访问效率来满足快速的事务处理响应要求，数据库中的关系表都被规范到满足一定的范式要求。规范化(Standardization)的过程就是将关系表进行模式分解成为两个或更多关系表。而数据仓库是为满足数据分析的要求，往往需要发现数据中固有的冗余性，因此通常需要将满足一定范式的关系表再进行连接操作来重组数据，以形成满足数据挖掘需要的形式。

DriverVehicle(驾驶员驾驶车辆)数据集，表中有驾驶员的 Sex(性别)、Age(年龄)、Job(职业)、IncomeRange(收入水平)、EduLevel(受教育程度)、Married(婚姻状况)、TypeID(驾驶车辆类型)、Year(车辆使用年数)。DriveVehicle 数据集是一个平面结构表，它提取了 Drive 数据库(如图 3.2 所示的 MS Access 数据库中的关系图)中的来自 3 个关系表中的数据，包括 Driver 关系表中的驾驶员信息、Vehicle 关系表中的车辆信息和 Drive 关系表中驾驶员驾驶车辆信息。在第 4 章“数据仓库”中将详细分析 Drive 数据库，并说明如何利用反规范化来重构传统数据库以建立数据仓库用于决策支持环境。

💡 **注意：** 若数据来源为多个数据库、数据仓库或平面文件，则在抽取合并为一个数据集时，数据的一致性处理是必不可少的。例如，从某个传统数据库中抽取的 Sex(性别)数据的类型为数值型，其中用 1 表示 male、用 0 表示 female，而从另一个平面文件中抽取的 Sex(性别)数据的类型为分类类型，其中用 M 表示 male、用 F 表示 female，则此时为保证目标数据集中对 male 和 female 编码的一致性，需要按照一个标准进行数据转换(Data Transformation)。从多个数据源中抽取目标数据过程中的数据转换处理可能是一个很费时的过程。

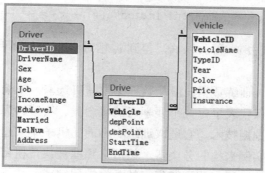

图 3.2　Drive 数据库

2) 属性和实例选择

一些数据挖掘算法对能够处理的数据集实例个数或属性个数有限制，并且属性之间的相关性也直接影响着数据挖掘的结果，可以通过删除一些相关性较强的冗余属性来改善数据挖掘的质量。

属性选择最简单的方法是选择所有属性的集合的每个子集来生成数据集，进行数据挖掘建模，计算每个模型的优度(Goodness)进行比较，模型优度值最高的属性组合为最佳的属性选择方案。这个方法的确能够得到最佳属性组合，但时间代价太大。试想一个具有 n 个属性的集合，其子集个数为 2^{n-1} 个。使用这些属性组合的子集生成数据集进行建模，并进行优度检验，时间代价太大。通常情况下，可以采用以下方法进行属性的筛选。

(1) 淘汰属性。

目前一些统计技术和非统计技术本身就包含属性选择技术，属性选择是模型创建过程中的一个环节。但同时也存在一些数据挖掘算法，如神经网络和最近邻分类器(Nearest Neighbor Classifier)在创建模型时，假设数据集的所有属性的重要性相同，这时就需要在数据挖掘过程开始之前进行属性选择，包括计算数据集中数值属性的相关性，去掉与其他属性相关性较强的冗余属性作为输入属性，淘汰这些对于类成员资格不具有预测性的、重要性值较低的属性，来改善数据挖掘的质量；对于分类类型数据，任何包含值 v_i 的属性，只要大多数实例用 v_i 作为它们的属性值，则 v_i 对各个类的区分能力就降低了，则可以考虑将其淘汰；对于数值型属性的重要性值，在有指导的学习中，可以通过比较均值和标准差值来确定。对于无指导的聚类，由于不存在预定义的类而无法计算数值属性的重要性。但是，可以用可能的属性选择子集进行实验，并用合适的簇质量度量指标来帮助确定一组最佳的数值属性。

(2) 构造属性。

对于一些预测价值较低的属性，有时可以和其他属性结合起来生成新的具有高预测价值的属性。创建新属性的方法一般有三种：新属性值可以是现有的两个属性值之比、之差或现有两个属性值的增长百分比或下降百分比。例如，假设有两个属性值 v_1 和 v_2，其中 $v_1 < v_2$，v_2 相对于 v_1 的增长百分比的计算如式(3.1)所示。

$$\text{Percent Inctease}(v_2 - v_1) = \frac{v_2 - v_1}{v_1} \tag{3.1}$$

式中若 $v_1 > v_2$，则用 v_1 减去 v_2 再除以 v_1，得到 v_2 相对于 v_1 的下降百分比。

(3) 实例选择。

对于有指导的学习，训练数据一般从数据集中随机选取。影响这个随机过程的唯一标准是，选择的实例要确保代表了每一个要学习的概念类。决策树算法就是典型的在训练阶段随机选取实例的数据挖掘技术。它选取训练实例的随机子集来建立最初的分类器，用剩余训练实例作为检验集实例来检验分类器。然后，那些被决策树错误分类的实例被加入训练数据的子集中。重复该过程直到训练集中的数据被用完或已建成了一个能正确分类所有训练数据的分类器。

然而，对于那些不创建概化分类模型的数据挖掘算法，不能使用上述实例选择方法。这种不创建分类模型的分类器被称为基于实例的分类器(Instance-Based Classifier)，又称为"懒惰分类器"，典型的有 K-nearest 数据挖掘算法建立的分类器。其基本方法是将每个类的代表性实例所组成的一个子集保存起来，检验实例通过与所保存实例的属性值进行比较来分类，检验实例被放到代表性实例与其最为相似("距离"最短)的类中。显然，用于代表每个类的实例决定了模型的预测准确度。代表性实例可以利用实例的典型性值作为依据来进行选取。

对于无指导聚类，也可以通过确定每个域实例的典型性值，删除那些最不典型的域实例来更好地聚类定义明确的簇。高质量的簇形成后，再将那些非典型实例提交给聚类系统，此时，聚类模型有两种选择，要么用这些实例构造新的簇，要么将这些实例放入已有的簇中。

抽取数据是面向挖掘目标进行的，这样被抽取出来的数据是中性的，可以经过进一步的数据清洗和转换来适合数据挖掘算法的要求。

2. 任务——清洗数据

根据所选的数据挖掘技术的要求，对数据进行预处理，从而提高数据质量。数据清洗(Data Cleaning)是 KDD 过程中的数据预处理(Data Preprocessing)工作。

数据清洗包括检查噪声数据和缺失数据，进行噪声数据的处理，确定对缺失数据的处理办法和说明时间序列信息的方式。理想状态下，数据预处理的大多数工作应该在将数据永久地存储到数据仓库中之前完成。

1) 噪声数据处理

噪声(Noise)代表属性值中的随机错误。在所有大的数据集中，噪声以各种形式和排列方式出现。对噪声数据通常要解决的问题包括如何发现和处理重复记录和错误的属性值，对数据应采取什么样的数据平滑操作，以及如何发现和处理孤立点。

重复记录是数据集中两条记录在部分属性值上不同，但实际上是一条数据的记录。如学校名称为"北京联合大学"和"北京联大"其实是一个学校，但因为名称不同，而作为两条记录存储在数据集中，则其中的一条就是重复记录。

查找错误的属性值是大型数据集所面临的一个重要问题。错误属性值的产生分为两种情况，一种情况是输出了错误的属性值，如 Age(年龄)属性值为 0 的输入。另一种情况是缺失数据造成的。因某个属性值缺失，而使用了默认值来填充，也可能造成年龄为 0 的情况。一般情况下，这种异常属性值可通过计算该属性的均值和标准差来发现。但当数据集实例较多，而属性值发生错误的实例占很少比例时，发现这种错误将会非常困难。

重复记录的处理应该在数据抽取阶段进行，可使用一些数据清洗工具来完成。目前的数据库技术通过约束某个属性的值域，就能尽可能降低直接输入错误和缺失数据自动填充默认值带来的属性值错误。除此之外，一般情况下，利用数据平滑技术来消除噪声数据。如使用分箱(Binning)方法检测该数据周围的属性值来进行局部数据平滑；利用聚类技术检测孤立点数据，对它们进行修正；利用回归方程探测和修正噪音数据等。

数据平滑(Data Smoothing)是一种减少数据中噪声的处理技术。在 KDD 的数据预处理过程中经常使用分箱方法、均值平滑、中值平滑、函数平滑、线性拟合方法等。

分箱方法是将数据进行排序，如 3、6、12、22、24、26、27、30、30，将这九个数进行"等高度"划分成三个箱。每个箱中的数据个数相同，即 $Bin_1=\{3,6,12\}$，$Bin_2=\{22,24,26\}$，$Bin_3=\{27,30,30\}$。可以根据箱中的数据求均值进行平滑，则三个箱中的数据值变换为 $Bin_1=\{7,7,7\}$，$Bin_2=\{24,24,24\}$，$Bin_3=\{29,29,29\}$。也可以将箱中的最大值和最小作为箱的边界，箱中的其他数据值被与之最接近的边界值替换，则三个箱中的数据值变换为 $Bin_1=\{3,3,12\}$，$Bin_2=\{24,22,26\}$，$Bin_3=\{27,30,30\}$。一些分类器，如神经网络，在分类过程中用函数完成数据平滑处理。在回归分析中，使用拟合函数进行数据平滑。还有一些分类器使用平均值和中值进行数据平滑。

另一种常用的数据平滑技术是使用聚类分析技术发现并尽可能从数据集中删除非典型实例，即孤立点，它们被认为是异常数据，如图 3.3 所示。

图 3.3 基于聚类分析的孤立点检测

2) 缺失数据处理

数据缺失有两种可能的原因，一种是该属性应该有值，但遗漏了，如 Sex(性别)属性的缺失就属于这种情况。另一种是可能是遗漏，也可能本来这个实例的属性值就无法填写。如 IncomeRange 属性值若缺失了就属于这种情况。IncomeRange 值可能是遗漏了，也可能是该人失业没有收入，此处就是一个未填的数据项。

一些数据挖掘技术能够直接处理缺失值，但是更多的分类器要求所有实例的所有属性都必须有值，所以需要在应用数据挖掘算法处理数据前处理缺失数据。对于缺失数据有以下几种处理办法。

- 忽略含有缺失值的记录：当数据集只有少量实例包含有缺失数据，并且可以确定缺失值是因为要表达的信息未能表达，采取舍弃该条记录的方法。
- 手工填补缺失值：此方法非常耗时，对于数据集中包含大量含有缺失值的实例时，可行性较差。
- 利用均值代替缺失值。如所有实例的平均 IncomeRange 为 30000，则使用这个均值代替所有缺失的收入水平值。在大多数情况下这是处理数值属性的一种理想方法。其他的方法，例如用 0 或任意给定的或大或小的值来代替缺失的数值数据都不是合适的选择。
- 利用同类均值填补缺失属性值。如同样是填补 IncomeRange 缺失值，可考虑使用相同职业的驾驶员的平均收入来代替该类中所有实例的 IncomeRange 属性缺失值。
- 使用全部常量填补缺失值。将缺失的属性值使用一个常数，如 Unknown 来填补。这种方法有很大的缺陷，特别是在有大量缺失项的情况下，用相同常数进行填补，会误导数据挖掘算法，影响 KDD 结果的质量。
- 利用最可能的值填补缺失值。可以利用回归分析、贝叶斯分析、决策树或神经网络分类器等方法进行合理推断，预测出该条实例这个缺失属性最有可能的取值。方法是将有缺失值的属性作为输出属性，使用有指导学习来判断或预测缺失数据的可能取值，使用含有该属性已知值的实例建立分类模型。然后，用创建的模型对含有缺失值的实例进行分类或预测。与其他方法相比，这种方法最大限度地利用了当前的已知信息来帮助预测出缺失的数据，对于缺失项的填补更具有依据。

3. 任务——变换数据

数据变换(Data Transformation)包括确定平滑数据和数据标准化的方法，以及数据类型的变换。一方面，许多数据挖掘工具包括神经网络和一些统计方法不能处理分类类型数据，因此将分类数据变换为等价的数值数据是一种常见的数据转换。另一方面，一些数据挖掘技术不能处理某些初始格式的数值数据。例如，大多数决策树算法要将数值数据转换为离散数据，方法是进行数据分类和采用数据项的二元分裂。

常用的数据变换是数据标准化(Normalization)，即改变数据值使之落在一个指定的范围内。如神经网络这样的分类器要求所有输入属性值缩放到[0,1]区间，则效果更好。标准化对于基于距离的分类器特别有吸引力，因为通过标准化属性值，值域很宽的属性不太可能大于初始范围更小的属性。下面是四种常用的标准化方法。

- 十进制缩放(Decimal Scaling)：将数据值除以 10 的整次方。例如，若某属性的取值范围(旧域)为[-1000,1000]之间，则可以用每个值除以 1000 使得取值范围变为[-1,1](新域)之间。
- Min-Max 标准化(Min-Max Normalization)：适用于属性的最小值和最大值都已知的情况。其计算公式为

$$新值 = \frac{原值 - 旧域最小值(新域最大值 - 新域最小值)}{旧域最大值 - 旧域最小值} + 新域最小值 \tag{3.2}$$

- Z-Score 标准化(Normalization Using Z-scores)。将属性值转换为标准值。此方法是将该值减去属性平均值(μ)再除以属性的标准差(σ)，公式如式(3.3)所示：

$$新值 = \frac{旧值 - \mu}{\sigma} \tag{3.3}$$

- 对数标准化(Logarithmic Normalization)。用一些值的以 2 为底的对数值代替原值可以缩放值域，而又不丢失信息。例如，以 2 为底的 64 的对数为 6，即 $2^6=64$，则使用 6 来代替 64。

3.2.4 步骤 4：建模

1. 任务——选择建模技术

这是建模的第一步，选择一种或多种建模技术，如 C4.5 决策树或者前馈神经网络技术。在选择建模技术时，要考虑两个因素：一是数据的特点；二是用户或实际运行系统的要求，可能是用描述型的、容易理解的知识来表示挖掘出的规则。还要了解对数据的限制条件，如数据分布、不允许有缺失数据、必须是分类类型的输入变量等。

2. 任务——检验设计

在正式建模之前，需要制订一个方案，来检验模型的质量和有效性。例如，建立分类器后，通常使用检验集分类错误率(Error Rates)作为检验模型质量的度量方法。其方法是将数据集分为训练集和检验集两部分，使用训练集建立模型，使用检验集检验模型的质量。所以方法中应包括训练集、检验集和评估模型的描述，以及如何划分训练集和检验集更为合理。

3. 建模和评估

在准备好的数据集中，使用建模工具和建模技术，正式进行数据挖掘(Data Mining)实验，建立一个或多个最佳模型，记录建模过程中的相关参数，以及这些参数设置的理由，并对模型进行描述和解释，如进行一些可视化工作，帮助用户理解数据挖掘的结果。

知识发现的实验性和迭代性在 KDD 过程的第 4 步和第 5 步中表现得尤为突出。以下是建立一个有指导学习或无指导聚类模型的典型步骤。

(1) 从准备好的数据集实例中选择训练和检验数据。

(2) 选择一组输入属性。

(3) 如果学习是有指导的，选择一个或多个输出属性。

(4) 选择学习参数的值。

(5) 调用数据挖掘工具建立模型。

(6) 数据挖掘完成，对模型进行评估。如果结果不够理想，可以多次重复上述步骤。

数据挖掘工程师要根据专业领域的知识、数据挖掘成功的标准以及需要的检验设计来解释结果。数据挖掘工程师只是从技术的角度上判断模型应用和技术发现的成功与否，他还需要与业务分析师及领域专家一起对模型的商业应用结果进行评估。

3.2.5 评估

评估包括以下两个任务。

1. 任务——评估结果

此步骤的评估与上一节中针对模型的评估不同，这里的评估是对整个 KDD 项目的评估，是从商业角度评估模型的价值是否符合商业目标。可以在条件允许的情况下，在实践中对模型加以检验。

2. 任务——回顾和确定下一步方案

对整个 KDD 过程进行总结，根据评估结果和总结，确定下一步的任务：项目是应该结束而进入到下一步的部署阶段呢，还是重复前面的步骤建立新的模型。

3.2.6 部署和采取行动

部署和采取行动包括以下几方面任务。

1. 任务——制订部署方案

制定部署策略，包括必要的步骤及相应的实施办法。

2. 任务——制订监控和维护方案

准备监控策略，避免数据挖掘结果被长期误用。

3. 任务——采取行动(Taking Action)

对 KDD 过程中发现的知识具体化，并直接用于解决合适的问题。数据挖掘的最终目标是应用所学到的知识。正是在这一点上看到了投入得到了回报。采取的行动可能是撰写关于所发现知识的报告或技术性文章，实施货架工程，开展商业促销活动，金融风险评估，金融欺诈的侦测，推动新的科学研究等。

3.3 实验：KDD 案例

本节给出一个 KDD 实验案例，进一步描述 KDD 过程中各步骤的任务和结果。

1. 实验目的

使用 KDD 过程模型，通过建立信用卡筛选分类模型，对新申请信用卡客户进行评估，

决定是否接受其信用卡申请。通过实验重点掌握 KDD 的数据准备、建模和评估过程，了解和体会 KDD 的迭代过程。

2. 实验数据源

实验数据来自 UCI 的 Credit Screening Databases。

数据集较好地混合了连续数值型属性、分类类型属性，还包含了部分缺失数据。并且，由于属性和值是无意义的符号，所以不能从属性名称和属性值上观察出属性的重要性，即初始情况下，认为每个属性的重要程度相同。

3. 实验方法

简化 CRISP-DM 模型，使用包括确定目标、准备数据，建模和评估四个步骤的 KDD 过程模型，完成 KDD 任务。

4. 实验过程

(1) 步骤 1：确定目标。

通过有指导的学习技术，建立信用卡筛选分类模型，并评估该模型。在模型不理想的情况下，重新进行实验，利用聚类技术检验输入属性对模型质量的影响。建立理想模型后，使用该模型对新申请信用卡客户进行评估，决定是否接受其申请。

(2) 步骤 2：准备数据。

数据集名为 CreditScreening.xls，选择所有 690 个实例和 16 个属性，其中 15 个属性作为输入属性，第 16 个属性 Class 作为输出属性，生成.csv 文件，加载到 Weka。

(3) 步骤 3：建模。

使用 Weka 进行有指导的学习训练，选择 C4.5 数据挖掘算法，在 Weka 中名为 J48，将 test options 设置为 Percentage split，并使用默认百分比 66%。选择 class 为输出属性，并选中 classifier evaluation options 对话框中的 Output predictions 复选框，以显示在检验集上的预测结果。数据挖掘结果如图 3.4 所示。

(4) 步骤 4：评估。

通过检查图 3.4 所示的输出结果，得出检验集分类正确率为 84.3%，是一个不算太差的结果，可以用于评估新申请信息卡客户。

然而若希望得到更高质量的分类器，可以作如下考虑。

● 修改算法参数。

● 进行属性评估。

● 进行实例选择。

● 选择其他有指导学习算法。

其中对于在尝试对此修改算法参数，而分类器质量未得到明显改善的情况下，可考虑进行属性评估。即检查输入属性是否能够很好地定义数据中所包含的类。如果输入属性很好地定义了输出类，则将看到实例很自然地被聚类到已知的类中。所以通过无指导聚类技术，可以对输入属性进行评估。步骤如下。

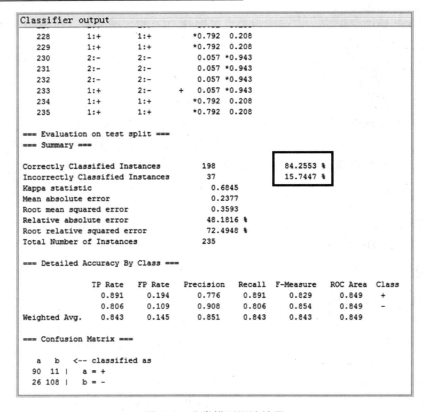

```
Classifier output

228        1:+         1:+           *0.792  0.208
229        1:+         1:+           *0.792  0.208
230        2:-         2:-            0.057 *0.943
231        2:-         2:-            0.057 *0.943
232        2:-         2:-            0.057 *0.943
233        1:+         2:-        +   0.057 *0.943
234        1:+         1:+           *0.792  0.208
235        1:+         1:+           *0.792  0.208


=== Evaluation on test split ===
=== Summary ===

Correctly Classified Instances         198           84.2553 %
Incorrectly Classified Instances        37           15.7447 %
Kappa statistic                          0.6845
Mean absolute error                      0.2377
Root mean squared error                  0.3593
Relative absolute error                 48.1816 %
Root relative squared error             72.4948 %
Total Number of Instances              235

=== Detailed Accuracy By Class ===

                TP Rate  FP Rate  Precision  Recall  F-Measure  ROC Area  Class
                0.891    0.194    0.776      0.891   0.829      0.849     +
                0.806    0.109    0.908      0.806   0.854      0.849     -
Weighted Avg.   0.843    0.145    0.851      0.843   0.843      0.849

=== Confusion Matrix ===

  a    b   <-- classified as
 90   11 |  a = +
 26  108 |  b = -
```

图 3.4 分类模型训练结果

(1) 加载信用卡筛选数据集到 Weka，切换到 Cluster 选项卡，选择 Simple KMeans 算法，如图 3.5 所示。

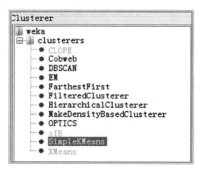

```
Clusterer
  weka
  clusterers
    ● CLOPE
    ● Cobweb
    ● DBSCAN
    ● EM
    ● FarthestFirst
    ● FilteredClusterer
    ● HierarchicalClusterer
    ● MakeDensityBasedClusterer
    ● OPTICS
    ● sIB
    ● SimpleKMeans
    ● XMeans
```

图 3.5 选择简单 K-means 聚类算法

(2) 设置算法参数，显示标准差，迭代次数设置为 5000 次，其他保持默认，注意簇的个数默认情况下为 2，与需要相符。最终的参数设置如图 3.6 所示。

(3) 在 Cluster mode 面板中设置评估数据为 Use training set，并单击 Ignore attributes 按钮，选择忽略 class 属性。

(4) 单击 Start 按钮，执行聚类，结果如图 3.7 所示。观察结果，发现 309 个实例被分类到 Cluster0 中，381 个实例被分类到 Cluster1 中，形成了两个大小近似相等的簇，且与实

际分类情况极其接近，可以认为聚类所形成的簇具有较高的质量，初步断定输入属性对于实例的分类能力应该是较强的。

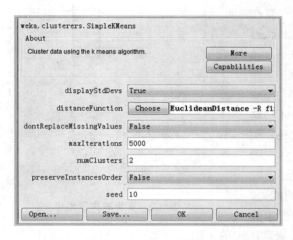

图 3.6　设置 K-means 聚类算法的参数

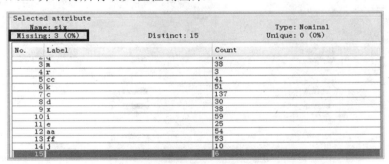

图 3.7　聚类结果

可以对属性作进一步分析，包括以下两方面。

(1) 对缺失属性值进行检测。

(2) 对所有属性的分类能力进行检测，找出具有较大分类能力的几个属性和具有较小分类能力的属性。期望利用那些具有较大分类能力的属性，重新进行有指导的学习，建立更高质量的分类模型。

对于缺失属性值的检测结果，可以通过查看 Weka 的 Preprocess 预处理选项卡，选择不同的属性，查看 Missing 项。如图 3.8 所示的是 six 属性的缺失数据的检测情况，Missing 显示该属性具有 3 个缺失值。但通过查看数据集数据(如图 3.9 所示)，发现该属性实际上有 9 个缺失值，Weka 并未将所有缺失值检测出来。

图 3.8　Weka 检测出的缺失属性值

对于所有属性的分类能力的检测，可通过查看 Clusterer output 窗口中每个属性的每个取值在两个簇中的分布来初步确定。如图 3.7 中，属性 one 的一个取值 b 分别在 Cluster0 和 Cluster1 中出现了 204 和 276，分别占在 Cluster0 和 Cluster1 中出现的所有 one 取值的 66%

和 72%；属性 one 的另一个取值 a 分别在 Cluster0 和 Cluster1 中出现了 105 和 105，分别占在 Cluster0 和 Cluster1 中出现的所有 one 取值的 33%和 27%。通过 one 的一个取值——b 值在 Cluster0 中出现比例为 66%，同时 b 值在 Cluster1 中出现比例也高达 72%，而另一个取值 a 值在 Cluster0 中出现比例为 33%，同时 a 值在 Cluster1 中出现比例也低到 27%，表明属性 one 分别取值 a 和 b 的实例并未能很好地被聚类到不同的簇中。而前面分析了簇的质量是良好的，这就说明，属性 one 不具有较好的分类能力。通过图 3.10(a)也能证明这一点。从图 3.10 中还可以发现，two、thirteen 和 fourteen 属性都不具有较好的区分类的能力。而 nine 和 eleven 属性的各个取值被很好地聚类到不同的簇中，证明这两个属性具有较好的区分类的能力。

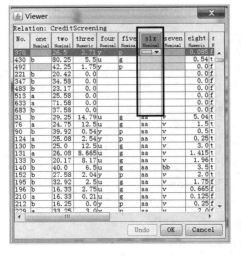

图 3.9　实际缺失属性值

从图 3.10 中发现 twelve 属性在图(d)中很难确定其属性取值被聚类的情况，所以需要通过修改图中的 x 轴，使其也表示 twelve 属性值，如图(h)所示。这样在图中就能够看到 twelve 属性的两个取值的实例分别被很好地聚类到两个簇中，也证明了 twelve 属性具有较好的预测分类的能力。

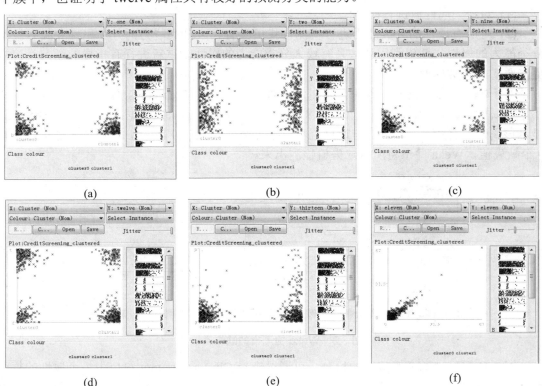

图 3.10　信用卡筛选数据集几个属性的 Visualize cluster assignments 窗口

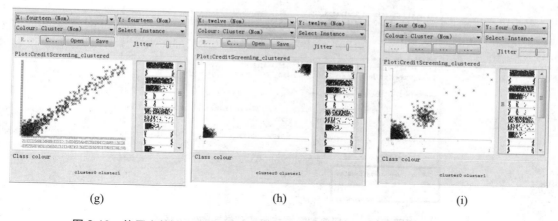

(g)   (h)   (i)

图 3.10 信用卡筛选数据集几个属性的 Visualize cluster assignments 窗口(续)

通过对所有 15 个输入属性进行分类能力的检查，发现 nine、ten、eleven 和 twelve 4 个属性具有较好的分类预测能力，而 one、two、four、five 和 six 5 个属性具有较差的分类预测能力。

下面可以根据属性对于分类的预测能力，在数据挖掘实验前进行属性选择，再重复进行数据挖掘实验，从而期望得到更高质量的分类模型。首先选择 nine、ten、eleven 和 twelve 4 个具有较好分类预测能力的属性，删除其他属性进行实验，发现分类正确率仍然为 84.3%，分类正确率并未得到提升，说明依靠属性选择期望提高分类器质量的办法是不行的。

然而，前面的对属性分类预测能力检测的工作并非毫无意义。现在若删除这 4 个属性，使用其他输入属性进行实验，得到的分类正确率值为 68.1%，说明分类质量有很大幅度的下降。通过使用最具分类预测能力的 4 个属性进行实验未降低分类正确率，而不使用它们进行实验，分类正确率下降很多的事实，从而得出结论：可以仅使用这 4 个属性建模，在提高实验效率的同时，又不降低分类器的质量。这在大型数据集中是非常实用的手段。

既然通过属性选择不能达到提高分类模型质量的目的，那么可以进一步通过实例选择来提高模型质量。方法是选择每个类中具有代表性属性值的 20 个实例，其中分类类型的属性值为在各个类中出现比例最高的属性值，如图 3.7 中的 one 属性的 b 值的；数值型属性值为接近各类中均值的取值，如图 3.7 中的 two 属性的 25 和 22.67，最典型实例为属性 two 取这两个值或接近这两个值的实例。选择所有输入属性进行实验，结果显示出 92.2%的分类正确率。实验的混淆矩阵如图 3.11 所示。

一个使用类代表性属性值选择的 300 个最典型的数据实例建立的有指导模型能够比用 690 个训练实例建立的模型效果更好。

最后，还可以选择其他有指导的学习技术重复进行实验来提高分类器的质量。此处留作练习。

```
=== Evaluation on test split ===
=== Summary ===

Correctly Classified Instances          94                92.1569 %
Incorrectly Classified Instances         8                 7.8431 %
Kappa statistic                          0.5217
Mean absolute error                      0.1132
Root mean squared error                  0.2183
Relative absolute error                 50.4727 %
Root relative squared error             65.4651 %
Total Number of Instances              102

=== Detailed Accuracy By Class ===

                TP Rate  FP Rate  Precision  Recall  F-Measure  ROC Area  Class
                1        0.615    0.918      1       0.957      0.941     +
                0.385    0        1          0.385   0.556      0.941     -
Weighted Avg.   0.922    0.537    0.928      0.922   0.906      0.941

=== Confusion Matrix ===

  a  b   <-- classified as
 89  0 |  a = +
  8  5 |  b = -
```

图 3.11　使用典型数据集所建分类器的输出结果

本 章 小 结

本章内容概述如图 3.12 所示。

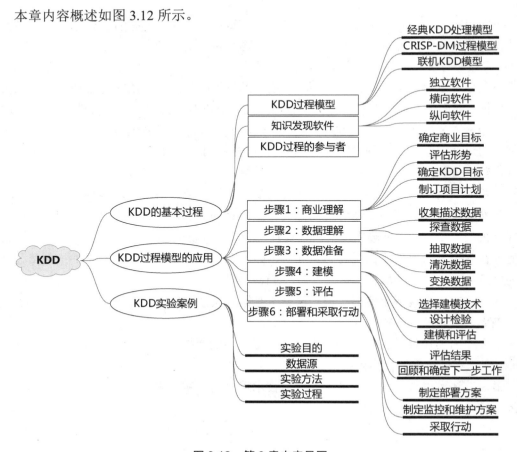

图 3.12　第 3 章内容导图

KDD 是一个多步骤、迭代的处理过程。目前存在各种处理模型，包括经典的九步骤模型和 CRISP-DM 商业模型。CRISP-DM 处理模型包括商业理解、数据理解、数据准备、建模、评估和部署及采取行动六个步骤。在商业理解阶段，需要确定商业目标和 KDD 目标；在数据理解阶段对数据进行收集和初步的探查；数据准备阶段包括抽取数据建立目标集、清洗数据和变换数据几项工作，这些工作实际上是数据的预处理工作，在整个 KDD 过程具有重要的作用和大量的工作量。其中对于数据中噪声的平滑处理和缺失数据的填补可使用多种技术。建模阶段首先需要选择合适的建模技术，并设计检验程序，再进行数据挖掘实验，最后对得到的模型进行评估。若模型不理想，需要重复前面的步骤，继续下次挖掘实验，直到得到满意的模型为止。这个阶段和下一个评估阶段都是 KDD 过程具有的迭代特性的最好诠释。评估阶段是从商业的角度对模型和整个 KDD 项目进行评价，决定是否结束 KDD 过程，进入下一阶段。最后的部署和采取行动阶段是将 KDD 过程发现的知识应用于实际，在设计应用前要制订好一系列的方案，保障项目成果实施过程中的效果。

习 题

1. 使用 Min-Max 标准化公式，将驾驶员的年龄值从 40 岁变换到[0,1]之间的数值。

2. 某人的年薪从 100000 元提升到 160000 元，计算他月薪的增长百分比。

3. 当前的值域是[4000,13000]，使用以 2 为底的对数标准化对一组数值属性进行变换，新的属性值域是多少？

4. 使用 iris 数据集进行 KDD 实验，建立分类模型，评估模型的质量。尝试使用无指导聚类技术检测数据集的输入属性的分类预测能力，制订各种属性选择方案，重复进行有指导的训练，分析评估结果。进一步尝试选择最具典型性的实例组成新的数据集参加训练，分析评估结果。

5. 使用 3.3 节的分类器评估新申请信用卡的客户，决定是否接受其申请请求。

第4章 数据仓库

本章要点提示

支持数据挖掘项目执行的一个重要基础就是大量的、高质量的数据。数据的采集和收集是数据挖掘过程中基础且重要的一个步骤。这些数据可能来自不同的数据源，类型多样，具有异构性和多维度、复杂性等特点，需要一种有组织的、高效的数据存取结构，集成存储，而数据仓库正是具备这样功能的数据存储架构。

本章4.1节概括性地阐述了数据库和数据仓库的基本概念和特点；4.2节介绍了数据仓库模型的设计，重点讨论了最常用的星型模型、雪花模型和星座模型的设计，并解释了数据集市和决策支持系统的基本概念；4.3节概述了联机分析处理技术，并通过一个实验，描述了从决策支持的角度，对数据仓库中数据进行多维分析的方法；4.4节介绍了利用Microsoft Excel数据透视表和数据透视图建立多维数据分析模型的方法。

4.1 数据库与数据仓库

数据库(Database)是计算机存储设备上长期、集中存储的一批有组织、可共享的数据集合。建立数据库的目的是希望以统一的结构存储数据，这些数据是现实世界的事物和事物之间的关系的符号化表达，各类用户依据这些数据进行在线交易。这种在线的业务交易称为联机事务处理(On-line Transactional Processing，OLTP)。

联机事务处理是指用户通过终端或应用系统以在线交易的方式自动化地处理实时性数据的过程，如银行交易、订单业务等日常的事务处理，是传统数据库的主要应用。

数据仓库(Data Warehouse)是一个面向主题的、集成的、相对稳定的、反映历史变化的数据集合(数据仓库之父比尔·恩门(Bill Inmon)在1991年出版的《建立数据仓库》(Building the Data Warehouse)一书中提出的定义)。建立数据仓库的主要目的是提供决策支持(Decision Support)，而联机分析处理(On-line Analytical Processing，OLAP)是通过数据分析以支持决策的主要方法。

联机分析处理是指通过一套多维数据分析和统计计算方法，产生集成性决策信息的过程。OLAP是关系数据库之父埃德加·弗兰克·科德(E.F.Codd)博士于1993年提出的，是数据仓库系统的主要应用。

数据库主要面向日常事务处理，其中的数据一般为在线交易数据，甚至于实时数据，而随着时间的推移，一旦某些数据不具有时效上的使用价值，则其会被移出数据库，所以一般意义上的数据库是一种事务型或操作型数据库(Transactional Database/ Operational Database)。失去时效性的数据往往可供数据分析使用，可存入历史数据库(Historical Database)中，即数据仓库中。

数据仓库不是简单的历史数据库，也不是所谓的"大型"数据库。数据仓库与数据库

在建立目的、作用、结构、数据内容等方面存在着巨大差异，主要表现在以下几个方面。

(1) 设计目的不同。数据库是面向事务而设计的，数据仓库是面向主题而设计的。

(2) 存储的数据内容不同。基于以上设计目的的不同，数据库和数据仓库中存储的主要数据内容不同。数据库一般存储在线交易数据，数据仓库存储的一般是历史数据。

(3) 结构设计原则不同。因数据库的设计主要是为日常事务处理，对数据访问效率要求较高，在时间和空间效率方面进行权衡考虑，一般通过范式约束，尽量消除冗余数据和冗余联系。而数据仓库的设计主要是为了进行数据分析，要求有大量的集成数据作为基础，所以往往采用反范式设计，将具有直接或间接联系的数据尽可能地连接起来。

根据恩门(Inmon)的数据仓库定义，数据仓库应体现以下几个特点。

(1) 面向主题的(Subject Oriented)。与数据库面向事务处理不同，数据仓库按照需要支持的决策主题组织数据，将同一主题的数据集成存储。例如：若希望通过分析学生的学习行为，给予学生评价支持，则可以选择学生学习为主题组织数据，包括学生的基本数据、修课数据、成绩数据、参与校内活动数据、社会兼职数据、兴趣爱好数据等。

(2) 集成的(Integrated)。将分散存储的各个企业和部门的、异构的、类型多样的、运行在不同软硬件平台上、彼此独立和相互封闭的"信息孤岛"中的数据，进行收集、整合，解决数据的分布性和异构性，是数据仓库系统的一项重要任务。数据仓库系统通过数据抽取、数据变换、数据清洗和数据加载的过程，完成数据集成，并将集成的数据加载到数据仓库中。

(3) 相对稳定的(Non-Volatile)。数据仓库中的数据往往来自于数据库，与数据库中具有日常事务数据，甚至是实时数据不同，数据库中不再具有实效性的数据被存储在数据仓库中，这些数据的历史特性，使得其很少需要被修改，具有相对稳定性。

(4) 反映历史变化(Time Variant)。数据仓库中数据的时间属性非常重要，数据往往被打上时间戳，表达数据的历史变化，满足决策的需要。例如，某个学生的某学期迟到次数累计 30 次，但是，若分析该学生的历史数据，发现其迟到现象集中发生在某个月，那个月他家中有事，事出有因。这样的历史数据所提供的决策信息，对于该学生的处理决定具有重要的意义。

4.1.1 数据(库)模型

数据库是通过数据模型来模拟现实世界的，数据库中的数据是现实世界事物和事物间联系的抽象表示。现实世界通过两级抽象形成机器世界的数据模型。第一级抽象是现实世界中的事物和事物之间的联系经过人脑的加工概化成为信息世界(或称概念世界)的实体和实体之间的联系，使用概念模型(Conceptual Model)或称为实体模型(Entity Model)进行描述。而信息世界的实体和实体之间的联系，经过加工编码形成机器世界的数据和数据之间的联系，使用数据模型(Data Model)进行描述。

其中第一级抽象是将事物和事物之间的联系抽象成为实体和实体之间的联系。实体(Entity)是对任何一个可以识别的事物的概化而形成的概念，具有某一或某些方面的特征，这一或这些特征被抽象为一个或多个属性，每个属性有属性类型和属性值之分，而其中的一个或多个属性的组合能够起到唯一标识实体的作用，这样的属性或属性组合称为实体的键(Key)。实体间的联系表达了现实世界事物之间的联系,可以分为一对一、一对多和多对多三种联系类型。例如,个人和身份证之间的联系是一对一的联系,即一个人只能有一个身份证,反之一个身份证只能对应一个人,具有一一对应关系。而家族关系中的父亲和子女的联系可能是一对多的联系,因为一个父亲可能有多个孩子,而一个孩子只能有一个亲生父亲。在学生和课程之间的联系中,一个学生可以学习多门课程,一门课程可以有多名学生学习,它们之间存在多对多的联系。

第一级抽象建立的概念模型通常使用实体联系图(ER 图,Entity Relationship Diagram)符号系统进行描述。ER 图由三个语言符号来描述,使用矩形描述实体,使用椭圆描述实体的属性,使用菱形描述实体之间的联系。

【例 4.1】 建立司机和其驾驶车辆的信息模型和数据模型。要求在模型中描述司机、车辆的基本信息,以及司机驾驶车辆的时间和地点信息。其中一名司机在不同的时间可驾驶不同的车辆,一部汽车可以在不同时间由不同驾驶者驾驶。以此模型为基础建立的数据库将为道路交通管理部门提供违章处罚依据。

图 4.1 描述了两个实体——Driver(司机)和 Vehicle(车辆)之间联系的 ER 图。图中 DriverID(司机驾照号)和 VehicleID(车辆行驶号)加下划线,表示司机实体和车辆实体的键分别为驾照号和行驶号。实体之间的连线上的字母和数字表示实体之间联系的类型,一对一表示为 1:1,一对多表示为 1:n,多对多表示为 n:m。图中描述了司机和车辆之间为多对多的联系,表示一名司机可以驾驶多辆汽车,而一辆车可以由多名司机驾驶。

其中,Driver 为司机实体,具有 10 个属性,分别为 DriverID(司机驾照号)、DriverName(司机姓名)、Sex(性别)、Age(年龄)、Job(职业)、IncomeRange(收入水平)、EduLevel(受教育程度)、Married(婚姻状况)、TelNum(联系电话)和 Address(联系地址)。Vehicle 为车辆实体,具有 7 个属性,分别为 VehicleID(车辆行驶号)、VehicleName(车辆名称)、TypeID(型号)、Year(使用年数)、Color(颜色)、Price(购买价格)、Insurance(保险情况)。司机和车辆之间有 Drive(驾驶)的联系,该联系产生 4 个联系属性,分别为 StartTime(开始时间)、EndTime(结束时间)、depPoint(出发地点)和 desPoint(到达地点)。

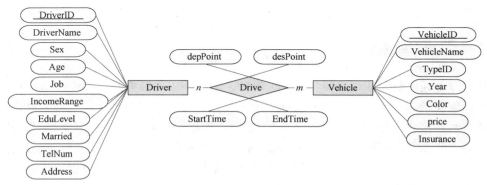

图 4.1 司机-车辆 ER 图

概念模型的抽象是最重要的一级抽象,其对现实世界反映的准确度和完整性,直接影响了数据模型质量,通常认为概念模型就是现实世界的真实反映。

数据模型的发展经历了从格式化的层次模型和网状模型,到目前普遍使用的关系模型。

关系模型使用二维表结构统一地描述实体和实体之间的联系，这种二维表结构在关系数据理论中称为"关系"(Relationship)，用关系既可以描述实体本身，又可以描述实体之间的联系。

概念模型经过第二级抽象，生成数据模型。在关系数据理论中，关系数据模型通常使用若干关系模式来描述，每个关系模式就是一个关系结构、关系的框架，与具体数据无关。一个关系模式可通过五元组 R<U，D，DOM，F>来表示。其中 R 为符号化的关系语义，U 为关系的属性集合，D 为属性的域集合，DOM 为属性到域的映射，F 为属性之间的函数依赖。

概念模型转化为关系模式的集合的转化原则为：实体转化为关系，实体的属性直接作为关系的属性，实体的键直接作为关系的键；联系转化为关系(其中的一对一和多对一的联系可根据是否有多个联系属性，而决定是否可以不转换为单独一个关系)，联系的属性由两部分构成，一为参与联系的两个实体的键，二为联系自己的属性。联系转化为的关系的键由联系的类型决定，若为一对一的联系，则联系的键为参与联系的每个实体的键；若为一对多的联系，联系的键为多的一方的实体的键；若为多对多的联系，联系的键为参与联系的实体的键组合。根据以上原则，可以将图 4.1 中的司机-车辆概念模型转化为如下关系数据模式，其中有下划线的属性或属性组合为关系的键。

(1) Driver(<u>DriverID</u>，DriverName，Sex，Age，Job，IncomeRange，EduLevel，Married，TelNum，Address)

(2) Vehicle(<u>VehicleID</u>，VehicleName，TypeID，Year，Color，Price，Insurance)

(3) Drive(<u>DriverID，VehicleID</u>，StartTime，EndTime，depPoint，desPoint)

在数据库中，Drive 被称为交叉实体(Intersection Entity)，是因为数据库系统不能直接实现多对多的实体间联系，多对多的联系需要通过两个一对多的联系来实现。这与关系数据模型的表达相一致。

4.1.2 规范化与反向规范化

概念模型和数据模型建立完成后，应用关系数据理论，对模型进一步分析，从而达到改进和优化的目的。关系数据理论是关于数据库设计的理论，它认为可以使用几个结构简单的关系模式取代原来结构复杂的关系模式，从而消除关系模式所具有的插入、删除和更新异常，消除冗余。这个过程称为关系的规范化(Normalization)。在关系的规范化过程中，进行分级的模式分解，分解的依据被称为范式(Normal Form)。E.F.科德已经定义了多个范式，包括第一范式(First Normal Form, 1NF)、第二范式(Second Normal Form, 2NF)和第三范式(Third Normal Form, 3NF)。属于 1NF 的关系模式要求关系的每个分量都必须是原子的；属于 2NF 的关系模式要求关系的每个非主属性都必须完全依赖于关系的每个键，对 2NF 的检查只有在键是多个属性的组合时才有意义；属于 3NF 的关系模式要求其首先必须属于 2NF，且关系的每个非主属性对于关系的每个键不存在传递函数依赖关系，即 3NF 要求所有非键属性仅依赖于整个键。尽管目前除了以上三种范式之外，还有更高级别的范式，如4NF、BCNF 和 5NF，但一般情况下，属于 3NF 的关系模式就已经完全消除了插入和删除异常，更新异常也因冗余已经得到很大程度的降低而得到了很好的改善，过度的模式分解又会造成查询效率的降低、函数依赖关系的破坏和分解无损性的破坏等，所以目前大多数数据模型的关系模式都属于 3NF 就可以被接受了。

表 4.1、表 4.2 和表 4.3 分别给出了 Driver、Vehicle 和 Drive 三个关系表。

表 4.1 Driver 关系表

DriverID	DriverName	Sex	Age	Job	IncomeRange	EduLevel	Married	TelNum	Address
1234	Zhang	Female	24	Student	0-1K	UnderGraduate	Single	78675490	Hangzhou
4321	Li	Male	35	Doctor	10-50K	Graduate	Single	8909874	Shanghai
3215	Weng	Male	40	teacher	2-10K	Graduate	Married	7123456	Beijing
6547	Xie	Female	50	Retired	1-4K	HighSchool	Married	74329100	Beijing

表 4-1 Vehicle 关系表

VehicleID	VehicleName	TypeID	Year	Color	Price	Insurance
0001	Chevrolet	9001	3	Gray	150K	Yes
0002	Cadillac	8002	1	Black	600K	No
0003	Volkswagen	4002	4	Blue	200K	Yes

表 4-3 Drive 关系表

DriverID	VehicleID	StartTime	EndTime	depPoint	desPoint
1234	0001	20120901 8:00	20120901 8:20	HangzhouYuhangqu	HangzhouXihu
4321	0002	20140206 13:08	20120206 13:50	ShanghaiNanjinglu	ShanghaiJiefanglu
4321	0003	20130501 12:00	20130502 16:03	BeijingHaidian	ShanghaiNanjinglu
3215	0003	20131110 9:00	20131110 9:10	BeijingHaidian	BeijingHaidian
6547	0003	20121220 10:00	20121220 10:20	BeijingChaoyang	BeijingChaoyang

在规范化到 3NF 的过程中，分解过程是无损的，数据冗余得到很大改善，使得数据库在日常事务处理中，数据的访问效率得到很大提升，所以关系数据库非常适合于事务处理。但是，对于为数据挖掘和决策支持提供数据基础，用于数据分析的数据库，经过多级规范化后的关系型数据就不再合适了。因为分析数据的目的是检查和揭示数据中的规律和联系，而通过规范化过程产生的关系数据库模型，要求单实体-单关系，即每个关系表达一个实体或一对实体之间的联系，数据间的复杂联系不能完整表达。如例 4.1 所示的数据模型中若需要表达 Job(职业)与其驾驶 Type(车辆型号)之间的联系，需要将 3 个关系表进行连接(Join)操作，连接结果如表 4.4 所示。

关系的连接过程是两两关系连接，连接字段为 DriverID 和 VehicleID。该过程称为"反向规范化"(De-normalization)。反向规范化将破坏范式约束，如表 4.4 中关系表的键为(DriverID，VehicleID)，非主属性 DriverName、Sex 、Age、Job、TypeID 都不完全依赖于键，违反了 2NF 的约束。

表 4.4 Driver、Vehicle 和 Drive 关系表的连接

DriverID	DriverName	Sex	Age	Job	VehicleID	TypeID
1234	Zhang	Female	24	Student	0001	9001
4321	Li	Male	35	Doctor	0002	8002
4321	Li	Male	35	Doctor	0003	4002
3215	Weng	Male	40	teacher	0003	4002
6547	Xie	Female	50	Retired	0003	4002

在事务型环境中，为了实现为决策支持准备数据，必须按照一个主题以组合实体的形式进行大量的反向规范化工作。

4.2 设计数据仓库

建立数据仓库是一个收集、整合、存储、管理和分析数据的过程(Gardner, 1998)。图 4.2 给出了数据仓库的建立过程。

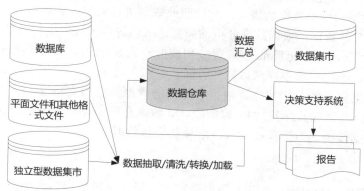

图 4.2 建立数据仓库的过程

4.2.1 数据抽取、清洗、变换和加载

数据仓库中的数据有三个来源，分别为传统数据库、平面文件或其他格式文件以及独立数据集市。其中，平面文件(Flat File)是指没有特定格式和关系结构的数据记录，如纯文本文件，包括.txt 文件、使用逗号作为分隔符的.csv 文件、.arff 文件等。独立数据集市(Independent Data Mart)是一种类似于数据仓库的数据集合，数据集市中的数据面向单一主题。可以使用传统数据库和平面文件及其他格式文件建立独立数据集市，在 4.2.4 节将详细介绍数据集市。

数据源确定后，将完成数据的抽取、变换和加载(Extraction, Transformation, Loading, ETL)等工作。ETL 过程的主要任务是：从一个或多个输入源中抽取数据，如果有必要，清洗和变换提取的数据，并将数据加载到数据仓库中。

1. 数据抽取

数据抽取是在准备数据源的基础上，从多个异构的传统数据库、独立数据集市、平面文件等中提取与数据仓库主题相关的数据，进行整合、集成的过程。对于异构数据源，要对各数据源的数据格式、内容、相关指标体系、采集手段、时间跨度、数据质量等多源异构性有所了解，制订集成方案，在一定的规范标准下进行数据抽取。抽取可以是以初始化数据仓库为目的的全量抽取和以维护为目的的增量抽取；可以定时自动抽取或人工抽取。

2. 数据变换

数据变换是根据数据分析的需要，建立源数据与目标数据之间的映射关系，常用来解决数据粒度(Data Granularity)问题、多个数据源之间数据的不一致性问题以及给各个数据记录加上时间戳等。主要体现在以下几个方面。

(1) 缺失数据的替换。对于缺失数据约定使用其他数据进行替换。

(2) 建立完整性约束，并调整数据的一致性。对于属性域的范围和格式进行约束定义，并对抽取的数据进行一致性检查，完成一致性校正。

(3) 建立在多数据源中选择数据的判断逻辑。对于选择面向某个或某些主题的数据需求，指定提取数据和变换数据的规则，并按照此规则进行数据内容和格式的调整。

(4) 拆分和合并数据。根据数据分析的需要，对属性和属性值进行分解或合并。例如，表 4.3 中的 StartTime 和 EndTime 字段可分别被拆分成 StartDate 和 StartTime，EndDate 和 EndTime，分别在不同字段中存储日期和时间。

(5) 增加数据记录的时间属性。数据仓库中的数据具有历史特性，表达同样事物的数据记录按照建立和消亡的时间，加上时间戳，在数据仓库中存储多个时间版本。

(6) 按照数据分析的数据粒度要求，汇总和聚集数据。

3. 数据清洗

ETL 的抽取和变换过程完成后，可能会产生大量的"脏数据"，如异常数据、重复数据、缺失数据等。据统计，ETL 过程中数据清洗前，数据错误约占总数据量的 5%左右，因此数据质量问题是制约数据仓库应用的"瓶颈"之一。

目前常用的数据清洗(Cleaning)技术包括：基于数理统计的方法、模式识别的方法、基于距离的聚类方法和关联规则等进行数据异常的检测和消除；使用字符串匹配算法、递归字段匹配算法、Smith Waterman(S-W 算法)和改进的 S-W 算法、基于动态规划的距离法、快速过滤法等检测重复数据，使用基本近邻排序、多趟近邻排序和优先队列策略等方法进行重复数据的消除清洗；使用基于标准 SQL 语言的通用的、可扩展的清洗过程模型进行数据清洗，补充商业 ETL 工具的数据清洗功能的不足。如基于遗传神经网络的数据清洗模型，基于最小二乘法原理和模拟退火遗传算法的数据预处理组合方法等。

4. 数据加载

数据加载是指在完成数据抽取、变换和清洗后，按照统一数据格式将符合数据仓库环境要求的数据转存到数据仓库的过程。

5. ETL 工具

随着数据仓库的广泛应用，ETL 工具也日渐成熟，利用多进程、多线程、流水、多处理器等技术，对于海量数据能够并行和增量处理。目前主要的商用 ETL 工具包括 IBM 公司的 Visual Warehousing 和 DataStage、Oracle 公司的 Oracle Warehouse Builder(OWB)和 ODI(Oracle Data Integrator)、Microsoft 公司的 DTS、Informax 公司的 Ardent Datastage、CAPlatinum 公司的 Inforbump、灵蜂公司的 Beeload 等。商业 ETL 工具尽管技术成熟，功能较为强大，但也不能满足所有应用领域数据仓库的 ETL 过程需求。目前也出现了许多开源 ETL 工具和技术。如 KETTLE、Apatar 等，都是基于 Java 环境，开放结构和接口。

6. 元数据

元数据(Metadata)，作为数据仓库存储的一种重要数据，对于帮助数据仓库设计者和使用者更好地掌握数据仓库所存储数据的内容、质量、状况和特征，了解数据的历史，如数据从哪里来，流通时间多长，更新频率是多大，数据元素的含义是什么，对它已经进行了哪些计算、变换和筛选等有重要作用。元数据是定义和描述其他数据的数据，是关于数据的数据，在整个数据 ETL 过程中起到基础作用。有两种元数据类型：结构型和操作型(或称业务元数据和技术元数据)。结构型元数据(业务元数据)描述数据内容、数据类型、表示规则和数据项之间的关系。操作型元数据(技术元数据)主要用于描述数据的质量和用途，是数据仓库的设计和管理人员用于开发和日常管理数据仓库时用的数据。包括：数据源信息；数据变换的描述；数据仓库内对象和数据结构的定义；数据清理和数据更新时用的规则；源数据到目的数据的映射；用户访问权限；数据备份历史记录；数据导入历史记录；信息发布历史记录等。结构型和操作数据的主要区别是后者经常处于变化的状态，而前者是静态的。

数据仓库中的元数据具有以下特征。

(1) 能够描述数据的特征，这是元数据最本质的特征。

(2) 元数据具有动态特征，随所描述对象的变化而变化。

(3) 元数据的类型具有多样性。

(4) 元数据既可以是一个数据集合，也可以是单个数据，还可以在其中包含其他元数据。有些元数据项是描述数据仓库中数据特征必需的，而有些是可选的。

(5) 由元数据所描述对象的多层次和元数据使用对象的多层次性决定了元数据具有层次性。

(6) 元数据是有关"数据"的"数据"，相对于前一个"数据"而言，元数据是次要的，但又是必不可少的。元数据也是数据，在数据仓库环境中，元数据量可能非常大。

ETL 过程中的所有操作都需要元数据的支持。按照元数据定义的内容、频率和规则，将保存在传统数据库或其他数据源中的数据抽取出来，存放到另外的数据库中，并将预抽取操作记录在元数据库中；数据变换的规则和算法由元数据定义，变换操作需要在元数据库中记录；数据加载需要遵守元数据定义的规则，加载操作需要在元数据库中记录。

7. 变化维度问题

通常情况下，数据一旦输入数据仓库就不再被修改。但对于一些特殊情况，如某司机的年龄、婚姻状况、联系地址等数据，随着时间的变化，可能需要修改。因为数据仓库中的数据具有历史特性，时间属性是其重要特征，如果简单地修改该司机的所有数据仓库记录中的年龄、婚姻状况和联系地址数据，就可能造成过去基于旧数据进行的数据分析失效。例如，修改司机的年龄从 20 岁改为 30 岁，那么其在 20 岁时驾驶的汽车信息若简单地被修改为 30 岁的信息，则该数据为错误数据，年龄的确是当前值，但这个年龄下的驾驶汽车的信息是错误的。简单更新数据仓库中的数据为当前值是传统数据库的数据更新方法，不适用于数据仓库。

此类数据更新问题，被归纳为"变化维度"问题，修改的数据往往是维度表中的数据(关于维度表的详细内容参见 4.2.2 节)。拉尔夫·全博尔(Ralph Kimball)将维度表中的维度属性按照随时间变化的节律不同分成三类，分别是不随时间发生变化的稳定维度 (Unchanging Dimensions，UDs)、随时间发生缓慢变化的渐变维度(Slow Changing Dimensions，SCDs)和随时间变化频率较快的快变维度(Rapidly Changing Dimensions，RCDs)。对于不同类型的变化维度，数据变化时采取不同的处理方法。

1) 稳定维度

稳定维度是与时间无关的静态的属性维度，对事实表中的事实数据(关于事实表的详细内容参见 4.2.2 节)进行稳定一致的划分归类。这类维度数据无须处理。

2) 渐变维度

渐变维度表中的数据会随时间渐变，如上述的年龄、婚姻状况和联系地址字段。这种情况下，应记录历史数据(旧值)和更新后的新值，并记录更新历史。目前多采用两种处理办法：一种办法是记录每一个属性当前值的同时，新建一个字段来保存修改以前的值；另一种办法是当一条记录的属性值更改时，保留原有记录，创建一个新的记录，与原有记录具有相同的键，并在渐变维度表中使用代理键作主键(在事实表中作为外键)，同时记录属性值的更新历史。

3) 快变维度

快变维度表中的属性值会频繁变化。实际应用处理中可根据需要采用微型维度和预设波段的方法来解决快变所带来的影响。微型维度是将变化频率快的属性从原有的维度表中分离出来单独组合成一个或多个新的维度，形成子维度表；预设波段是指将那些会频繁发生变化的属性在操作型数据环境中的值域映射为一组数目相对较少的离散值。

4.2.2　数据仓库模型

通常情况下，可以采用两种技术建立数据仓库模型。一种是将数据仓库模型构造为多维数组，数据的存储格式类似于展现给用户的格式；另一种更常用的方法是用关系模型存放数据仓库中的数据，并调用关系数据库引擎将数据以多维格式展现给用户，这种关系型建模技术中最常用的是星型模型。

1. 星型模型

【例 4.2】　建立一个数据仓库模型，表示司机接受驾驶车辆违章处罚的情况。该模型用于分析司机的驾驶行为，为对司机作出评价决策提供支持。数据仓库中应描述和存储关于司机的基本信息、驾驶的车辆信息、驾驶车辆违章的时间、违章地点、违章情况和接受处罚等信息。

图 4.3 描述了一个星型模型(Star Model)实现的数据仓库。这个星型模型的主题是司机

驾驶车辆违章接受处罚。其中 TraViolationFact Table(违章接受处罚事实)是一张事实表(Fact Table)，定义了多维空间的维数为五维——Driver(司机)、Vehicle(车辆)、Location(地点)、Time(时间)和 TraRule(违反的交规类型)。事实表的每条记录包含两种类型的信息——维度关键字和事实。维度关键字是系统产生的值，用于区分事实表的每一条记录。维度关键字确定了用星型模型表示的多维结构的坐标。

事实表的每一维都可能有一个或多个相关联的维度表(Dimension Tables)。维度表分布在一颗星的顶点上，围绕着中心的事实表，形成了星星的形状，这也是星型模型名称的由来。维度表包含每个维度中的数据。每张维度表和事实表之间的联系是一对多的联系。因此维度表比中心的事实表要小很多。尽管事实表是 3NF 的，维度表却没有被规范化。相反，选择组成维度表的属性很大程度上是由星型模型所要回答的分析课题的性质所决定。星型模型的维度通常是缓慢变化的渐变维度。这是因为维度表中的信息属于上节所述的不常变化的类型。

图 4.3 的星型模型显示了五个维度表。Driver 维度表存储了每名司机的 DriverID、DriverName、Sex、Age、Job、IncomeRange 和 EduLevel 信息；Vehicle 维度表存储了发生违章的车辆的 VehicleID、VehicleName、TypeID 和 Year 信息；Location 维度表存储了地点信息；Time 维度表存储了时间信息；TraRule 维度表存储了交通规则信息。

事实表中的每条记录由维度关键字和一个或多个事实组成。图 4.3 所示的事实表中的事实为某司机驾驶某车辆在某时间某地点违反某条交通规则是否接受了处罚。如事实表中的第一条记录表示：Zhang 司机驾驶 Chevrolet 汽车，在 2012 年 3 月 8 日 16:00 于北京海淀东方路违章停车，接受了处罚(Accept 值为 1 表示接受了处罚，为 0 表示未接受处罚)。

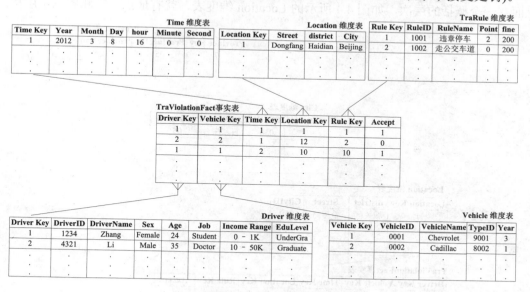

图 4.3 司机接受驾车违章处罚的星型模型

建立数据仓库模型之前需要做好如下准备工作，这些工作需要由熟悉业务和熟悉技术的设计师共同完成。

(1) 选择主题。

(2) 确定事实表和表结构、维度表和表结构，从而决定数据仓库的目标数据。

(3) 确定事实的个数和展示角度。

(4) 确定维度表是否需要分层和分层的个数。

(5) 分析数据源,确定数据源是否有支持主题的数据,包括事实数据和维度数据。

星型模型具有多维性。图 4.3 所示的事实表定义了一个五维空间,事实表中的每条记录在这个五维空间中以一个具有五个坐标值的点来表示。例如:事实表的第一条记录可以用点 A(1,1,1,1,1)来表示,A 的事实值为 1(接受了处罚)。

事实表的粒度处于事务级别,即每名司机的每个驾车违章记录,都被单独记录在事实表中。为提高粒度,可以记录每名司机一个月违章接受处罚的总次数。如在图 4.3 中的事实表将 Zhang 司机违章的两次记录,即 Driver Key=1 的两次记录合并,合并后的记录表示 Zhang 司机在 3 月份接受的交通违章处罚次数,这样就得到按月记录的每名司机接受的违章处罚次数,就可以在更高级别的粒度下查看和分析数据。要确定系统的粒度级别,需要根据用户对细节程度的要求进行,更高级别的粒度将提高系统性能,因为粒度的提高使得事实表记录数减少。

2. 雪花模型

雪花模型(Snowflake Model)是特殊形式的星型模式,是将星型模型中的某些维度表进行分层形成的模型。维度表的分层,是对维度表的逐层分解,使得维度表可以被规范化,从而减少数据冗余,提高存储效率。此外,因为关系表更小了,连接操作的时间性能也得到了提高。然而,由于表的总数增加,与没有被规范化的表相比,抽取同样的信息所作的数据查询的复杂度提高了。在大多数情况下,多层维度表按照金字塔形进行布局排列,最上面有一个概括的层次,如图 4.4 所示的 Location 维度表,就有地点、市和省三个层次。

Province 维度表

Province Key	ProvinceID	ProvinceName
7	05	河北省
.	.	.

City 维度表

City Key	CityID	CityName	ProvinceID
8	050	石家庄	05
.	.	.	.

Location 维度表

Location Key	district	Street	CityID
1	城关区	希望路	050
.	.	.	.

TraViolationFact事实表

Driver Key	Vehicle Key	Time Key	Location Key	Rule Key	Accept
1	1	1	1	1	1
2	2	1	12	2	0
1	1	2	10	10	1
.	.	.	.	.	.

图 4.4　雪花模型(局部)

3. 星座模型

当星型模型中有两个或两个以上的事实表时，形成的模型称为星座模型(Constellation Model)。一般若数据仓库模型支持多个主题时，需要建立星座模型数据仓库。

【例4.3】建立一个数据仓库模型，表示司机购买车辆和驾驶车辆违章接受处罚情况。该模型用于分析司机的购车和驾驶行为，为对司机作出评价决策提供支持。数据仓库中除了要描述和存储例 4.2 中的信息外，还应描述司机的购车信息。

在图 4.3 的基础上增加一个事实表 PurchaseVehFact，建立一个具有两个事实表的星座模型。图 4.5 给出了这个星座模型，它同时包含司机接受驾车违章处罚和购车信息。

在图 4.5 中可以看到两个事实表可以共享同样一些维度和维度表，包括 Driver 维度表、Vehicle 维度表和 Time 维度表。PurchaseVeh 维度表描述了购买汽车的付款方式和价格是否有折扣，PurchaseVehFact 事实表描述了司机购买车辆的时间和价格。

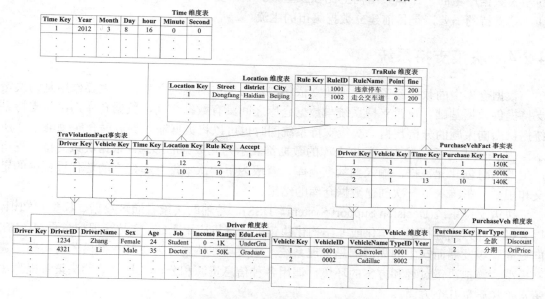

图 4.5 司机接受驾车违章处罚和购车的星座模型

4.2.3 数据集市

数据集市(Data Mart)是数据仓库的一个子集，如果数据仓库是面向企业级主题的数据集合，那么相对的，数据集市就是一个面向部门级主题的数据集合。数据仓库中的数据是面向多个主题，而数据集市中的数据是面向某个特定主题，从某种意义上来说，数据集市是小型的数据仓库。

数据集市可以分为两种类型：独立型数据集市和依赖型数据集市(Dependent Data Mart)。独立型数据集市直接从传统操作型数据库或外部数据源中获取数据；依赖型数据集市从企业级数据仓库中获取数据，往往需要对数据仓库中的数据进行汇总并计算得到粒度级别较高的数据。

独立型数据集市往往是建立企业级数据仓库之前建立的，建立的目的是在没有条件、投资不足或没有时间建设大规模企业级数据仓库的情况下，为快速解决企业当前存在的实际问题的一种有效方法。

但是在数据仓库建设之前试图希望通过建立多个独立型数据集市，累积成为数据仓库的想法是不成立的。原因是各个数据集市之间存在着数据表达和结构、类型等诸多不一致性问题，直接合并需要做大量的一致性检查和变换，工作量等同于重新建设一个数据仓库。实际上，因为没有数据仓库的统一协调，相当规模的独立型数据集市的发展，又增加了一些"信息孤岛"，背离了数据仓库实现分散、异构数据的交流和共享的初衷。恩门(Inmon)曾比喻独立型数据集市和数据仓库的关系："我们不可能将大海里的小鱼堆在一起就构成一头大鲸鱼。"这说明数据仓库不可能由多个数据集市进行简单合并而产生。

依赖型数据集市是在数据仓库建立后，按照部门级单一主题，抽取、汇总数据仓库中的相关数据产生的，在体系结构上比独立型数据集市更稳定，它能够满足部门级数据分析和决策支持的需要，是目前建立数据集市的主流。

4.2.4 决策支持系统

数据仓库中的数据除了可作为建立依赖型数据集市的基础之外，其主要作用是为决策支持提供数据基础。决策支持系统与数据仓库之间具有数据交互，数据仓库为决策支持系统提供面向主题的分析数据，决策支持系统同时也可以将数据输入到数据仓库(如图4.2所示)。从决策支持系统输入到数据仓库的数据都表示为元数据的形式。依据决策支持过程所产生的信息创建元数据，输入到数据仓库，就成为下一次数据仓库建立的迭代过程中的定义和规则，影响着下一次创建数据仓库的结果。

决策支持系统(Decision Support System，DSS)，是辅助决策者通过数据、模型和知识，以人机交互方式进行半结构化或非结构化决策的计算机应用系统。它是管理信息系统(MIS)向更高一级发展而产生的先进信息管理系统，主要功能体现在为决策者提供分析问题、建立模型、模拟决策过程和方案的环境，调用各种信息资源和分析工具，帮助决策者提高决策水平和质量几个方面。

决策支持系统的概念是20世纪70年代被提出来的，目前已经得到很大的发展；20世纪80年代初，R.H.斯普拉格(R. H. Sprague)提出了决策支持系统三部件结构，包括对话部件、数据部件和模型部件，明确了系统的基本组成，极大地推动了决策支持系统的发展；20世纪80年代末到90年代初，决策支持系统开始与专家系统(Expert System, ES)相结合，形成智能决策支持系统(Intelligent Decision Support System，IDSS)。这种系统既充分发挥了专家系统以知识推理形式解决定性分析问题的特点，又发挥了决策支持系统以模型计算为核心的解决定量分析问题的特点，充分做到了定性分析和定量分析的有机结合，使得解决问题的能力和范围得到了一个大的发展，成为决策支持系统发展的一个新阶段；20世纪90年代中期出现的数据仓库、OLAP和数据挖掘新技术，三者的结合逐渐形成了新的决策支持系统的概念。与智能决策支持系统(此时称为传统决策支持系统)不同，新的决策支持系统是从数据中获取辅助决策信息和知识，而不是用模型和知识辅助决策。进一步地，将数据仓库、OLAP、数据挖掘、模型库、数据库、知识库结合起来形成的综合决策支持系统

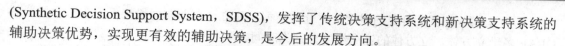

(Synthetic Decision Support System，SDSS)，发挥了传统决策支持系统和新决策支持系统的辅助决策优势，实现更有效的辅助决策，是今后的发展方向。

决策支持的形式可以是报告数据、分析数据和知识发现三个层次。

(1) 报告数据(Reporting Data)。报告数据依赖于数据查询，是最低层次的决策支持。但是作为基础，一份内容翔实的报告对任何成功的商业运作都是最为重要的。

(2) 分析数据(Analyzing Data)。通常用某种形式的多维数据分析工具来完成。

(3) 知识发现(Knowledge Discovery)。数据挖掘的主要任务是发现知识，但是，使用一些复杂的查询和数据分析技术有时也能发现数据中有趣的模式。

4.3 联机分析处理

4.3.1 概述

联机分析处理(On-line Analytical Processing，OLAP)是基于查询和报告的面向特定问题的多维环境下的数据分析方法和工具。OLAP 能够对多维数据采取不同的观察角度，进行全方位的、快速的、稳定的和交互性的查询和分析，从而对数据有更深入的了解，进而提供决策支持。

OLAP 的概念最早是由关系数据库之父 E.F.科德(E.F.Codd)于 1993 年提出的，是一种用于组织大型商务数据库和支持商务智能的技术。OLAP 作为一种软件技术，除了具有联机特性之外，还具有以下特点。

(1) 快速性。OLAP 的目的是提供基于复杂查询的多维数据分析，具有较大的数据访问量，要求较快的反应速度。

(2) 多维性。OLAP 能够为用户提供多角度全方位观察数据的可能，数据仓库中的数据的多维特性在 OLAP 中得到较好的体现。通常情况下，OLAP 将数据仓库中的数据在逻辑上建立一个多维结构的数据集——多维数据立方体(Multidimensional Data Cube)(称为立方体，但不要求每个边的长度相同)。数据立方体是一种多维矩阵，如图 4.6 所示，采用多角度查询分析的方法，获取数据更深入的了解。

(3) 可分析性。OLAP 与数据仓库中的数据相比，具有更强的可分析性。OLAP 的数据往往显示出更高层次的统计计算和汇总数据，而不仅仅是细节数据，从而使用户能够获取更高层次的数据观察和逻辑推理的结果，可进行高层次的对比分析，以支持用户的决策。

(4) 信息量大。OLAP 通过从数据仓库中抽取、集成而获得数据，数据查询和分析是在占有大量数据的基础上进行的。

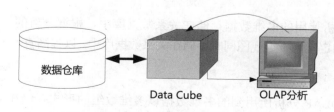

图 4.6　OLAP 的多维性

【例 4.4】 根据图 4.3 的星型数据仓库模型，建立一个面向司机接受驾车违章处罚的 OLAP 多维立方体，立方体的三个维度分别为时间、职业和违章类型。

如图 4.7 所示的立方体显示出三个维度：Month(月)、Job(职业)、TraRule(违章类型)。数据立方体的维度不是与图 4.3 中的数据仓库维度完全对应，而是根据 OLAP 的需要，使用星型模型属性集的子集。

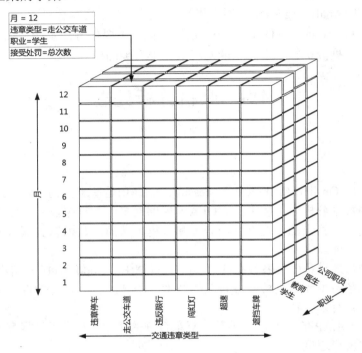

图 4.7 司机接受驾车违章处罚的多维立方体

数据立方体不局限于三个维度，大多数 OLAP 系统需要使用超过三个的维度构建数据立方体，如微软的 SQL Server Analysis Services 工具允许维度数高达 64 个，只是超过三个维度的高维实体想象起来很困难。

OLAP 系统从数据仓库中抽取详细数据的一个子集并经过必要的聚集存储到 OLAP 存储器中供前端分析工具读取，按照存储器的数据存储格式 OLAP 可以分为 ROLAP(Relational OLAP，关系 OLAP)、MOLAP(Multidimensional OLAP，多维 OLAP)和 HOLAP(Hybrid OLAP，混合型 OLAP)三种类型，上述的多维立方体只是其中最常用的一种类型。

1. ROLAP

ROLAP 将分析使用的多维数据存储在关系数据库中，根据分析的需要，将使用较多、计算量较大的查询定义为一组视图同时存储在关系数据库中，以提高查询分析数据响应速度。

2. MOLAP

MOLAP 将 OLAP 分析所用到的多维数据以多维数组的形式存储在 OLAP 存储器上，形成"数据立方体"存储结构。维的属性值被映射成多维数组的下标值或下标的范围，汇总数据的值作为多维数组的值存储在数组单元中。由于 MOLAP 采用了新的存储结构，从物理层实现起，因此又称为物理 OLAP(Physical OLAP)；而 ROLAP 主要通过一些软件工具或中间软件实现，物理层仍采用关系数据库的存储结构，因此称为虚拟 OLAP(Virtual OLAP)。

3. 混合联机分析处理

混合联机分析处理(HOLAP)是 MOLAP 和 ROLAP 两种结构的有机结合，综合发挥两者的优点，从而满足用户各种复杂的分析请求。

MOLAP 结构式专为 OLAP 设计，具有性能良好、响应速度快、管理渐变、支持复杂跨维计算和多用户访问等优点，从而得到普遍应用。目前，大多数 OLAP 产品都按照 MOLAP 模式进行设计开发。但同时应该看到，MOLAP 结构的数据装载速度较慢、维数有限、不支持维度的动态变化以及与 ROLAP 沿用现有的经过优化的关系数据库技术相比，缺乏数据模型和数据访问的标准，这就要求在设计立方体时，要有多方面的重点考虑。

OLAP 数据立方体的设计是面向特定问题和特定用途的，从数据仓库中应该抽取哪些属性数据包含到立方体中以及每个属性的粒度，是设计立方体需要重点考虑的问题。数据仓库中的数据具有多个维度，每个维度可能包含多个属性，如 Driver 维度，具有 Sex、Age、Job、IncomeRange 和 EduLevel 5 个可分析属性，使用哪些属性建立立方体，需要根据 OLAP 分析的需要进行选择。图 4.7 所示的多维立方体选择配置的是 Job(职业)、Month(月)和 TraRule(违章类型)。

同时，对于属性的粒度考虑也是很重要的。OLAP 立方体的每个属性可能含有一个或多个相关联的概念分层(Concept Hierarchy)。一个概念分层定义了一个映射，从而允许从不同的细节程度查看属性。例如图 4.4 中的雪花模型，Location(地点)是发生交通违章的具体位置，为概念的最低层次。而这个发生地点又位于某个 City(城市)，这个城市以及其他城市的集合较之 Location 为较高层次。而这个城市又位于某个 Province(省)，这个省以及中国的其他省的集合较之 City 为更高的层次。在这个违章地点属性的概念分层中，具有三个层次，Province 为第一层，City 为第二层，Location 为第三层，如图 4.8 所示。在数据分析和辅助决策中，属性数据的详细程度要根据应用的需要事先考虑清楚，以方便用户在不同的粒度下查看数据和分析结果。如用户需要了解 1 月石家庄的闯红灯处罚情况，此时的违章地点为 City，是分层结构中的第二层，而不是细节层或更高的 Province 层。

图 4.8 违章地点的概念分层

设计立方体时还有一个重要考虑就是，控制立方体的稀疏性，即避免某些属性组合的多个单元是空的，没有数据。例如，一个立方体有两个时间维度，一个是 Month(月)(1, 2, 3…)，一个是 Quarter(季度)(q_1, q_2, q_3, q_4)，如(1,q_4)或(12,q_1)这样的单元组合将永远是空的。这样的数据立方体的维度选择造成了大量空单元的出现，浪费了存储空间，降低了空间效率。维度属性的选择不当，造成了这种稀疏性的出现，但这是可以避免的，而一些高维立方体稀疏性的出现则是无法避免的。目前多采用压缩技术，进行稀疏矩阵的压缩，但这种办法同时带来了自然索引的破坏。

不管数据存储是关系型还是多维的，用户都可以将数据看作多维结构。

OLAP 系统还需要为用户提供查看查询分析结果的窗口，故用户接口的设计是 OLAP 系统需要考虑的重要问题。OLAP 系统的用户接口应具备用户可以从不同的角度、以多种粒度查看数据以及可以进行统计计算和检验的功能。目前存在多种用户接口类型，一种常用的结构就是 Excel 的数据透视表和数据透视图。

4.3.2   实验：使用 OLAP 辅助驾驶员行为分析

使用 OLAP 对驾驶员的驾车行为和接受违章处罚情况进行分析，以支持对驾驶员的评价决策。

图 4.7 显示了利用图 4.3 中的星型模型数据仓库创建的三维数据立方体，立方体包含了 12×6×4=288 个单元格，其中每个单元格中存储的是四种不同职业的驾驶员在一个月中，接受某项交通违章处罚的次数。图 4.7 的立方体中标识出一个有箭头指向的立方块，它表示在 12 月份，学生驾车者接受走公交车道交通违章处罚的总次数。

【例 4.5】 设计一个 OLAP 应用，希望得出驾驶员驾车行为和接受违章处罚情况的报告，以支持对驾驶员的评价决策。报告中包括各种职业的驾车者，在各个时间驾驶车辆出行的情况、违反各项交通规则的情况以及接受交通处罚的情况。

通过 OLAP 的多维分析操作，实现 OLAP 应用需求。OLAP 多维分析一般包括以下几种类型。

1. 切片

切片(Slice)就是保持其他维不变，在 OLAP 立方体的一个维度上进行选取操作。如在图 4.7 的立方体中，保持"交通违章类型"和"月"两个维度不变，在"职业"维度上选取"学生"，结果为一个原始立方体的子立方体，表达学生在一年的各个月中接受各项违章处罚的情况。

2. 切块

切块(Dice)是在两个或更多的维度上进行选取操作，从原始立方体中抽取一个子立方体，甚至是立方块。如在图 4.7 的立方体中，保持"交通违章类型"维度不变，在"月"维度上选取 8 月份，在"职业"维度上选取"学生"，结果表示学生在 8 月份接受各项违章处罚的情况。

3. 上卷或聚集

上卷(Roll-Up)或聚集(Aggregation)是对立方体中某一维度的单元格的汇总，一般地，可采用与某一维度相关联的概念分层来获得更高程度的汇总信息。如在图 4.7 的立方体中，查看第一季度学生接受违章处罚的情况，即在"月"维度上，进行上卷操作，汇总四个月即一个季度的数据。

4. 下钻

下钻(Drill-Down)是上卷的逆操作，以更加详细具体的程度查看数据。如在图 4.7 的立方体中，查看职业为"教师"，不同 IncomeRange(收入水平)下司机接受各项违章处罚的情况。

5. 旋转或转轴

旋转(Rotation)或转轴(Pivoting)是变换显示各个属性的坐标轴，从而从不同的透视角度来查看数据。如在图 4.7 的立方体中，可以将"月"显示在水平轴上，"职业"显示在垂直轴上。

下面采用 OLAP 多维分析的这些操作来实现例 4.4 中的 OLAP 应用。针对应用需求，设计如下问题，完成查询分析报告。

(1) 提供一个报告，给出学生驾车者 1 月到 12 月接受交通违章处罚的情况。采用切片操作，"月"和"交通违章类型"维度不变，在"职业"维度上选取"学生"属性值，结果立方体如图 4.9 所示。

(2) 提供一个报告，给出学生驾车者 1 月到 12 月接受"闯红灯"交通违章处罚的情况。采用切块操作，保持"月"维度不变，在"职业"维度上选取"学生"属性值，在"交通违章类型"维度上选取"闯红灯"属性值，结果立方体如图 4.10 所示。

(3) 查看学生驾车者一年来因"闯红灯"接受处罚的总次数。采用上卷操作，将全年的情况进行汇总，结果立方体如图 4.11 所示。

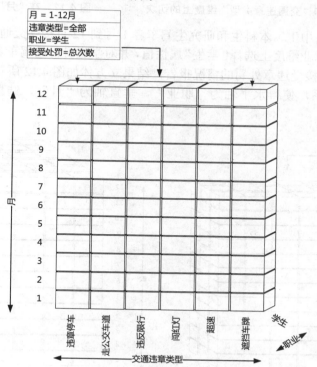

图 4.9 在"职业"维度上的切片

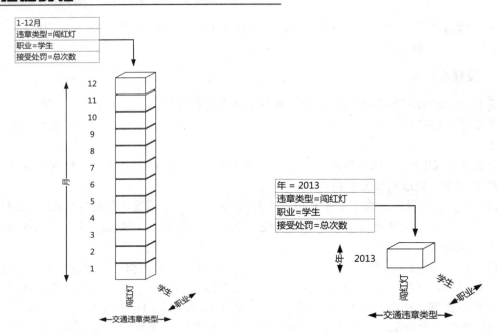

图 4.10 在"职业"和"交通违章类型"维度上的切块   图 4.11 在"月"维度上的上卷

(4) 查看在校高中生、本科生和研究生驾车者 1 月到 12 月接受交通违章处罚的情况。采用下钻操作，在职业维度上选择"学生"属性值，并对学生身份的驾车者按照 EduLevel(受教育程度)分别给出接受违章处罚的情况报告，结果立方体如图 4.12 所示。

(5) 旋转坐标系，使得水平轴为"职业"，垂直轴为"月"，结果立方体如图 4.13 所示。

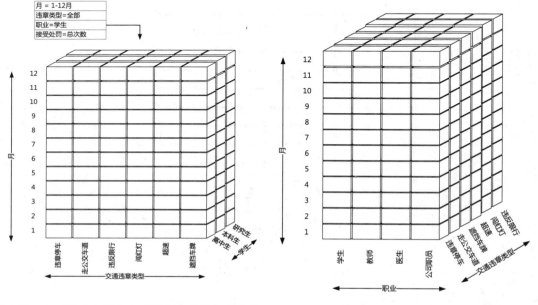

图 4.12 在"职业"维度上"学生"属性值的下钻   图 4.13 旋转操作

除了使用以上多维分析操作解决上述问题之外，为了实现例 4.4 中的 OLAP 应用，还有一些问题需要解决。

(6) 给出不同职业在各项交通违章中的次数的对比报告。

(7) 给出全年交通违章最多的月份。

(8) 对比无固定收入和有固定收入驾车者的交通违章情况。

(9) 查看有违章行为，未接受处罚的驾车者情况。

(10) 查看全年"闯红灯"次数最多的年龄分布。

(11) 按照收入水平，对全年交通违章的各类职业驾车者进行排序。

(12) 查看驾驶 Cadillac 的各类驾车者的违章情况，等等。

立方体的多维分析一般需要一系列操作的组合才能实现，如问题(3)中，就是先进行"职业"和"交通违章类型"两个维度上的切块后，再进行"月"维度上的上卷操作。

4.4 使用 Excel 数据透视表和数据透视图分析数据

MS Excel 提供数据透视表(Pivot Table)工具作为用户接口，为用户查看和使用 OLAP 立方体提供支持。数据透视表简单、易用，在功能上几乎能够等同于一些高级 OLAP 接口工具，所以目前一些简单的 OLAP 应用选择使用 Excel 的数据透视表作为可视化 OLAP 分析的工具。

4.4.1 创建简单数据透视表和透视图

【例 4.6】 建立 Excel 数据透视表和数据透视图，以多种方式查看 iris 数据集中各类鸢尾花的实例情况。

建立数据透视表和透视图的步骤如下(以 Excel 2010 为例)。

(1) 用 Excel 打开 iris.xls 文件。

(2) 将光标移到某个有数据的单元格中，打开"插入"菜单，选择"数据透视表"菜单项(如图 4.14 所示)，出现"创建数据透视表"对话框，如图 4.15 所示。在该对话框中选择要分析的数据的单元格区域，或选择外部数据源，本例中选择 iris 数据集所在的名为 Data 的工作表中的 D1 到 F151 单元格区域。并选择将数据透视表放置在现有工作表的 I5 单元格开始的位置上(如图 4.15 所示)，单击"确定"按钮。

图 4.14 新建 iris 数据集的数据透视表

图 4.15　"创建数据透视表"对话框

(3) 在出现的数据透视表模板(如图 4.16 所示)窗口中,设计透视表结构。模板窗口分为两个区域,左边显示透视表模板样式,为数据拖曳区,引导放置相关字段,用户只需拖动字段到相关区域即可完成透视表结构设计;右边为"数据透视表字段列表"栅格,将数据源中的数据列全部列在此处,供用户选择。

图 4.16　数据透视表模板

(4) 将 Species_name 字段拖至"将行字段拖至此处"和"将值字段拖至此处"区域内,出现如图 4.17 所示的设计结果,显示各种类鸢尾花的实例个数分别为 50 个,iris 数据集中共 150 个实例。

(5) 修改图 4.17 透视表的结果。将 Sepal_width 和 Sepal_length 两个字段拖至透视表的汇总列中(注意:不是标题行,若拖至汇总标题行上,则 Sepal_width 和 Sepal_length 两个字段的汇总会作为两列出现在透视表中),出现如图 4.18 所示的透视表结果。

图 4.17　数据透视表结果

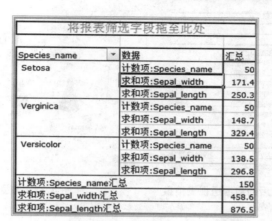

图 4.18　加入 Sepal_width 和 Sepal_length 字段的数据透视表结果

(6) 默认情况下，新添加到透视表中的两个字段的汇总方式为"求和"，若要改为"求平均值"，则选中"求和项：Sepal_width"，打开"选项"菜单中的"按值汇总"菜单按钮，选择"平均值"选项，如图 4.19 所示，此时汇总数据为 Sepal_width 的平均值，Sepal_length 同理设置。结果如图 4.20 所示。

(7) "值的显示方式"默认情况下为"无计算"，可通过"选项"选项卡将值的显示方式修改为"总计的百分比"。将 Species_name 计数值的显示方式修改为百分比显示，结果如图 4.21 所示。

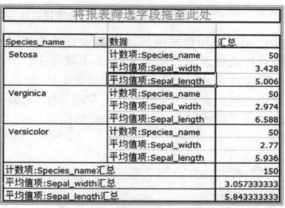

图 4.19　修改汇总计算方法菜单　　　　图 4.20　修改汇总计算方法后的数据透视表结果

(8) 希望通过数据透视表查看数据各类鸢尾花实例所占的比例，可选择"选项"菜单中的"数据透视图"按钮，打开"插入图表"对话框，选择"三维圆锥图"选项，出现如图 4.22 所示的数据透视图。

(9) 通过单击数据透视图中的漏斗图标按钮，可以打开"筛选"菜单，对计数项进行有选择的显示。或通过数据透视表中的数据计数项列标题中的下拉按钮，打开"筛选"菜单进行相同的设置。如图 4.23 所示的是筛选了 Setosa 和 Verginica 两个种类的鸢尾花，显示实例所占总计的比例。

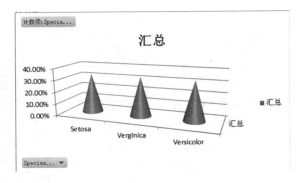

Species_name	▼	数据	汇总
Setosa		计数值项:Species_name	33.33%
		平均值项:Sepal_width	3.428
		平均值项:Sepal_length	5.006
Verginica		计数值项:Species_name	33.33%
		平均值项:Sepal_width	2.974
		平均值项:Sepal_length	6.588
Versicolor		计数值项:Species_name	33.33%
		平均值项:Sepal_width	2.77
		平均值项:Sepal_length	5.936
计数值项:Species_name汇总			100.00%
平均值项:Sepal_width汇总			3.057333333
平均值项:Sepal_length汇总			5.843333333

图 4.21　修改值显示方式后的数据透视表结果　　　　图 4.22　数据透视图结果

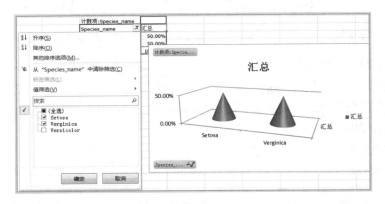

图 4.23　经过计数字段筛选后的数据透视图结果

(10) 可以使用数据透视表的下钻(Drill-Down)功能来显示某个种类的鸢尾花的个体数据。在数据透视表中，选中 Setosa 类鸢尾花名，右击，在弹出的快捷菜单中选择"展开/折叠"菜单项中的"展开"命令，如图 4.24 所示。选择要显示的明细数据为 Sepal_width，此时数据透视表会将 Setosa 类鸢尾花的各种 Sepal_width 值的分布比例显示出来，如图 4.25 所示，实现了在鸢尾花种类上的下钻操作。

计数项:Species_name		
Species_name　　▼	Sepal_width　▼	汇总
⊟ Setosa	2.3	0.67%
	2.9	0.67%
	3	4.00%
	3.1	2.67%
	3.2	3.33%
	3.3	1.33%
	3.4	6.00%
	3.5	4.00%
	3.6	2.00%
	3.7	2.00%
	3.8	2.67%
	3.9	1.33%
	4	0.67%
	4.1	0.67%
	4.2	0.67%
	4.4	0.67%
Setosa 汇总		33.33%
⊞ Verginica		33.33%
⊞ Versicolor		33.33%
总计		100.00%

图 4.24　实现下钻操作的菜单　　　图 4.25　在"Setosa"鸢尾花类中的下钻操作结果

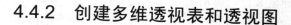

4.4.2 创建多维透视表和透视图

【例4.7】 建立多维 Excel 数据透视表和数据透视图,以多种方式查看信用卡账单促销数据集中 Magazine Promotion(杂志促销)、Watch Promotion(手表促销)和 Life Insurance Promotion(寿险促销)与客户 Sex(性别)和 Income Range(收入水平)之间的联系。

本例中,设 OLAP 应用的多维数据立方体如图4.26所示,使用 Excel 的数据透视表和数据透视图进行多角度、多粒度的多维数据查看和分析。图4.26中的立方体的每一个单元格为参加或没参加相关促销活动的客户的计数,箭头所指立方块为未参加 Watch Promotion、Life Insurance Promotion 和 Magazine Promotion 的客户人数总和。

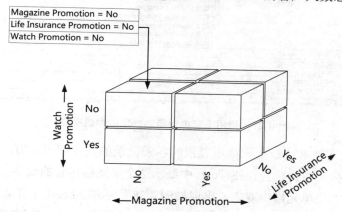

图 4.26 信用卡账单促销立方体

建立数据透视表和透视图的步骤如下(以 Excel 2010 为例)。

(1) 用 Excel 打开 CreditCardPromotion.xls 文件。

(2) 将光标移到某个有数据的单元格中,打开"插入"菜单,选择"数据透视表"菜单项,在出现的"创建数据透视表"对话框中选择要分析的数据的单元格区域,或选择外部数据源,本例中选择 Credit Promotion 数据集所在的名为 Data 的工作表中的 A1 到 G16 单元格区域。并选择将数据透视表放置在现有工作表的 I5 单元格开始的位置上,单击"确定"按钮。

(3) 将 Watch Promotion 和 Life Insurance Promotion 字段拖至"将行字段拖至此处"区域内,将 Magazine Promotion 字段拖至"将列字段拖至此处"区域内,将 Life Insurance Promotion、Watch Promotion 和 Magazine Promotion 字段拖至"将值字段拖至此处"区域内,将 Sex 和 Income Range 字段拖至"将报表筛选字段拖至此处"区域内。数据透视表结果如图4.27所示。

(4) 使用数据透视表查看图4.26所示的数据立方体中箭头所指立方块的值。在数据透视表的最左端找到 Watch Promotion = No 子区域,在该区域内找到 Life Insurance

Promotion =No 的子区域，图 4.27 中为第 6 行至 8 行，再沿着子区域向右，找到 Magazine Promotion = No 的列，三种促销单元格的内容都为 2。此值说明共有两个客户三种促销都未参加。

图 4.27　信用卡账单促销数据集数据透视表

(5) 可以通过下钻来检查单元格所表示的各条记录的具体细节。方法是在任何一个包含值"2"的单元格中双击，会在 Sheet1 中显示这个单元格包含的数字的记录细节。如在第一个包含"2"的值单元格中双击，出现如图 4.28 所示的 Sheet1 工作表。

	A	B	C	D	E	F	G
1	Income Range	Magazine Promotion	Watch Promotion	Life Ins Promotion	Credit Card Ins.	Sex	Age
2	20-30,000	No	No	No	No	Female	55
3	40-50,000	No	No	No	No	Male	42

图 4.28　查看三种促销都未接受的记录细节

(6) 在数据透视表的左上角可以看到按报表筛选的字段 Income Range 和 Sex，用这两个字段对数据透视表中显示的数据进行筛选。方法是单击 Income Range 下拉列表框，从中选择 20-30000，然后单击"确定"按钮；再单击 Sex 下拉按钮，从中选择 Female，然后单击"确定"按钮。此时数据透视表显示出 Income Range 收入水平为 20-30000 之间的女性接受促销情况的汇总数据，如图 4.29 所示。表中显示出有两名女性客户处于筛选范围内，其中没有女性客户参加 Watch Promotion 或 Magazine Promotion，但有一个女性客户接受了 Life Insurance Promotion。通过查看其他的 Income Range 数据，如图 4.30 所示，可以发现在 30 000-40 000 之间的女性是促销活动最热心的参与者。报表筛选功能为 Excel 数据透视表的分析能力增加了新的维度。

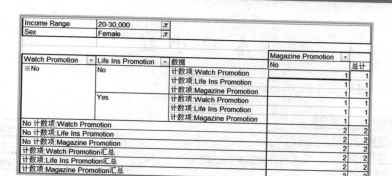

Income Range	20-30,000					
Sex	Female					
				Magazine Promotion		
Watch Promotion	Life Ins Promotion	数据		No		总计
⊟No	No	计数项:Watch Promotion		1		1
		计数项:Life Ins Promotion		1		1
		计数项:Magazine Promotion		1		1
	Yes	计数项:Watch Promotion		1		1
		计数项:Life Ins Promotion		1		1
		计数项:Magazine Promotion		1		1
No 计数项:Watch Promotion				2		2
No 计数项:Life Ins Promotion				2		2
No 计数项:Magazine Promotion				2		2
计数项:Watch Promotion汇总				2		2
计数项:Life Ins Promotion汇总				2		2
计数项:Magazine Promotion汇总				2		2

图 4.29　报表筛选后的数据透视表结果

Income Range	30-40,000				
Sex	Female				
			Magazine Promotion		
Watch Promotion	Life Ins Promotion	数据	Yes		总计
⊟Yes	Yes	计数项:Watch Promotion	2		2
		计数项:Life Ins Promotion	2		2
		计数项:Magazine Promotion	2		2
Yes 计数项:Watch Promotion			2		2
Yes 计数项:Life Ins Promotion			2		2
Yes 计数项:Magazine Promotion			2		2
计数项:Watch Promotion汇总			2		2
计数项:Life Ins Promotion汇总			2		2
计数项:Magazine Promotion汇总			2		2

图 4.30　收入水平在 30000-40000 之间的女性是促销活动最热心的参与者

（7）建立数据透视图。单击图 4.29 中的数据透视表，打开"插入"菜单，选择插入任意类型的图表。图 4.31 为选择插入圆环图，并且将三种促销全部筛选为 No 的结果。

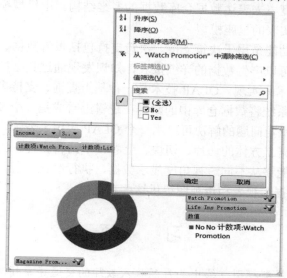

图 4.31　未参加三种促销的客户的数据透视图

本 章 小 结

本章内容概述如图 4.32 所示。

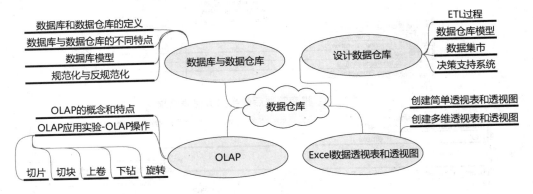

图 4.32　第 4 章内容导图

　　传统数据库的设计目的主要是为处理日常事务服务的，表达现实世界的事物和事物之间的关系的数据常以一组规范化的关系表的形式存放在数据库中。规范化能够最小化数据冗余，对于需要高效进行日常事务处理的数据库系统尤为重要。但是，以数据分析支持决策为目的建立的数据仓库，因其需要大量的、集成的、历史的、反映事物之间复杂联系的数据，故经常需要对数据库中的数据进行反向规范化。

　　组织一个数据仓库有多维数组和关系模型两种方式，两种方式下用户看到的数据逻辑结构都以一种多维数据形式表示。其中星型模型是最为常用的数据仓库模型，它使用一个中心事实表和多个维度表来表达数据仓库数据的多维结构。由星型模型衍生出维度表分层的雪花模型和多个事实表的星座模型。

　　数据仓库的主要功能是用于决策支持。决策支持包括报告数据、分析数据和知识发现三种形式。数据报告可以产生数据的详细报表，知识发现通过数据挖掘来实现，而数据分析可以使用 OLAP 技术来实现。OLAP 技术是一种基于查询、支持多维环境下数据分析的方法和工具。OLAP 系统将数据仓库中的数据在逻辑上看成是一个多维数据立方体，基于多维数据分析的一个特定问题的解决可以用一个 OLAP 应用来表示，解决应用的 OLAP 操作一般包括对多维数据立方体的切片、切块、上卷、下钻和旋转。OLAP 工具一般需要一个友好的用户界面，能够从不同透视角度显示数据，执行统计分析，以及以不同粒度查看数据。MS Excel 的数据透视表和透视图提供这些功能。

习 　 题

　　1. 观察图 4.3 的星型模型，给出某月高收入教师的交通违章情况的报告，说明通过哪些 OLAP 操作来实现，画出操作结果的多维数据立方体。

　　2. 画出例 4.4 中的问题(6)~(12)的 OLAP 操作所创建的 OLAP 立方体。

3. 画出三维 OLAP 立方体，三个维度分别为 VehicleName、EduLevel 和 TraRule。描述几种从数据立方体中抽取有用信息的切片、切块、上卷和下钻操作。

4. 用 Building.xls 数据集文件构造一个数据透视表。设计一个至少包括 5 个问题和 1 个假设检验的 OLAP 应用。其中行属性、列属性、值区域和报表筛选字段自定。

5. 通过图 4.27 的数据透视表回答下列问题。

(1) 有多少客户参加过促销活动？

(2) 有多少男性客户收入在 20000 到 30000 之间？

(3) 假设检验：同时参加了 Watch Promotion、Magazine Promotion 和 Life Insurance Promotion 的客户同时也购买了 Credit Card Insurance。

第5章 评 估 技 术

本章要点提示

模型的性能评估是数据挖掘过程中非常重要的步骤，是模型是否能够最终投入实际应用的一个重要环节。本章对有指导的和无指导的模型的评估方法和技术进行简单介绍。

本章5.1节对评估的内容和工具进行了概述；5.2节将介绍了具有分类输出的有指导学习模型的最基本评估工具——检验集分类正确率和混淆矩阵、数值型输出模型的评估、检验置信区间的计算以及无指导聚类技术对于有指导学习模型的评估作用；5.3节介绍了有指导学习模型的比较方法，重点讨论利用 Lift 和假设检验对两个有指导学习模型的性能进行比较；5.4节重点讨论了属性评估，使用 MS Excel 的函数和散点图进行属性相关性分析，以及在属性选择中，如何通过应用经典的假设检验模型来确定数值属性的重要性；5.5节介绍了几种无指导聚类模型的评估方法。

5.1 数据挖掘评估概述

5.1.1 评估内容

在抽取某些数据实例和属性，选择某种数据挖掘技术，设置某些参数进行有指导的学习训练和无指导的聚类分析之后，所建立的模型在性能上差强人意，不能满足解决实际问题的需求，此时，需要对这个过程中所有可能对模型性能产生影响的因素进行检查和评估，找出可能的问题所在加以调整，重复实验，直到模型性能达到预期的标准。图 5.1 给出了在建立模型的过程中可能对模型性能产生影响的因素。

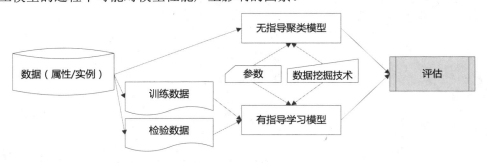

图 5.1 数据挖掘过程中涉及评估的内容和环节

(1) 数据。高质量而合适的数据很大程度上影响着模型的质量。对于有指导的学习模型，训练集是否包含了各个类的具有代表性的实例、是否包含了大量的非典型性实例、其属性是否对分类具有良好的预测能力等，都能直接影响着分类器的检验集正确率。

为了保证从原始数据集中选取的训练集实例具有良好的代表性，应随机选取训练数据，

以确保训练数据中包含的类的分布与总体中的分布相同。首先可以对数据应用分层法(Stratification)进行分类收集和整理，应用概念层化方法处理数据，以确保数据合理的分布。还可以通过检查已形成的训练集中的实例的典型性值来确保不会出现训练集中未包含具有代表性的实例和包含了大量非典型实例的情况。

对于属性是否具有良好的分类预测能力，可以进行属性评估。属性评估可以采取查找冗余属性和假设检验的方法来检查属性的重要性，以确保具有较高重要性值的属性留在挖掘数据集中。

(2) 参数。在数据挖掘的模型建立过程中，需要设置一个或多个参数，这些参数对于模型性能的影响可能会很大。如神经网络模型隐层的个数及每个隐层的节点个数，以及一些迭代算法的迭代终止参数的设置，对模型最后的效果的影响是非常大的。可以对设置不同参数建立的模型，采取模型比较技术来对比模型的性能，为选择合适的模型提供依据。

(3) 数据挖掘技术。用不同的数据挖掘技术建立的有指导学习模型显示出的检验集正确率往往相差无几。那么，数据挖掘技术的选择是否不能作为影响模型性能的一个因素呢？实际上，对于不同特点的数据集，数据挖掘技术的选择不同的确会对模型效果有影响，如很多情况下，使用统计技术之前，需要假设数据是正态分布的，但如果这个假设无效，在选择基于统计的数据挖掘技术时就要慎重。又比如，当训练数据包含大量缺失数据或噪声数据时，神经网络技术更优于其他有指导的学习技术。这时的关键问题是，如何对采取不同技术建立的模型进行性能上的评估，确定它们的性能之间是否存在着显著的差异。

(4) 模型。对于有指导的学习模型，通常在检验数据上进行评估，采取的基本方法是使用检验集的分类正确率(错误率)和混淆矩阵进行最基本的评估，再使用统计学中的置信区间对这个评估结果的可信程度进行检验。同时，不能单纯地利用分类正确率(错误率)指标对模型性能加以评判，还需要对实际情况加以分析，如不同类型的分类错误的偏好情况，是偏好收益而能够承受风险，还是宁肯损失收益也不能承受风险。不同类型的实际情况，也是评估和选择模型的重要依据。

对于无指导聚类模型的评估，通常情况下，要比评估有指导学习模型更困难。一般地，可以计算每个聚类形成的簇中的实例与该簇中心的误差平方和作为簇的质量的度量。然而，使用更多的方法是应用有指导学习方法来评估无指导聚类模型的性能。

(5) 检验集。一般地，对于有指导的学习，数据集数据分为训练数据和检验数据，检验集用于在建模中提供度量模型性能的数据，在检验集上的评估称为检验集评估(Test Set Evaluation)。检验集数据应该随机选取，并适当地使用层化处理，确保其分布的合理性。若不能得到足够的检验集数据，可以采取交叉验证(Cross Validation)技术。交叉检验技术有多种，能够确保训练集和检验集中的类的分布是均匀的。

5.1.2　评估工具

1. 混淆矩阵和分类正确率

混淆矩阵(Confusion Matrix)是评估有指导学习模型的基本工具，它能够直观地给出模型检验集分类正确或错误的情况。

　　混淆矩阵是机器学习中一种分类效果可视化工具，表现为一个二维表矩阵，如表 5.1 所示。表中的 C_1、C_2 和 C_3 表示模型有三个分类，C_{11}、C_{12}、…、C_{33} 表示分类到三个分类中的数据实例的个数。矩阵中的一行表示实际为 C_1、C_2 和 C_3 类的检验集实例被模型分别分类到 C_1、C_2 和 C_3 类的个数。则通过混淆矩阵可以得出 $\sum_{i=1}^{3}\sum_{j=1}^{3}c_{ij}$ 为检验集实例总数，对角线上的数值 C_{11}、C_{22} 和 C_{33} 分别表示被模型正确分类到 C_1、C_2 和 C_3 类中的实例数。其余的非对角线上的数值为被模型分类错误的实例数。C_i 行的值表示属于 C_i 类的实例。如 $i=2$ 时，行中的 C_{21}、C_{22}、C_{23} 都是 C_2 类的实例个数，其和为 C_2 类的实例总数。C_2 类的实例被错误地划分到其他类的实例总数为 C_{21} 与 C_{23} 的和。而 C_i 列的值表示已经被模型分类到 C_i 类的实例数。如 $i=2$ 时，列中的 C_{12}、C_{22}、C_{32} 都是被模型划分为 C_2 类的实例个数。被模型错误地划分到 C_2 类的其他类的实例的总数是 C_{12} 与 C_{32} 的和。

　　可以使用混淆矩阵中的数值来计算模型的准确度。将主对角线上的值之和除以检验集实例总数，即得到模型的检验集分类正确率。由于模型准确度经常表示为错误率，可以使用 1.0 减去模型正确率值来计算模型的错误率。模型的检验集分类正确率计算公式如式(5.1)所示，模型的检验集分类错误率计算公式如式(5.2)所示。

表 5.1　混淆矩阵

	C_1	C_2	C_3
C_1	C_{11}	C_{12}	C_{13}
C_2	C_{21}	C_{22}	C_{23}
C_3	C_{31}	C_{32}	C_{33}

　　【例 5.1】　假设建立分类模型 M，它将检验集实例分为了三类，混淆矩阵如表 5.2 所示，计算 M 的分类正确率和错误率。

$$模型检验集正确率 = \frac{\sum_{i=1}^{3}\sum_{j=i}^{i}c_{ij}}{\sum_{i=1}^{3}\sum_{j=1}^{3}c_{ij}} \tag{5.1}$$

$$模型检验集错误率 = \frac{\sum_{i=1}^{3}\sum_{j=1,j\neq i}^{3}c_{ij}}{\sum_{i=1}^{3}\sum_{j=1}^{3}c_{ij}} \ 或\ 1 - 模型检验集正确率 \tag{5.2}$$

表 5.2　M 的混淆矩阵

	C_1	C_2	C_3
C_1	43	2	5
C_2	7	40	3
C_3	4	1	45

　　M 的分类正确率为：(43+40+45)/(43+2+5+7+40+3+4+1+45)= 128/150=85.33%
　　M 的分类错误率为：(2+5+7+3+4+1)/150 = 22/150 = 14.67% 或者 1-85.33%=14.67%

2. 统计学方法

我们的生活、学习和工作都离不开统计学(Statistics)，简称为统计。一般来说，统计学是对客观事物的数量特征和数据资料进行收集、整理、分析和研究，以显示其总体的特征和规律性。

生活中通过统计发现经常能够获得如北京地区 18～24 岁女生的平均身高、中国男性的平均寿命、上海家庭的平均年收入等数据。这些统计发现不可能是调查了所有的北京地区的 18～24 岁女生的身高、所有中国男性的寿命和所有上海的家庭，通常是通过随机采样过程收集到的数据，例如，通过对上海每种类型的家庭进行抽样调查，根据一般总体和样本分布的一致性假设及一个误差阈值，来报告统计的结果。在对数据挖掘模型的性能进行评估时，可将检验集实例看成总体的一个或多个抽样样本，如果能够确定样本分布与总体分布的一致性，以及能够计算得出假设的置信区间，就能够将数据挖掘的实验结果与统计量联系起来，使用统计学方法来评估模型性能。

统计学中经常会使用以下基本概念，这些概念是模型评估的统计方法的基础。

(1) 均值和标准差。

数值数据的一个总体可以用均值、标准差和数据中出现的值的频率或概率分布来唯一定义。

均值(Mean)就是平均值，用 μ 表示，是所有数据的平均数。

方差(Variance)度量了每个数据与均值的离差量，用 σ^2 表示，是所有数据与均值之差的平方和的平均值。标准(偏)差(Standard Deviation，SD)，用 σ 表示，是方差的平方根，公式如下：

$$\sigma = \sqrt{\frac{1}{n}\sum_{i=1}^{n}(x_i - \mu)^2} \tag{5.3}$$

其中，x_1，x_2，…，x_i，x_n 为数值数据；n 为数据总数。

标准差是一组数据距离其均值的分散程度的一种度量。标准差越大，表示大部分数据值距离其均值的差异越大，标准差越小，表示这些数据值越接近均值。

均值和标准差是定义总体时非常有用的统计量，但是，在两个总体的均值和标准差都非常相似的情况下，总体中各数据之间仍然可能有显著的差异。此时，考查总体内部的数据分布就显得尤为重要了。

(2) 总体分布。

总体分布(Population Distribution)可能是正态分布、指数分布、Gamma 分布等，其中正态分布(Normal Distribution)是一种容易理解、很重要的数据分布，也被称为高斯曲线或正态概率曲线。一些数据挖掘模型假定数值属性为正态分布，如第 7 章所讨论的统计技术就是基于正态分布的数据集。同时，可以使用正态分布的特性来评估数据挖掘模型的性能。

正态曲线，或称钟形曲线，是在 1733 年由法国数学家亚伯拉罕·棣莫弗(Abraham de Moivre)在为富有的赌徒解决问题时偶然发现的。当时他正在记录掷硬币过程中正面朝上和朝下出现的次数。这次实验中，他反复掷一个硬币，以 10 次为一组，记下正面朝上的平均次数。他发现这个平均数，也是最常出现的次数是 5。6 次和 4 次出现次数相同，位居第二。7 次和 3 次出现次数相同，然后是 8 次和 2 次，依次类推。现实生活中的许多现象，如阅读能力、身高、体重、智商、工作满意率的度量等，都被证明是正态分布。

图 5.2 显示了一张正态曲线图。x 轴中心的 0 表示算术均值 μ。均值两边的整数表示相对均值的标准差的个数。例如，如果数据是正态分布的，则有大约 34.13% 的值落在均值与大于均值的一个标准差之间，同样有 34.13% 的值落在均值与低于均值的一个标准差之间。即，可以期望大约有 68.26% 的值落在均值两边的一个标准差范围内。

例如，假设考试成绩是正态分布的，均值是 80 分，标准偏差是 5 分。即可以期望有 68.26% 的学生考试成绩在 75 分到 85 分之间，同样有 95% 的学生的分数在 70 分到 90 分之间。可以说，可以 95% 地确信所有的学生成绩落在均值成绩 80 分的两个标准差范围内。

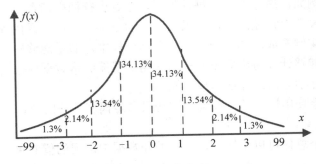

图 5.2　正态分布

(3) 正态分布和样本均值。

对于大型数据总体，很难通过总体数据获得总体分布，如上海所有家庭的年收入的分布情况。一般通过抽样调查的方法得到样本数据，计算样本数据的分布，若能够确定样本数据的分布与总体数据的分布一致，则可以使用样本数据的分布来表示总体数据的分布。那么在总体数据是正态分布的情况下，如何能够保证样本数据也是正态分布的呢？统计学已经给出结论：只要是从总体中随机抽取大小相同的独立样本集，如图 5.3 则可以保证取得的样本均值的分布是正态分布。

比如要获得上海地区家庭年收入均值，可以从上海地区的所有家庭中，抽样 100000 个家庭来计算家庭年收入均值。那么对于根据样本数据计算出的均值作为总体家庭年收入均值的准确估计，有多大的置信度呢？通过以上结论，可以多次随机抽取大小相同的样本记录，计算每次的随机样本均值，这些均值的分布是正态的，其中任何一个样本均值都是总体均值的无偏估计，则可以认为大小相等的随机样本的均值的平均数等于总体均值。

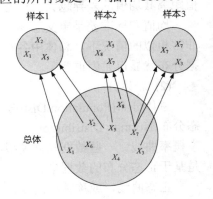

图 5.3　总体的随机抽样

通过上面的结论得到随机样本的均值是总体均值的无偏估计，若将样本均值作为总体均值，那么有多大的置信程度，或者说如何计算所得的样本均值的置信区间是多少。首先使用样本方差估计总体方差，再计算标准误差(Standard Error, SE)。注意标准误差与标准差完全不同。标准误差是所估计的总体方差的平方根。计算标准误差的公式如下：

$$\text{SE} = \sqrt{\frac{v}{n}} \tag{5.4}$$

其中：v 是样本方差；n 是样本实例个数；v/n 为总体方差的估计。

　　由于样本均值的总体是正态分布的，并且标准误差是总体方差的估计，则可以说：95% 的情况下，任何样本均值与总体均值的偏差在正负两个标准误差之内。即对上海家庭进行抽样，若计算得到的样本年收入均值为 80000 元，则可以认为实际的上海地区家庭年收入均值落在 80000 元的正负两个标准误差范围内的置信度是 95%。假设标准误差是 1000 元，则可以 95% 地确定上海地区家庭收入均值在在 78000 到 82000 之间。

　　(4) 假设检验(Hypothesis Testing)与 Z 检验(Z-Testing)。

　　假设检验是一种统计推理方法，用来判断样本与样本、样本与总体之间的差异是由抽样误差引起还是本质差别造成的。其基本原理是先声明一个用于检验的假设 H_0——零假设(Null Hypothesis)。零假设又称原假设，或虚无假设，其内容一般是希望证明其错误的假设。如在相关性检验中，一般会设"两者之间没有关联"作为零假设；而在显著性检验中，一般会设"两者之间没有显著差异"作为零假设。再用抽样研究的统计推理方法检验零假设是否成立。零假设合理与否的依据是在该假设下是否得到了不合理的结果，如果结果合理，接受零假设；如果不合理，则拒绝零假设。其中不合理的结果指的是在一次实验中，出现了小概率事件。小概率事件的概率记为 P，根据 P 的大小来判断结果。如在显著性假设检验中，设定一个显著性水平 α 为 0.05 或 0.01，当 $P > \alpha$，则接受 H_0；当 $P \leqslant \alpha$，则拒绝 H_0。

　　对于样本容量大于 30，若要对样本均值与总体均值、两个样本均值之间是否存在显著性差异进行检验时，可以采用大样本 Z 检验方法。其基本原理是计算两个均值之间差的 Z 分数(Z-score)，再与理论 Z 值相比较。若 Z 分数大于理论 Z 值，判定两个均值之间的差异是显著的，否则是不显著的。Z 检验的一般步骤是要先假设 H_0，H_0 的内容为两个均值无显著差异。再计算统计量 Z 分数，对于不同类型的问题选用不同的统计量计算方法。如果要检验两个随机样本均值的差异性，经典计算为

$$Z = \frac{\left| \overline{X}_1 - \overline{X}_2 \right|}{\sqrt{(v_1/n_1 + v_2/n_2)}} \tag{5.5}$$

其中：Z 为显著性分数(Significance Score)；$\overline{X}_1$ 和 $\overline{X}_2$ 为两个独立样本的样本均值；v_1 和 v_2 为两个样本均值的方差值；n_1 和 n_2 为两个样本的大小，即实例数据的个数。

　　最后比较计算 Z 值与理论 Z 值，进行结论推断。当 Z 值大于等于 1.96 时($\alpha \leqslant 0.05$)，推断两个均值之间存在显著差异；当 Z 值小于 1.96 时($\alpha > 0.05$)，两个均值之间不存在显著差异。即在两个样本独立且大小相等，均值都是正态分布的，样本均值之间差值的分布也是正态分布的前提下，95% 地确信两个均值之间的差异不是偶然出现的 Z 值应大于等于 1.96。若 Z 值小于 1.96，则说明，两个均值之间的差异是偶然出现的小概率事件，两个均值之间没有显著差异。

　　95% 的置信度仍然会存在发生错误的机会。假设检验可能发生的错误有两类。当正确的零假设被拒绝时，就发生第一类错误(Type 1 Error)；当错误的零假设被接受时，就发生第二类错误(Type 2 Error)。零假设的混淆矩阵如表 5.3 所示。

表 5.3 零假设的混淆矩阵

	计算接受	计算拒绝
正确的零假设	正确的接受	第一类错误
错误的零假设	第二类错误	正确的拒绝

在下面的有指导学习模型的评估中，可以用假设检验和 Z 检验技术来计算检验集错误率的置信区间，比较两个或更多数据挖掘模型的分类错误率，以及确定哪些数值属性对分类或聚类簇的贡献最大。

应用这些方法的前提是每个均值是用一个独立的样本集计算出来的。在数据挖掘中，一般只有一个检验集，所以在实际应用中，需要对以上方法进行稍微的改进。

3. 有指导学习和无指导聚类技术互为评估

有指导学习技术和无指导聚类技术互为补充，有指导学习模型能够分类和预测具有定义明确的分类，能够弥补无指导聚类没有明确目标和缺乏对聚类结果进行解释的局限；反之，无指导的聚类技术利用某种相似度度量方法对实例进行自然聚类，能够从中发现类的自然属性，对于有指导学习前的属性和实例选择有所帮助。

所以可以使用每种技术去评估对方或作为评估对方的方法补充。

5.2 评估有指导学习模型

有指导的学习模型的作用是进行分类、估计和预测的。在实际应用中，对模型的期望当然是持续的、稳定的高预测准确度。比如，评估信用或抵押风险，接受或拒绝一个信用卡申请，接受或拒绝一个房屋抵押贷款；又比如评估深造还是参加工作，选择出国还是留在国内等。这些实际问题都需要一个强调高分类正确率的模型。

5.2.1 评估分类类型输出模型

以上问题的输出都是分类类型，且输出属性为二元取值，此类问题被称为双类 (Two-Class) 问题，即取值为"是"与"否"、"真"与"假"、"接受"与"拒绝"。此类问题的有指导模型可以用使用检验集分类正确率和双类混淆矩阵来分析其性能。

表 5.4 的混淆矩阵表示双类问题的模型混淆矩阵，图 5.4 给出了使用信用卡筛选数据集的前 150 个实例作为训练集，后 150 个实例作为检验集，应用 Weka 的 J48 建立的分类模型的输出结果，从中可以看到模型的检验集分类正确率为 88.67%，错误率为 11.33%，其中有 0 个顾客的申请被错误地拒绝，17 个顾客的申请被错误地接受了。

表 5.4 双类问题的混淆矩阵

	计算接受	计算拒绝
接受	正确接受	错误拒绝
拒绝	错误接受	正确拒绝

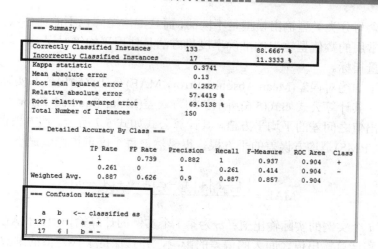

图 5.4　信用卡筛选数据集的模型结果

　　若为该信用卡筛选问题建立了另一个有指导学习模型，其检验集错误率与第一个模型相同，都为 11.33%，但混淆矩阵如表 5.5 所示。该矩阵显示出错误地拒绝了 17 个不应拒绝的顾客申请，而错误接受的申请为 0。那么，现在的问题是哪种模型更好呢？此时，在模型分类正确率相同的情况下，需要回答另一个问题，即：将信用卡欠费或不安全所带来的损失与拒绝拥有良好信用的申请者所带来的潜在损失相比较，哪个更容易接受。假设为保证信用卡的安全，宁可损失一些收益，也不能承担接受了不应该接受的申请所带来的风险，则应选择第二个模型，因为表 5.5 的混淆矩阵表明，这个模型最不可能将信用卡错误地提供给一个可能欠费或不安全的顾客。反之，应该选择第一个模型。

表 5.5　错误率同为 11.3% 的另一个信用卡筛选模型的混淆矩阵

	计算接受	计算拒绝
接受	127	17
拒绝	0	6

　　通过上例可以看到，尽管检验集错误率对模型评估是有用的，但还应该考虑其他因素，如错误地接受和错误地拒绝所带来的代价，即还需要评估犯第一类错误和第二类错误所带来的损失。可以为两类错误分别指定一个权重，将一个大的权重指定给某类错误，代表着对这类错误是不能容忍的；相反，将一个较小的权重指定给某类错误，则表示这类错误相比另一类错误更能接受。例如，为甄别信用卡盗用建立一个模型，模型的输出结果是盗用和没有盗用。通常应该给第一类错误指定较大的权重，表示对信用卡被盗用了而未被甄别出来的情况不能容忍；给第二类错误指定一个较小的权重，表示信用卡未被盗用而被误判的情况可以接受。

5.2.2　评估数值型输出模型

　　具有数值型输出的有指导学习模型不能直接将实例分类到几个可能的输出类中去，分类正确率的概念与分类类型输出模型是不同的，而且混淆矩阵也不能评估数值型输出模型。

目前，最常用的数值型输出的准确率度量方法是使用平均绝对误差、均方误差和均方根误差三个度量指标。

检验集的平均绝对误差(Mean Absolute Error，MAE)是计算输出值和实际输出值之间差的平均绝对值，其计算公式如式(5.6)所示。均方误差(Mean Squared Error，MSE)是计算输出值和实际输出值之间差的平均平方值，其计算公式如式 5.7 所示。均方根误差(Root Mean Squared Error，RMS)是均方误差的平方根。很显然，每个度量指标值最小代表了最佳的检验集准确率。

$$\text{MAE} = \frac{|A_1 - c_1| + |A_2 - c_2| + \cdots + |A_n - c_n|}{n} \tag{5.6}$$

其中：a_i 为第 i 个实例的实际输出值；c_i 为第 i 个实例的计算输出值。MAE 的优点是较少受实际输出值和计算输出值之间大的偏差的影响，并且保持了误差值的维数。

$$\text{MSE} = \frac{(A_1 - c_1)^2 + (A_2 - c_2)^2 + \cdots + (A_i - c_i)^2 + \cdots + (A_n - c_n)^2}{n} \tag{5.7}$$

RMS 通过对 MSE 开平方，将 MSE 的维数降低到实际误差估计的维数。RMS 通常用在前馈神经网络检验集的准确率度量中。在第 6 章的反向传播神经网络模型中，将其作为网络收敛的度量指标。

【例 5.2】 根据例 6.6 实验结果中的计算输出值和实际输出值，使用式(5.6)、式(5.7)计算 MAE 和 RMS 值，与 Weka 的输出进行比较。

通过图 5.5 所示的例 6.6 模型的输出结果可以看到，有 4 个检验集实例，其计算输出和实际输出值，利用式(5.6)和式(5.7)计算 MAE 和 RMS 值如下：

$$\text{MAE} = \frac{|0.0 - 0.408| + |1.0 - 0.9| + |1.0 - 0.9| + |0.0 - 0.9|}{4} = \frac{1.508}{4} = 0.377$$

$$\text{RMS} = \sqrt{\frac{(0.0 - 0.408)^2 + (1.0 - 0.9)^2 + (1.0 - 0.9)^2 + (0.0 - 0.9)^2}{4}} = 0.4991$$

通过图 5.5 与 Weka 计算得出的 MAE 和 RMS 值相比较，两次计算结果一致。

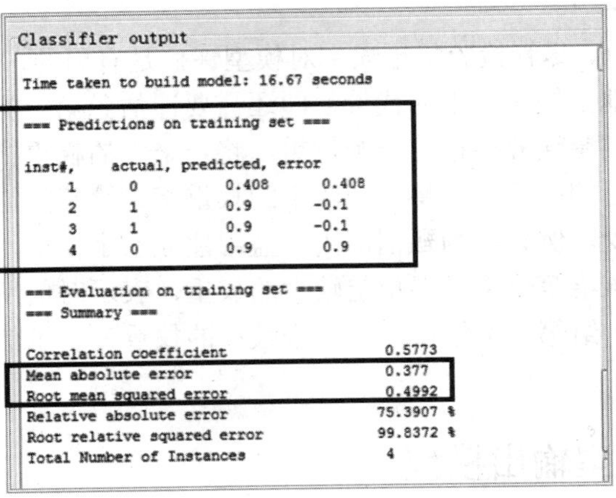

图 5.5　例 6.6 模型的输出结果

5.2.3　计算检验集置信区间

分类器错误率(Classifier Error Rate)是有指导的模型的性能最常用的度量工具，它能够代表模型未来可能具有的性能，那么有多大把握认为这个错误率是模型实际性能的正确度量呢？错误率的置信区间能够回答这个问题。基本原理是将分类器错误率看作样本均值(当检验集足够大时，则作为比率的错误率可以被表示为均值)，计算与错误率相关的标准误差，根据标准误差和错误率，计算 $\alpha = 0.05$(95%)的置信区间的上下限。基本过程如下。

(1) 设检验集样本大小为 n，检验集错误率为 E。

(2) 计算样本方差： $\text{Variance}(E) = E(1 - E)$。

(3) 根据式(5.4)，计算标准误差 SE。

(4) 计算置信水平 $\alpha = 0.05$(95%)的置信区间的上下限为 $E \pm 2(\text{SE})$。

【例 5.3】　求信用卡筛选模型分类错误率的置信区间。

从图 5.4 中可以看到模型的分类错误率为 11.33%，检验集样本大小为 150。计算样本方差为：$\text{Variance}(0.1133) = 0.1133 * (1 - 0.1133) = 0.1005$。

对于有 150 个实例的检验集，标准误差为

$$\text{SE} = \sqrt{(0.1005 / 150)} = 0.0259$$

则在 $\alpha = 0.05$ 置信水平下，即 95%地确信实际的检验集错误率在 11.33%的上下两个标准误差之间，即实际检验集错误率在 6.15%到 16.51%的区间内，则检验集的正确率在 83.49%到 93.85%之间。

现在如果增加检验集实例的个数，如从 150 增加到 1500 个，则错误率的标准误差值为

$$\text{SE} = \sqrt{(0.1005 / 1500)} = 0.0082$$

错误率的置信区间大小为 9.69%到 12.97%，则可以得到检验集正确率范围在 87.03%到90.31%之间。检验集的大小对置信区间的大小有很大的影响。检验集越大，检验集标准误差越小，当检验集大小趋于无穷大，则标准误差趋向于 0。所以尽可能提供较大检验集，能够尽可能减少标准误差。

注意：

(1) 随机选择检验集样本。

(2) 检验集和训练集为互不相交的数据集。

(3) 尽可能使每个类的实例在训练集合中的分布与它们在整个数据集中的分布保持一致。

如果无法得到足够的检验集数据，可以应用第 2 章提到的交叉验证(Cross Validation)技术。将原始数据集中所有数据分割为 n(多数情况下 n 的取值为 10)个大小固定的单元，其中 $n-1$ 个单元作为训练集，第 n 个单元作为检验集。重复这个过程直到每个单元都被当作检验数据使用过了。用这 n 次实验的检验集平均正确率作为模型的检验集正确率。交叉验证有助于确保训练集和检验集内的类的分布是均匀的。

除了第 2 章中提到的方法，自举法(Bootstrapping)也是交叉验证中的一种方法。自举法允许训练集选取过程中多次选择相同的训练实例。每个选中的训练实例用于训练后可以放

回到数据池中。在数学上能够证明，如果用自举法对一个包含了 n 个实例的数据集进行 n 次采样，训练集将包含的实例数大约是 n 的 2/3，剩余的 1/3 实例用于检验。

5.2.4　无指导聚类技术的评估作用

有指导学习和无指导聚类可以对对方进行评估，即可以使用无指导聚类技术评估有指导学习模型，反之亦然。

无指导聚类技术评估有指导学习模型的步骤如下。

(1) 将有指导建模使用的训练集作为无指导聚类的数据集，可以删除有指导学习中作为输出的属性。

(2) 度量聚类形成的簇的质量。如果簇质量良好，则证明使用这个训练集训练的有指导模型的质量良好。反之，可以证明用于有指导学习的训练集数据不是最好的选择，这就需要在有指导学习训练之前，对训练集中的实例和属性进行重新评估和选择。

使用无指导聚类技术评估有指导学习模型时，具有一定的局限性，具体如下。

(1) 一般的聚类技术都需要进行多次迭代后，才可能收敛到理想的效果，但在这之前，没有能够得到较好聚类效果时，就可能会使人对用于有指导学习的训练集产生怀疑了。所以应用聚类技术评估有指导学习模型时，需要耐心和洞察力相结合，既要首先相信训练集实例的分类预测能力，能够有耐心进行多次迭代，尽可能得到好的收敛效果；又要在实际上已经不可能得到更好收敛效果的情况下，及时发现训练集数据的问题，终止评估过程，根据评估结果，重新评估和选择训练集数据。

(2) 使用无指导聚类技术评估有指导学习模型时，仅仅使用了有指导学习中使用的训练集，评估结果证明有指导学习模型性能良好也只能是在训练集上，在模型分类和预测未知实例的性能上无法评估，所以在检验集实例上的有指导学习模型的性能评估无法实现。

鉴于无指导聚类技术评估有指导学习模型的上述局限性，该技术只能作为其他评估方法的补充。当然，在有指导学习模型中分类类别不多的情况下，检查有指导学习模型的数据选择方面的失败因素，无指导聚类技术还是可以发挥重要作用。

5.3　比较有指导学习模型

5.3.1　使用 Lift 比较模型

Lift(提升度或提升指数)度量了一个偏差样本内的类 C_i 的期望集中度相对于总体内的 C_i 的集中度的百分比的变化，可以使用条件概率来表示，如式(5.8)所示。

$$\text{Lift} = \frac{P(C_i \mid \text{Sample})}{P(C_i \mid \text{Population})} \tag{5.8}$$

其中：$P(C_i \mid \text{Sample})$是相对于偏差样本总体的包含在 C_i 类中的实例出现的条件概率；$P(C_i \mid \text{Population})$是相对于整个总体的 C_i 类实例出现的条件概率。

Lift 可以用来评估一个有指导的分类或预测模型是否有效，式(5.8)中的比值可以认为

是使用了和未运用这个模型所得到的概率值的比值。

【例5.4】 现在有一项调查问卷的分发和回收任务，任务要求问卷的回收率为30%。而通过以往的经验知道，一般这类问卷的回收率大概为20%左右。所以需要采取措施提高回收率。目前，我们有一些在过去的问卷调查时收集到的被调查人的相关数据，如年龄、性别、职业、个人收入范围、受教育程度、婚姻状况、兴趣爱好等，可以根据这些数据建立一个预测模型，通过该模型，期望提升问卷的响应率，完成回收任务。

这是一个典型的大宗邮寄响应率提升的市场应用案例。这类应用较少在意检验集分类错误，而更关注的是能否从巨量总体中提取有偏差的样本，希望这个样本能够表现出比一般总体具有更高的响应率。对于为此问题而设计的有指导学习模型，其性能可以使用直接来自于市场的lift度量进行评估。

在例5.4中，若被调查人总人数为10000人，20%的回收率表示10000人中有2000人响应(Response)，可以用表5.6的混淆矩阵表示为所有被调查人发放问卷的响应情况，称之为一般情况或无模型情况，其lift值为20%／20%＝1.0。同时，还可以使用表5.7所示的混淆矩阵表示最为理想的情况，即下发的所有问卷全部得到响应，其lift值为100%／20%＝5.0。而我们的目的是在两种情况之间找到一个模型，能够最大可能地提升响应率。

现在根据被调查人的相关数据建立模型X，该模型能够将这10000人进行分类，分类结果是响应调查和未响应调查，分类模型的混淆矩阵如表5.8所示。

从模型X的混淆矩阵可以看到，10000个实例中，被模型分类为响应调查的实例为1150+2150=3300，这些实例是我们应该特别关注的应该发放调查问卷的人。

给模型判断出的响应调查的3300人发放调查问卷，响应率为1150/3300=34.8%，大于30%的回收率，达到了回收率要求，完成了的调查问卷的回收任务。

通过使用模型，提升了响应率，lift值34.8%/20% = 1.74，即使用模型后，响应率提升了1.74倍。

表5.6 无模型的混淆矩阵

无模型	计算响应	计算不响应
响应	2000	0
未响应	8000	0

表5.7 理想模型的混淆矩阵

理想模型	计算响应	计算不响应
响应	2000	0
未响应	0	8000

表5.8 X模型的混淆矩阵

模型X	计算响应	计算不响应
响应	1150	850
未响应	2150	5850

图 5.6 给出了问卷调查问题的图形化表示。该图被称为 lift 图(Lift Chart)。水平轴表示从总体中抽取样本的百分比，纵轴表示可能的响应者的个数。该图将模型的性能显示为样本尺寸函数。最细直线表示无模型，即随机选择样本发送调查问卷 10000 份，能够从中获得的可能的响应为 2000 份。次细的直线表示理想状态下，发出去的问卷都能得到响应。最粗的直线表示在模型 X 的帮助下，期望从模型分类为响应的 3300 个实例中，获得 1150 个响应。这条线表示了使用模型后可获得的响应率的提升。分析 lift 图可以看到，理想的模型是使用最小的样本尺寸能够得到最大提升的模型。即 lift 线越靠近左上方部分的理想模型线，显示出该模型的性能越好。

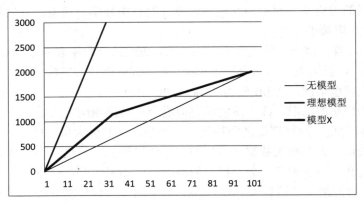

图 5.6 问卷调查问题的 lift 图

5.3.2 通过假设检验比较模型

通过假设检验来比较两个用同样训练集创建的有指导学习模型。零假设描述为：两个使用了相同训练集创建的有指导学习模型 M_1 和 M_2，它们的检验集错误率无显著差异。将同样的检验集或两个独立的检验集应用于模型，比较两个模型总的分类正确率的一般统计公式如下：

$$Z = \frac{|E_1 - E_2|}{\sqrt{q(1-q)(1/n_1 + 1/n_2)}} \tag{5.9}$$

其中：E_1 为模型 M_1 的检验集分类错误率；E_2 为模型 M_2 的检验集分类错误率；q 为两个模型的分类错误率的平均值，即 $q=(E_1+E_2)/2$；n_1 和 n_2 分别为检验集 A 和 B 中的实例个数；$q(1-q)$ 是用 E_1 和 E_2 计算出来的方差值。

如果 Z 值≥1.96，则就有 95% 的把握认为 M_1 和 M_2 的检验集性能差别是显著的。

【例 5.5】 假设使用打篮球数据集进行有指导的训练得到两个分类模型 M_1 和 M_2。两个模型都使用了数据集中的前 8 个实例作为训练数据，后 7 个实例作为检验数据，分类错误率分别为 27.14% 和 19.57%。那么，两个模型的检验集性能是否存在显著差异。

已知：$E_1 = 0.2714$，$E_2 = 0.1957$，则 $q=(0.2714+0.1957)/2 = 0.2336$，那么方差 $q(1-q)=$ 0.2336(1.0−0.2336)= 0.179，最后得到

$$Z = \frac{|0.2714 - 0.1957|}{\sqrt{0.179 \times (1/7 + 1/7)}} = 0.3347$$

因为 $Z < 1.96$，则认为两个模型的性能没有显著差异。使用另外的两个独立检验集再次进行检验，来提高这个结果的置信度。

还可以在使用训练数据建立模型之后，先对模型进行比较，选择分类正确率最高的模型，再进行检验集上的检验，获得模型对未知实例预测的性能。对模型的比较可以使用验证数据(Validation Data)，它是训练数据和检验数据的补充，可以帮助我们从多个用同样训练集建立的模型中选择一个。验证数据还可以用于优化有指导模型的参数设置，以获得最高的分类正确率。

5.4 属 性 评 估

前面已经分析过，影响模型性能的一个重要因素是数据，包括数据的质量，以及数据集的属性和实例的选择。可以使用属性相关性检查和散点图找出属性冗余，同时，可以使用假设检验找出对分类预测能力较小的数值属性，将它们从训练集中删除，以提高模型的质量。

5.4.1 数值型属性的冗余检查

相关系数(Correlation Coefficient)度量了两个数值型属性之间的线性相关程度，对于样本用 r 或 ρ 表示，对于总体则用希腊字母 rho 表示。相关系数的值介于[-1,1]之间。两个属性正相关(Positive Correlation)是指两个属性具有同时增加或减少的特性，r 接近于 1。如身高和体重就是两个正相关性较强的属性。两个属性负相关(Negative Correlation)是指一个属性增加而同时另一个属性减少的特性，r 接近于-1。如年龄和奔跑速度就是两个负相关性较强的属性。如果 r 接近于 0，则表示两个属性不具有线性相关性。对于属性之间的相关性的判定，除了使用相关系数之外，还需要使用显著性检验，来排除两个属性之间的相关性联系偶然出现的可能。

如果两个输入属性正向或负向高度相关，则只能选择其中的一个用于数据挖掘。正确的选择是选择具有较大重要性值的属性。可以用 MS Excel 的 CORREL 函数和散点图来检查数值属性的相关系数。

1. 使用 MS Excel 的 CORREL 函数计算属性相关性

用 Excel 的 CORREL 函数计算 iris 数据集中的 Petal_width(花瓣宽度)和 Petal_length(花瓣长度)、Petal_width(花瓣宽度)和 Sepal_width(花萼宽度)两对属性之间的分别的相关度。过程如下。

(1) 在 Excel 中加载 iris.xls 数据集。

(2) 在一个空白单元格中输入= CORREL(B2:B151，C2:C151)，单击"确定"按钮。

(3) 在另一个空白单元格中输入= CORREL(B2:B151，D2:D151)，单击"确定"按钮。

在两个单元格中分别显示了 0.9627 和-0.3661。前一个值接近于 1，说明花瓣宽度和长度之间有较强的正相关性；而后一个值说明花瓣宽度和花萼宽度两个属性之间具有一定的但较小的负相关性。

2. 使用散点图检查属性相关性

相关系数只能表示两个属性之间的线性相关程度。两个具有较小 r 值的属性仍可能存在曲线(Curvilinear)的关系。通过散点图(Scatterplot Diagram)可以检查两个属性之间是否存在曲线相关，当然也能显示两个属性间的线性相关性。

图 5.7 显示了两个具有正相关性的属性的散点图，图 5.8 显示了两个具有负相关性的属性的散点图，图 5.9 显示的是两个没有线性相关性，但具有曲线关系的属性的散点图。

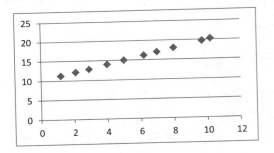

图 5.7 正相关(r 接近于 1)

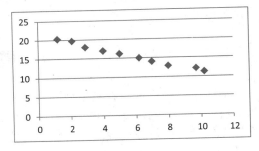

图 5.8 负相关(r 接近于-1)

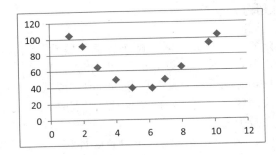

图 5.9 非线性相关(r 接近于 0)但曲线相关

下面让我们用 MS Excel 为 iris 数据集中的 Petal_width(花瓣宽度)和 Petal_length(花瓣长度)、Petal_width(花瓣宽度)和 Sepal_width(花萼宽度)两对属性创建散点图。过程如下。

(1) 在 Excel 中加载 iris.xls 数据集。

(2) 选中 Petal_width 和 Petal_length 列，打开"插入"菜单，单击"散点图"按钮，插入以这两个属性为 x 坐标和 y 坐标的散点图。

(3) 选中 Petal_width 和 Sepal_width 列，打开"插入"菜单，单击"散点图"按钮，插入以这两个属性为 x 坐标和 y 坐标的另一个散点图。

图 5.10 和图 5.11 显示了生成的两个散点图。根据相关系数和散点图可以判断 Petal_width 和 Petal_length 两个属性之间具有较强的正相关性，Petal_width 和 Sepal_width 两个属性之间没有相关性。

通过相关系数计算和散点图得到 Petal_width 和 Petal_length 两个属性之间具有较强正相关性的结论，但是这两个属性之间的联系是偶然的吗？还需要通过属性联系的显著性检验进行进一步的确认。

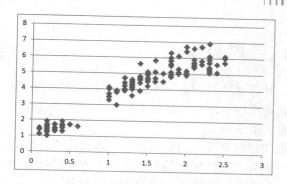

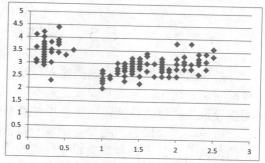

图 5.10　Petal_width 和 Petal_length 的散点图　　图 5.11　Petal_width 和 Sepal_width 的散点图

5.4.2　数值属性显著性的假设检验

使用假设检验来确定属性的显著性分数，过程如下。

(1) 设数值型属性 A 具有 n 个类 C_1, C_2, …, C_n，各类中该属性的均值为 $\bar{X}_1$, $\bar{X}_2$, …, $\bar{X}_n$。

(2) 对每一对类 C_i 和 C_j，使用式(5.10)计算显著性分数 Z。

$$Z_{ij} = \frac{\left| \bar{X}_i - \bar{X}_j \right|}{\sqrt{(v_i / n_i + v_j / n_j)}} \tag{5.10}$$

其中：$\bar{X}_i$ 是类 C_i 的均值；$\bar{X}_j$ 是类 C_j 的均值；v_i 是属性 A 的 C_i 的方差；v_j 是 C_j 的方差，n_i 是类 C_i 中的实例数，n_j 是类 C_j 中的实例数。

(3) 如果 Z_{ij} 的任意一个值≥1.96，则该属性是重要的。即对于属性 A，在任何一对类的比较中都表现出显著的差异，则该属性应被认为对于分类是重要的。

【例 5.6】 检查 iris 数据集中各属性的显著性分数，比较其重要性。

表 5.9 中显示了 iris 用式(5.10)计算得到的各属性的显著性分数，从中可以看到所有值都大于 1.96，所以 iris 数据集中的所有属性对于分类鸢尾花都是重要的。

表 5.9　iris 数据集各属性的显著性分数

均值				
Species_name	Petal_width	Petal_length	Sepal_width	Sepal_length
Setosa	0.246	1.462	3.428	5.006
Versicolor	1.326	4.26	2.77	5.936
Verginica	2.026	5.552	2.974	6.588

方差				
Species_name	Petal_width	Petal_length	Sepal_width	Sepal_length
Setosa	0.011106	0.030159	0.14369	0.124249
Versicolor	0.039106	0.220816	0.098469	0.266433
Verginica	0.075433	0.304588	0.104004	0.404343
Significance	30.50	34.03	6.37	10.51

5.5 评估无指导聚类模型

有指导的学习模型有明确的输入和输出，其建立的目的是用于分类和预测，模型的应用目标明确。而无指导的聚类模型则不同，通常在聚类之前目标并不明确，所以也造成了对无指导聚类模型的性能评估比有指导模型更为困难。

一般地，因为聚类的结果是形成一些依据相似度而聚集的实例簇，所以对于这些簇的质量的度量是评估无指导聚类模型性能的最一般考虑。度量簇的质量常用的方法是计算每个簇中的实例与其簇中心之间的误差平方和。误差平方和越小，簇的质量就越高。

第二种评估无指导聚类的方法是使用有指导学习技术。因为有指导学习的输出是定义明确的类，可以利用这点来解释和评估不能明确表达聚类结果的无指导模型。步骤如下。

(1) 建立无指导聚类模型之后，将形成的每个簇作为一个类。如通过无指导聚类形成了 3 个簇，则将它们作为 3 个类。

(2) 从这每个类中随机选择 1 个实例样本集，随机选取的目的是保证每个类表示在随机样本中的比率与表示在整个数据集中的比率相同。选取的所有实例数最好占整个数据集的 2/3。

(3) 将随机选取的实例作为训练数据，创建以这些类为输出属性的有指导学习模型，并使用剩余的实例作为检验集实例检验有指导模型的分类正确率。

(4) 观察这样建立的有指导模型的分类正确率，若分类性能较好说明无指导聚类模型所形成的簇的定义良好；若分类正确率较低，说明聚类所形成的簇没有明确的定义。

本 章 小 结

本章内容概述如图 5.12 所示。

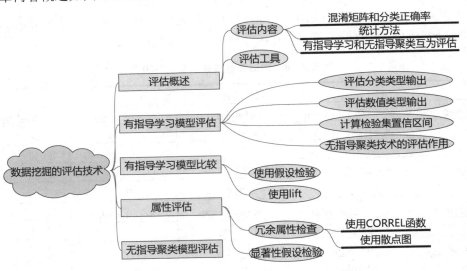

图 5.12　第 5 章内容导图

　　在建立有指导的学习模型和无指导的聚类模型的过程中，数据、参数、技术都会影响模型的性能，在评估模型的性能时，若能找出模型不理想的可能因素，对这些内容也应该进行评估和重新选择。

　　评估模型可使用多种技术，分类正确率或错误率和混淆矩阵是评估有指导模型性能的一般方法。借助一些统计量和统计方法，包括均值、方差、标准差、标准误差、平均绝对误差、均方误差，均方根误差以及正态分布、假设检验、Z-检验、置信区间等概念和方法，进行模型性能评估。

　　其中利用从大小相等的独立样本集中取得的样本均值是正态分布的这一事实，可以将检验集错误率看作样本均值，应用正态分布的属性计算错误率置信区间，对将错误率作为评估有指导学习模型性能的方法作进一步的完善。

　　比较有指导学习模型除了可以使用假设检验检查检验集错误率之外，对于为了追求响应率而设计建立的模型的评估，可以通过 lift 指标来度量。

　　可以通过计算相关系数和查看散点图来确定两个数值属性之间是否存在线性关系、非线性关系或曲线关系。存在较强的线性相关性的两个属性，其中之一为冗余属性，应该在建模前去掉该属性。还可以通过显著性假设检验检查属性的显著性分数，从而找出对分类具有较低预测性的属性，建模前删除这些属性以提高模型质量和数据挖掘效率。

　　使用簇中的实例与该簇中心的误差平方和来度量簇的聚类质量，这是最一般的无指导聚类模型性能评估方法。另外，可以借助有指导学习技术的优势，来评估无指导聚类的质量。

习　题

　　1. 在 UCI 上下载一个用于分类的数据集，使用 C4.5 算法，设置不同参数建立两个有指导学习模型，记录检验集错误率。使用式(5.9)确定两个模型的检验集错误率是否存在显著差异。

　　2. 使用心脏病人数据集(CardiologyNumerical)的前 150 个实例作为训练集实例，剩下的 153 个实例作为检验集实例，选择两种或多种数据挖掘技术建立有指导学习模型，利用混淆矩阵和检验集错误率评估所建模型，并使用假设检验确定这些模型之间是否存在显著性差异。

　　3. 用 MS Excel 的 CORREL 函数和散点图确定心脏病人数据集(CardiologyNumerical)的 maximum heart rate 和 peak 属性之间的相关性。

　　4. 设计调查问卷，收集打篮球数据集的实例，使用式(5.10)计算数据集中的属性的显著性分数，确定是否可以删除其中显著性分数较小的属性。

　　5. 面向某个主题设计调查问卷，开展一次问卷调查活动，收集被调查者的基本数据。为提升回收率建立有指导学习模型，查看其混淆矩阵，计算 lift 值，并画出 lift 图，与无模型和理想模型进行比较。

第6章 神经网络技术

本章要点提示

神经网络是一种模仿生物神经网络的结构和功能的数学模型。作为一种非线性、具有统计特性的数据挖掘技术，因其对于连续数值类型数据输出的预测能力，在商业领域、自然科学和社会科学领域得到持续增长的应用。

本章 6.1 节介绍了神经网络的基本概念和结构模型，并讨论了神经网络的输入和输出数据的要求；6.2 节介绍了神经网络的反向传播学习和自组织学习方法，详细描述了反向传播学习算法和自组织学习方法的一次迭代过程，并通过两个实验，介绍了使用 Weka 软件实现 BP 前馈神经网络模型的过程；6.3 节分析了神经网络技术的优势和缺点。

6.1 神经网络概述

神经网络(Neural Networks，NN)，是人工神经网络(Artificial Neural Networks，ANN)的简称。神经网络是一种具有统计特性的数学模型，它的创建思想源于人类神经网络的结构、功能和运行过程。

在神经网络中，知识被表示为处理单元的集合，这些处理单元节点通常称为神经元(Neurodes)。神经网络由多个处理单元节点及其之间的相互连接构成，就相当于表达了生物脑神经之间的关系。每个节点与邻近层节点之间具有加权连接，该连接有个生物学名称，称为突触(Synapse)。连接间具有权重(Weight)值，该权值相当于神经网络的记忆。每个节点的输出由一个称为激励函数(Activation Function)的输出函数计算所得，整个网络的输出则根据网络的不同连接方式、权重值和激励函数而得到不同的结果，是数据在神经网络中传输、分析、权衡而形成的结果。

神经网络需要通过一种具有统计特性的学习方法(Learning Method)加以训练,使之表达某种算法、函数或逻辑策略，从而建立数学模型。这种学习方法可以是有指导的或无指导的。当一组输入实例重复经过神经网络时，通过修改网络连接权值来完成学习训练。

6.1.1 神经网络模型

一个人工神经网络可以是单层和多层结构。其中单层神经网络是最基本的神经网络形式，由一个输入层(Input Layer)和一个输出层(Output Layer)组成。如图 6.1 所示，常见的多层神经网络结构由三个部分构成：一个输入层、一个输出层、一个或多个隐藏层((Hidden Layer，简称隐层)。输入数据称为输入向量，输入层节点数由参加训练实例的输入属性个数决定。输出数据称为输出向量，输出层节点数根据问题和应用的不同，而可能有一个或多个节点。在输入和输出层之间的隐层个数和每个隐层内的节点个数一般可由用户指定，一般的，隐层总数通常被限定为两个，而一般选择输入节点的 1.2~1.5 倍的节点数作为隐

层节点数。

每一层的节点都有输入和输出。假设第 i 层被记作 Layer(i)，由 N_i(第 i 层上有 N 个神经元节点)个节点组成，每个 Layer(i)上的节点把 Layer(i-1)上节点的输出作为其输入，第 i 层上的某节点的势能由每一个权重与第 i-1 层上节点输出的乘积和计算所得，将该节点的势能作为函数的输入，计算激励函数值作为该节点的输出。

图 6.1 给出了一个全连接的前馈神经网络结构。其中有向线表示每个实例通过网络时的流动方向，对于前馈神经网络，数据只会从输入节点通过隐层节点(如果有的话)流动到达输出节点，没有周期或者循环。本章仅讨论前馈神经网络，下述"神经网络"全部是指前馈神经网络。同时，因为相邻两层上的节点全部两两连接，所以图 6.1 中的网络是全连接的。

图 6.1 中的输入向量为[0.8,1.0,0.4]，故输入层节点数为 3 个，指定了 1 个有 3 个节点的隐层，一个输出层节点。图中的 W_{1i}、W_{2i} 等为连接权值。

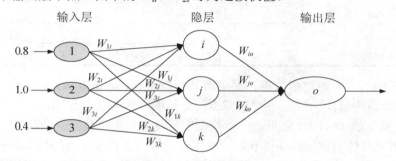

图 6.1　全连接前馈神经网络结构

6.1.2　神经网络的输入和输出数据格式

1. 神经网络输入格式

神经网络的输入向量数据必须是数值类型，且必须落在[0,1]闭区间内。在实际应用中，需要采取一种方法将分类类型数据变换为[0,1]区间的数值类型数据。

分类类型数据变换为[0,1]区间的数值数据的方法有多种。以下两种方法使用较为简单和普遍。

方法一：将[0,1]区间分为大小相等的间隔，将间隔点上的取值作为分类类型数据的数值表示。该方法简单，且不增加额外输入节点，但该方法有一个明显的缺陷：因将[0,1]区间分成的间隔与 0 和 1 有距离远近，故实际上，对于本来与 0 和 1 无距离之分的输入数据，被人为地加入了距离因素。

方法二：对输入数据进行二进制编码，增加输入节点，用两个或多个输入节点表示一个输入属性。该方法解决了方法一中的在数据变换中人为加入距离因素的问题，但是因增加了额外的节点，增加了神经网络结构的复杂性。

【例 6.1】　某投资公司的客户数据集中"账户类型"属性为分类类型属性，它有四种取值，分别为"基本账户"、"一般账户"、"临时账户"和"专用账户"。若将"账户类型"属性作为神经网络的输入数据，就必须进行数据变换，使之成为[0,1]区间的数值数据。

目标：对"账户类型"属性进行分类-数值变换，使之落在[0,1]区间。

方法：使用上述变换方法一和方法二进行数据变换。

结果：如表 6.1 所示应用两种方法进行数据变换。方法一简单，但各种类型的账户的[0,1]区间取值距离存在距离因素，会人为造成基本账户与专用账户更加不同，而与一般账户最为接近的错觉。方法二使用了双节点方案，在增加了一个输入节点的代价下，解决了方法一的偏差。

表 6.1 "账户类型"属性的分类-数值变换

序 号	分类类型属性值	[0,1]区间数值型属性值(方法一)	[0,1]区间数值型属性值(方法二)
1	基本账户	0	[0,0]
2	一般账户	0.33	[0,1]
3	临时账户	0.67	[1,0]
4	专用账户	1	[1,1]

对于不在[0,1]区间的数值数据，要进行数据标准化(Normalization)变换中的归一化处理，将数据映射到[0,1]区间上。常见的数据归一化的方法有以下五种。

(1) 十进制缩放(Decimal Scaling)。十进制缩放是将每一个数据值除以 10 的整次方。例如，如果知道某属性的取值范围在 0 到 100 之间，则可以将每个值除以 100 使得取值范围变为[0,1]区间。其公式如式(6.1)所示。该方法要求原始数据大于等于 0，否则变换会产生[-1,0]区间的数。

$$newValue = \frac{originalValue}{oldMax} \tag{6.1}$$

其中：oldMax 表示属性的初始最大值；newValue 为 originaValue 的变换值。

(2) Min-Max 标准化(Min-Max Normalization)。也叫离差标准化，适用于属性的最小值和最大值都已知的情况。其公式如下：

$$newValue = \frac{originalValue\ lue - oldMin}{oldMax - oldMin} \tag{6.2}$$

其中：oldMax 和 oldMin 表示属性的初始最大值和初始最小值；newValue 为 originaValue 的变换值。本方法的缺陷是当有新数据加入时，可能导致 oldMax 和 oldMin 发生变化，需要重新定义。

(3) Z-Score 标准化(Normalization Using Z-scores)。也叫标准差标准化，此方法是将该值减去属性平均值(μ)再除以属性的标准差(σ)。经过处理的数据符合标准正态分布，即均值为 0，标准差为 1。在未知最大值和最小值时该方法非常有用。其公式如下：

$$newValue = \frac{originalValue - \mu}{\sigma} \tag{6.3}$$

(4) 对数标准化(Logarithmic Normalization)。在 Min-Max 标准化方法中不能确定最小值和最大值时，往往使用一个任意大的值作为除数去除被变换的数，这样做的结果可能造成不能覆盖整个区间的情况，出现高度偏斜的数据。解决办法是在使用上述变换之前，以 2

或 10 为底计算每个数的对数。其公式如下：

$$newValue = \frac{Log_2(originalValue)}{Log_2(oldMax)} \qquad (6.4)$$

（5）Atan 函数转换(Atan Normalization)。此方法是用反正切函数实现数据归一化。公式如式(6.5)所示。该方法要求原始数据大于等于 0，否则变换会产生[-1,0]区间的数。

$$newValue = \frac{Atan(originalValue)*2}{\pi} \qquad (6.5)$$

2. 神经网络输出格式

神经网络的输出节点表示为[0,1]区间内的连续值。如果神经网络是一个用于分类类型数据的分类模型，则需要对输出进行变换从而提供分类类型数据。

【例 6.2】 我们希望训练神经网络建立分类模型，能够识别购买 BMW5 的顾客性别是"男"还是"女"。

目标：建立输出为性别值的神经网络分类模型，能够识别顾客的性别。

方法：①设计具有一个输出层节点的体系结构，设置 1 为男顾客的理想输出，指定 0 为女顾客的理想输出。网络经过训练后，若输出值为 0.8，我们认为其应分类到男性顾客一类。但是，当输出值为 0.45 时，分类模型不能清晰分类的情况下，需要使用检验集数据来帮助解决难以对输出值进行明确解释的问题。②设计具有两个输出层节点的体系结构，即节点 1 和节点 2。在训练过程中，对于男性顾客，将两个节点的正确输出组合设置为[1,0]；对于女性顾客，将两个节点的正确输出组合设置为[0,1]。训练完成后，神经网络将认为节点 1 和节点 2 的输出向量为[0.9,0.2]的顾客性别为"男"，输出向量为[0.1,0.8]的顾客为女顾客。但如果当输出组合为[0.3,0.4]，分类模型不能清晰分类的情况下，需要使用检验集数据来帮助解决难以对输出值进行明确解释的问题。

问题解决：在将网络应用到未知实例之前，将该检验集提交给所训练的网络，并记录每个检验实例的输出值，再将网络应用到未知实例。当未知实例 x 给出一个不确定的输出值 v 时，使用在 v 处或附近聚类的大多数检验集实例所属的类别来分类 x。

【例 6.3】 一个用于房屋估价的神经网络已经训练成功，该网络的输出数据为 0.18，需要根据该值还原房屋的真正的预估价格(房屋价格范围限定在 100 到 1000(单位：万元)之间)。

问题：根据[0,1]区间内的神经网络输出的房屋预估价格和房屋原始价格区间，计算房屋真正的预估价格。

解决方法：进行[0,1]区间数据归一化变换的逆变换。若网络训练前使用了 Min-Max 标准化方法，则使用式(6.2)的逆运算，如式(6.6)所示，进行房屋预估价格的还原。

$$originalValue = newValue(oldMax - oldMin) + oldMin \qquad (6.6)$$

结果：0.18*(1000-100)+100=262(万元)。

6.1.3　激励函数

神经网络中的每个节点接受输入值，并将输出值传递给下一层。输入层的节点会将输入属性值直接传递给下一层(隐层或输出层)。如图 6.1 中的神经网络结构中，节点 1、节点 2 和节点 3 的输出分别为 0.8、1.0 和 0.4。

在神经网络中，隐层和输出层节点的输入和输出之间具有函数关系，这个函数称为激励函数(Activation Function)。多种函数可以作为激励函数，只需满足两个要求：一是函数必须输出[0,1]之间的值；二是函数在充分活跃时，将输出一个接近 1 的值，表示从未在网络中传播活跃性。常见的激励函数有 Sigmoid 函数、阶跃函数、准线性函数和双曲正切函数等。其中 Sigmoid 函数是最常用的函数，因其形状呈 S 形，也称 S 形函数。

Sigmoid 函数是连续、可导、有界且关于原点对称的增函数，可用反正切函数 arctan 或指数函数 exp 来实现，经常使用的函数形式如下：

$$f(x) = \frac{\arctan(x)}{\pi / 2} \tag{6.7}$$

$$f(x) = \frac{1}{1 + e^{-x}} \tag{6.8}$$

本章选择式(6.8)作为激励函数，式中的 e 是自然对数的底。图 6.2 显示了 S 形函数图，注意 x 的值小于 0，几乎没有输出活跃性。

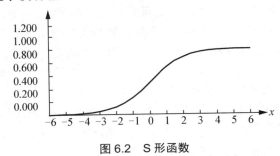

图 6.2　S 形函数

6.2　神经网络训练

建立神经网络模型的过程是让实例数据重复地通过网络，通过应用学习算法对网络进行训练以对各层权值进行校正的过程。具体的学习算法根据不同的网络体系结构和不同的应用而不同，常用的学习算法有反向传播学习算法(Backpropagation Learning，BP 算法)、多种改进的 BP 算法，基于随机搜索策略的智能优化算法，包括遗传算法、免疫算法和粒子群算法、混沌算法等。其中 BP 算法最为常用和经典，本节重点介绍基于 BP 算法的前馈神经网络的训练。

6.2.1　反向传播学习

反向传播学习(Backpropagation Learning)是前馈神经网络的有指导学习方法，和所有的有指导学习过程一样，它包括训练和检验两个阶段。在训练阶段中，训练实例重复通过网络，对于每个训练实例，计算网络输出值，根据输出值修改各个权值。这个权值的修改方向是从输出层开始，反向移动到隐层。改变连接权值的目的是最小化训练集错误率。训练过程是个迭代过程，网络训练直到满足一个特定的终止条件为止。终止条件可以是网络收

敛到最小的错误值，可以是一个训练时间标准，也可以是最大迭代次数。

【例 6.4】　使用图 6.1 所示的神经网络结构和输入实例举例说明反向传播学习方法。

目标：描述使用 BP 学习算法训练前馈神经网络的过程(一次迭代过程)。

方法：使用图 6.1 所示的神经网络结构、输入向量、表 6.2 中的初始权值和式(6.8)的 S 形函数。假设与图 6.1 所示的输入向量相关的目标输出值为 0.67，该输入的计算输出与目标值之间存在误差。假设该误差与输出节点相关的所有网络连接都有关，故需从输出层开始到输入层，逐层修正输出层与隐层、隐层之间和隐层与输入层之间的权值。即将节点 o 的输出误差反向传播到网络中，修改所有 12 个相关的网络权重值，每个连接权重的修改量使用公式计算得出，该公式利用节点 o 的输出误差、各个节点的输出值和 S 形函数的导数。公式具备平滑实际误差从而避免对训练实例矫枉过正的能力。

表 6.2　图 6.1 所示的神经网络的初始权值

w_{1i}	w_{2i}	w_{3i}	w_{1j}	w_{2j}	w_{3j}	w_{1k}	w_{2k}	w_{3k}	w_{io}	w_{jo}	w_{ko}
0.10	0.20	0.30	−0.20	−0.10	0.10	0.10	−0.10	0.20	0.3	0.5	0.4

步骤 1：计算节点 i、j、k 和 o 的输入和输出值。

(1) 节点 i 的输入 = (0.1)(0.8) + (0.2)(1.0) + (0.3)(0.4) = 0.4

(2) 节点 i 的输出 = $f(0.4)$ = 0.599

(3) 节点 j 的输入 = (−0.2)(0.8) + (−0.1)(1.0) + (0.1)(0.4) = −0.22

(4) 节点 j 的输出 = $f(−0.22)$ = 0.445

(5) 节点 k 的输入 = (0.1)(0.8) + (−0.1)(1.0) + (0.2)(0.4) = 0.06

(6) 节点 k 的输出 = $f(0.06)$ = 0.515

(7) 节点 o 的输入 = (0.3)(0.599) + (0.5)(0.445) + (0.4)(0.515) = 0.608

(8) 节点 o 的输出 = $f(0.608)$ = 0.648

步骤 2：计算输出层和隐层的误差，公式如式(6.9)、式(6.10)和式(6.11)所示。

$$\text{Error}(o) = (T - O_o)[(f^1(x_o))] \tag{6.9}$$

式中，T 为目标输出；O_o 为节点 o 的计算输出；$(T - O_o)$ 为实际输出误差；$f'(x_o)$ 为 S 形函数的一阶导数；x_o 为 S 形函数在节点 o 处的输入。

式(6.9)表示实际输出误差与 S 形函数的一阶导数相乘，S 形函数在 x_o 处的导数可简单地计算为 $O_o(1 - O_o)$。则有

$$\text{Error}(o) = (T - O_o)O_o(1 - O_o) \tag{6.10}$$

隐层节点的输出误差的一般公式为：

$$\text{Error}(i) = \left(\sum_o \text{Error}(o)w_{io} \right) f'(x_i) \tag{6.11}$$

式中：$\text{Error}(o)$——节点 o 的计算输出误差；

w_{io}——节点 i 与输出节点 o 之间的连接权重；

$f'(x_i)$——S 形函数的一阶导数；

x_i——节点 i 处的 S 形函数的输入。

依据式(6.10)，$f'(x_i)$ 计算为 $O_i(1 - O_i)$。

(1) $\text{Error}(o) = (0.67 - 0.648)(0.648)(1 - 0.648) = 0.005$

(2) $\text{Error}(i) = (0.005)(0.3)(0.599)(1 - 0.599) = 0.00036$

(3) $\text{Error}(j) = (0.005)(0.5)(0.445)(1 - 0.445) = 0.000617$

(4) $\text{Error}(k) = (0.005)(0.4)(0.515)(1 - 0.515) = 0.0005$

步骤 3：更新 12 个权重值。

反向传播过程的最后一步是使用 Δ 规则(Delta Rule)(Widrow 和 Lehr，1995)进行权重校正，更新与输出节点连接相关的权重。Δ 规则的目标是最小化平方误差和，该误差被定义为计算输出和实际输出之间的欧式距离。权重校正公式如下：

$$w_{io}(\text{new}) = w_{io}(\text{corrent}) + \Delta w_{io} \qquad (6.12)$$

Δw_{io} 为加到当前权值上的增量值，Δw_{io} 的计算公式为

$$\Delta w_{io} = (r)[\text{Error}(o)](0_i) \qquad (6.13)$$

其中：r 为学习率参数，$1 > r > 0$，本例中取 $r = 0.3$；$\text{Error}(o)$ 为节点 o 的计算误差；

O_i 为节点 i 的输出值。

(1) $\Delta w_{io} = (0.3)(0.005)(0.599) = 0.0009$

w_{io} 的校正值 $= 0.3 + 0.0009 = 0.3009$

(2) $\Delta w_{jo} = (0.3)(0.005)(0.445) = 0.0007$

w_{jo} 的校正值 = $0.5 + 0.0007 = 0.5007$

(3) $\Delta w_{ko} = (0.3)(0.005)(0.515) = 0.0007$

w_{ko} 的校正值 = $0.4 + 0.0007 = 0.40007$

(4) $\Delta w_{1i} = (0.3)(0.00036)(0.8) = 0.0000864$

w_{1i} 的校正值 = $0.1 + 0.0000864 = 0.1000864$

(5) $\Delta w_{2i} = (0.3)(0.00036)(1.0) = 0.000108$

w_{2i} 的校正值 = $0.2 + 0.000108 = 0.200108$

(6) $\Delta w_{3i} = (0.3)(0.00036)(0.4) = 0.0000432$

w_{3i} 的校正值 = $0.3 + 0.0000432 = 0.3000432$

(7) $\Delta w_{1j} = (0.3)(0.000617)(0.8) = 0.000148$

w_{1j} 的校正值 = $-0.2 + 0.000148 = -0.19985$

(8) $\Delta w_{2j} = (0.3)(0.000617)(1.0) = 0.000185$

w_{2j} 的校正值 = $-0.1 + 0.000185 = -0.09982$

(9) $\Delta w_{3j} = (0.3)(0.000617)(0.4) = 0.000074$

w_{3j} 的校正值 $0.1 + 0.000074 = 0.100074$

(10) $\Delta w_{1k} = (0.3)(0.0005)(0.8) = 0.00012$

w_{1k} 的校正值 = $0.1 + 0.00012 = 0.10012$

(11) $\Delta w_{2k} = (0.3)(0.0005)(1.0) = 0.00015$

w_{2k} 的校正值 = $-0.1 + 0.00015 = -0.09985$

(12) $\Delta w_{3k} = (0.3)(0.0005)(0.4) = 0.00006$

w_{3k} 的校正值 = $0.2 + 0.00006 = 0.20006$

至此，一次迭代过程结束，校正的所有权值如表 6.3 所示。

表 6.3　第一次迭代后图 6.1 所示的神经网络的权值

w_{1i}	w_{2i}	w_{3i}	w_{1i}	w_{2i}	w_{3i}
0.1000864	0.200108	0.3000432	−0.19985	−0.09982	0.100074
w_{1k}	w_{2k}	w_{3k}	w_{io}	w_{jo}	w_{ko}
0.10012	−0.09985	0.20006	0.3009	0.5007	0.40007

总结上述过程，得到反向学习传播算法的一般过程如下。

(1) 初始化网络。

① 若有必要，变换输入属性值为[0,1]区间的数值数据，确定输出属性格式。

② 通过选择输出层、隐层和输出层的节点个数，来创建神经网络结构。

③ 将所有连接的权重初始化为[−1.0,1.0]区间的随机值。

④ 为学习参数选择一个[0,1]区间的值。

⑤ 选取一个终止条件。

(2) 对于所有训练集实例。

① 让训练实例通过神经网络。

② 确定输出误差。

③ 使用 Δ 规则更新网络权重。

(3) 如果不满足终止条件，重复步骤(2)。

(4) 在检验数据集上检验网络的准确度，如果准确度不是最理想的，改变一个或多个网络参数，从(1)开始。

可以在网络训练达到一定的总周期(Epochs)数，或是目标输出与计算输出之间的均方根误差 rms(表示网络训练的程度)达到一定标准时，终止网络训练。通常的标准是当 rms 低于 0.10 时，终止反向传播学习。

往往假设在进行了充分的迭代后，反向学习技术一定收敛。然而不能保证收敛是最理想的，所以可能需要使用多种神经网络学习算法，以反复实验才能得到理想结果。

建立神经网络模型的过程需要技术的支持，同时因为在网络训练的过程中需要改变属性选择和学习参数等进行反复多次实验，因而经验是相当重要的。用于建立网络的输入属性、网络输出的格式、设置多少个隐层及每个隐层设置多少个节点、选择哪个训练终止条件等，都是在网络训练过程中需要考虑的因素，它们对网络的性能都可能产生影响。所以可以反复地实验，在实验中运用经验来快速确定和选择参数，以提高训练效率。

6.2.2　自组织映射的无指导聚类

反向传播学习是一种在具有先验知识的前提下，有指导的学习过程，即学习过程中的网络权值的调整是在指导下完成的。但在缺少学习所需的先验知识的情况下，就需要神经网络具有自学习的能力。图沃·科霍宁(Teuvo Kohonen)(1982)提出的 Kohonen 自组织映射图(Self-Organizing Maps，SOMs)就是一种具有自学习功能的神经网络，该网络是基于生理学和脑科学的研究成果而提出的。脑神经科学研究表明，传递感觉的神经元排列是按某种规律有序进行的，这种排列往往反映所感受的外部刺激的某些物理特征。例如，在听觉系统中，神经细胞和纤维是按照其最敏感的频率分布而排列的。为此，Kohonen 认为，神经网络在接受外界输入时，将会分成不同的区域，不同的区域对不同的模式具有不同的响应特征，即不同的神经元以最佳方式响应不同性质的信号激励，从而形成一种拓扑意义上的有序图，称之为映射图。它表达了一种非线性映射关系，将信号空间中各模式的拓扑关系几乎不变地反映在这张图上，即各神经元的输出响应上。由于这种映射是通过无指导的自适应过程完成的，所以也称它为自组织映射图。依据这些研究成果，Kohonen 又形式化了神经网络的无指导聚类，形成了著名的 Kohonen 神经网络。

Kohonen 网络支持简单的两层结构。输入层包含输入向量节点，输入层节点与所有输出层节点具有加权连接。通过某种规则，不断地调整权值，使得在训练后，一个区域的所有节点对某种输入具有类似的输出，并且簇的概率分布与输入模式的概率分布相接近。输出层可以采取任何格式，但一般被组织为二维网格。图 6.3 给出了有两个输入层节点和 9个输出层节点的简单 Kohonen 网络。

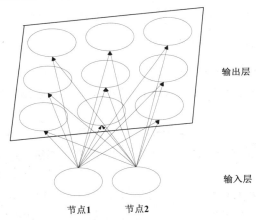

图 6.3　具有两个输入层节点的 3×3 Kohonen 网络

Kohonen 网络是通过自组织学习完成网络训练的。自组织学习(Self-Organized Learning)是通过自动寻找训练实例中的内在规律和本质属性，自组织和自适应地修正网络参数和体系结构的过程。

Kohonen 网络的自组织功能是通过竞争学习(Competitive Learning)来实现的。在网络学习过程中，输入实例被提交给每个输出层节点。当一个实例提交给网络时，与输入实例加权连接最接近匹配的输出节点赢得(Wins)这个实例。这个节点获得修改它的权值以更接近匹配这个实例的权力。开始时，获胜节点的邻居也获得修改加权连接的权力，从而更接近匹配当前实例的属性值。然而，实例通过网络几次之后，邻居的尺寸减小了，直到最后只有获胜节点得到了回报。

每次实例通过网络时，输出层节点记录它们赢得的实例的个数，赢得实例最多的输出节点在数据最后一次通过网络时被保存起来。保存起来的输出层节点数与被认为是数据中簇的个数相一致，多余输出层节点被删除。最后，那些用被删除的节点分类的训练实例再一次提交给网络，并由一个所保存的节点进行分类。至此，节点和与之相关的训练集实例一起，定义了数据集中的簇。同时，还可以应用检验数据，对训练数据所形成的簇进行分析，以帮助确定所发现事物的含义。

【例 6.5】 使用图 6.4 所示的神经网络结构和输入实例举例说明自组织学习方法。

在图 6.3 中的 Kohonen 网络结构中，有两个输入节点和 9 个输出层节点，为方便描述自组织映射的过程，现将输出层节点简化为 3 个，如图 6.4 所示，图中还标出了输入层和输出层各个连接的权值。

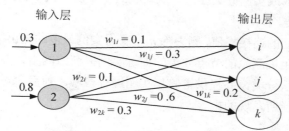

图 6.4 具有 3 个输出层节点的 Kohonen 网络

步骤 1：找出获胜输出节点。

当一个实例被提交给网络时，计算出用每个输出层节点分类该实例的值，式(6.14)计算得出用输出节点 j 分类新节点的值，记作 v_j。

$$v_j = \sqrt{\sum_i (n_i - w_{ij})^2} \tag{6.14}$$

其中：n_i 是输入层节点 i 的输入值；w_{ij} 是输入层节点 i 和输出层节点 j 连接的权值；v_j 为输出层节点 j 与输入实例的连接权值向量距离输入实例的欧式距离，其中最接近匹配输入实例的输出节点为获胜节点，即计算出的 v_i、v_j、v_k 值最小的节点为获胜节点。

图 6.4 所示的输入向量为[0.3,0.8]，下面按照式(6.14)计算 v_i、v_j、v_k 的值。

(1) $v_i = \sqrt{(0.3 - 0.1)^2 + (0.8 - 0.1)^2} = 0.728$

(2) $v_j = \sqrt{(0.3 - 0.3)^2 + (0.8 - 0.6)^2} = 0.2$

(3) $v_k = \sqrt{(0.3 - 0.2)^2 + (0.8 - 0.3)^2} = 0.5099$

其中 v_j 的值最小，节点 j 为获胜节点，它的权重向量值与所提交的实例输入值更相似。

步骤 2：校正权值向量，奖赏获胜输出节点。

与输出节点相关的权重向量被校正，以奖赏赢得输入实例的这个输出节点。用式(6.15)来校正权重向量的值：

$$w_{ij}(\text{new}) = w_{ij}(\text{current}) + \Delta w_{ij} \tag{6.15}$$

其中：$\Delta w_{ij} = r(n_i - w_{ij})$，$0 < r \leqslant 1$。

调整获胜输出节点与新实例连接的权重向量值。此处设 $r = 0.5$，节点 j 作为获胜节点，它与节点 1 和节点 2 两个输入层节点连接的权重向量被校正。

(1) $\Delta w_{1j} = (0.5)(0.3 - 0.3) = 0$

(2) $w_{1j}(\text{new}) = 0.3 + 0 = 0.3$

(3) $\Delta w_{2j} = (0.5)(0.8 - 0.6) = 0.1$

(4) $w_{2j}(\text{new}) = 0.6 + 0.1 = 0.7$

获胜节点的一个邻近范围内的输出层节点通过使用相似的公式也可以获得校正值。这个邻近范围称为邻居，一般可以用一个方格来划定邻居。方格的中心为获胜节点，当训练开始时，指定邻居的大小和学习率 r，两个参数在多次迭代的过程中应该呈线性递减趋势。在达到迭代的预置次数或实例分类在从一次迭代到下一次迭代不再改变时，学习终止。

步骤 3：完成聚类。

输出节点固定它们的连接权值，删去除 n 个赢得实例最多的输出节点之外的所有节点。然后，再一次将那些用被删除的节点分类的训练实例提交给网络，并由留下来的获胜输出节点对它们再进行一次分类，并提供检验集实例进行检验。最后，对训练所得的簇和检验数据进行分析，以解释所发现的内容。

6.2.3 实验：应用 BP 算法建立前馈神经网络

下面介绍如何使用 Weka 软件，使用反向传播学习算法(BP 算法)创建有指导的分类模型。

1. 基本步骤

依据第 3 章介绍的 KDD 过程模型，建立前馈神经网络的基本步骤如下。

(1) 数据准备。

(2) 定义网络体系结构和设置相关参数。

(3) 训练网络。

(4) 解释训练结果。

(5) 若结果不理想，重复步骤(1)~(4)。

2. 实验 1：建立逻辑异或模型

【例 6.6】 异或(ExclusiveOR，XOR)逻辑运算规则如表 6.4 所示。现在将 XOR 逻辑运算规则表看作由两个运算数为输入属性、运算结果为输出属性的数据集，输出为两个类：一个类的分类值等于 1，该类有两个实例；另一个类的分类值等于 0，该类也有两个实例。使用 Weka 软件，建立前馈神经网络。

图 6.5 给出了输出的图形化解释，x 坐标表示 Operand1 的值，y 坐标表示 Operand2 的值，XOR 等于 1 的类实例用 A 表示，XOR 等于 0 的类实例用 B 表示，从图中可以看到 XOR 函数不是线性可分(Linearly Separable)的，即不能画出一条直线将类 A 中的实例与类 B 中的实例划分开。

表 6.4　XOR 逻辑运算

Operand1	Operand 2	XOR
1	1	0
0	1	1
1	0	1
0	0	0

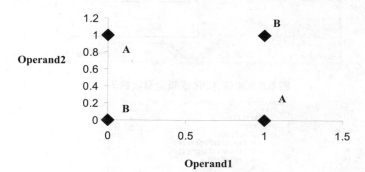

图 6.5　XOR 函数图

步骤 1：准备训练数据。

新建 Excel 电子表格文件，输入内容如表 6.4 所示，另存为.csv 文件，并加载到 Weka Explorer 中，如图 6.6 所示。

步骤 2：定义网络体系结构，设置相关参数。

定义网络体系结构需要作出以下几项选择。

(1) 隐层(Hidden Layers)：可以设置 1～2 个隐层，并指定每个隐层中节点的个数。在 Weka 中的格式为用逗号分隔的各隐层中节点的个数，如指定两个隐层，分别有 5 个和 3 个隐层节点，则设置格式为(5,3)。

(2) 学习率(Learning Rate)：可以是一个 0.1 到 0.9 的范围内的数值。通常较低的学习率需要较多的训练迭代，较高的学习率使得网络收敛得更快，而由此获得不理想的输出结果的机会也就更大。

(3) 周期(Epochs)：全部训练数据通过网络的总次数，在 Weka 中称为 Training Time。

(4) 收敛性(Convergence)：通过收敛性的设置来选择一个训练终止的最大均方根误差。收敛参数的合理设置为 0.10。如果希望根据周期数来终止训练，收敛参数可以设置为一个任意小的值。

在 Weka Explorer 中切换到 Classify 选项卡，单击 Classifier 窗口的 Choose 按钮，选择分类器 MultilayerPerceptron，即基于 BP 学习算法的多层前馈神经网络，如图 6.7 所示。

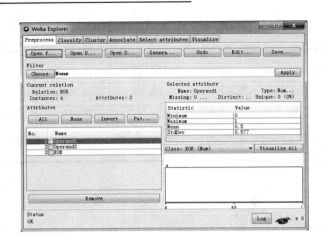

图 6.6　加载 XOR 逻辑运算数据集

图 6.7　选择分类器

在 Choose 按钮右边的文本框中右击，在弹出的快捷菜单中选择 Show properties 命令，如图 6.8 所示，打开分类器的属性设置对话框，如图 6.9 所示。

> Show properties...
> Copy configuration to clipboard
> Enter configuration...

图 6.8　属性配置快捷菜单

在属性设置对话框中，将 GUI 设置为 True，使得在训练前，可查看包含神经网络体系结构的 GUI 界面(出现如图 6.10 所示的网络结构)，并可交互式地修改结构和设置其他参数，且可以在网络训练过程中暂停，进行结构和参数的反复修改。在属性设置对话框中，设置 hiddenLayers 为"5,3"，表示有两个隐层，分别有 5 个和 3 个隐层节点；设置 learning-Rate 为"0.5"，trainingTime 为"10 000"。

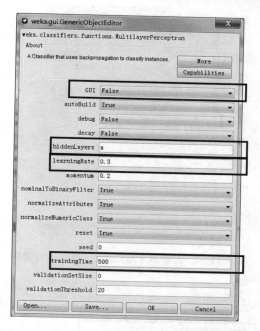

图 6.9 MultilayerPerceptron 分类器的属性设置对话框

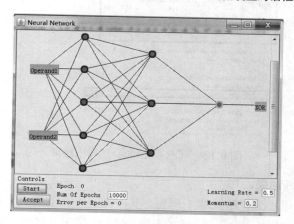

图 6.10 神经网络的 GUI 界面

单击 OK 按钮，回到 Weka Explorer 的 Classifier 窗口，设置 Test Options 为 Use training set，并单击 More options 按钮，打开 Classifier evaluation options 对话框，如图 6.11 所示，选中 Output predictions 复选框，以确保在输出中能够看到检验集的分类情况。

步骤 3：训练网络。

单击 Weka Explorer 的 Classifier 窗口中的 Start 按钮，开始神经网络的训练过程。此时，弹出如图 6.10 所示的神经网络 GUI 界面中，单击 Start 按钮，执行训练，并选择 Accept 训练结果。结果如图 6.12 所示。

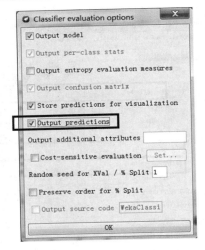

图 6.11 Classifier evaluation options 对话框

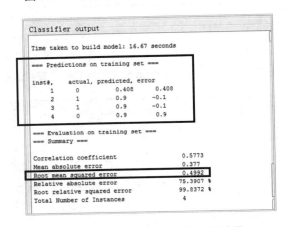

图 6.12 XOR Classifier 的输出结果

步骤 4：解释训练结果。

从输出结果中可以看到，结果并不理想。其中的 rms 为 0.4992，4 个检验集实例，2 个属于 XOR 等于 1 的类实例分类正确，而 2 个属于 XOR 等于 0 的类实例中的一个分类错误，另一个的计算输出值为 0.408，不能清晰地确定属于哪个类。

步骤 5：结果不理想，更改结构，调整参数，重复实验。

观察到分类器的输出结果不理想，更改网络结构，调整参数，重复实验。这次实验指定 1 个隐层，具有两个隐层节点。学习率设置为 0.1，降低学习率的目的是提高迭代次数，希望得到更理想的结果。其他参数保持默认值。

开始训练，神经网络的 GUI 界面如图 6.13 所示，结果显示在图 6.14 中，通过观察，实验的 rms 为 0，所有检验集实例分类正确，结果令人满意。

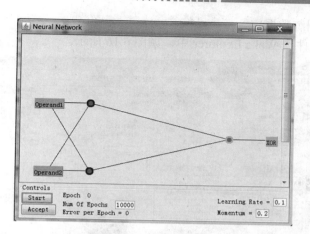

图 6.13 第二次实验的 XOR 神经网络 GUI 界面

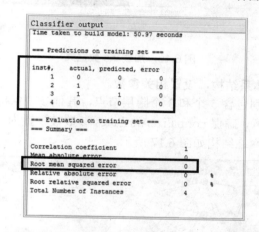

图 6.14 第二次实验 XOR Classifier 的输出结果

3. 实验 2：基于 iris 数据集的神经网络分类模型

【例 6.7】 使用 iris 数据集(如图 6.15 所示)，运用 BP 学习方法，建立前馈神经网络分类模型。iris 数据集中包含了 150 个实例(每个分类包含 50 个实例)，有 Sepal_length(萼片长度)、Sepal_width(萼片宽度)、Petal_length(花瓣长度)、Petal_width(花瓣宽度)和 Species_name 或 class(注：iris 数据集有两个版本)5 个属性。前 4 个属性为数值型，Species_name 属性为分类属性，表示实例所对应的类别 Iris-Setisa(山鸢花)、Iris-Versicolour(变色鸢花)和 Iris-Virginica(弗吉尼亚州鸢花)。

A	B	C	D	E	F
Species_No	Petal_width	Petal_length	Sepal_width	Sepal_length	Species_name
2	1	3.5	2	5	Versicolor
2	1	4	2.2	6	Versicolor
2	1.5	4.5	2.2	6.2	Versicolor
3	1.5	5	2.2	6	Verginica
1	0.3	1.3	2.3	4.5	Setosa
2	1	3.3	2.3	5	Versicolor
2	1.3	4	2.3	5.5	Versicolor
2	1.3	4.4	2.3	6.3	Versicolor

图 6.15 iris 数据集

步骤 1：准备训练数据。

加载 iris.arff 文件到 Weka Explorer 中，如图 6.16 所示。

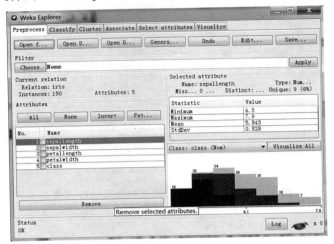

图 6.16　加载 iris 数据集

步骤 2：定义网络体系结构，设置相关参数。

指定两个隐层，分别包含 5 个和 3 个隐层节点，其他参数保持默认，并仍然使用训练实例作为检验实例。注意，确保 normalizeAttributes 参数被设置为 True，而使得 Weka 能够自己归一化输入属性。网络结构如图 6.17 所示。

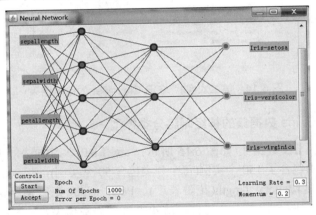

图 6.17　iris 神经网络的 GUI 界面

步骤 3：训练网络。

单击 Weka Explorer 的 Classifier 窗口和神经网络 GUI 界面上的 Start 按钮，开始网络训练。结果如图 6.18 所示。

步骤 4：解释训练结果。

从图 6.18 中可以看到，训练结果比较理想。rms 的值为 0.0672，分类正确率为 99.33%，观察混淆矩阵，可以看到只有一个实例分类错误。

结果理想，不需要继续实验。

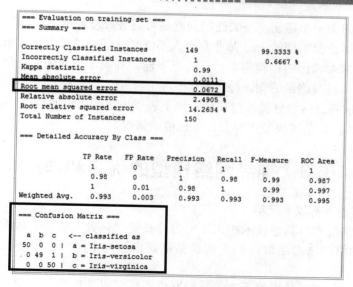

```
=== Evaluation on training set ===
=== Summary ===

Correctly Classified Instances        149              99.3333 %
Incorrectly Classified Instances        1               0.6667 %
Kappa statistic                      0.99
Mean absolute error                  0.0111
Root mean squared error              0.0672
Relative absolute error              2.4905 %
Root relative squared error         14.2634 %
Total Number of Instances           150

=== Detailed Accuracy By Class ===

              TP Rate   FP Rate   Precision   Recall   F-Measure   ROC Area
                1         0          1           1        1           1
                0.98      0          1           0.98     0.99        0.987
                1         0.01       0.98        1        0.99        0.997
Weighted Avg.   0.993     0.003      0.993       0.993    0.993       0.995

=== Confusion Matrix ===

  a  b  c   <-- classified as
 50  0  0 |   a = Iris-setosa
  0 49  1 |   b = Iris-versicolor
  0  0 50 |   c = Iris-virginica
```

图 6.18　iris Classifier 的输出结果

　　进一步观察所有实例的计算结果和实际结果的对比，发现第 84 号实例实际应属于第 2 类 "Iris-versicolour(变色鸢花)"，计算结果被分到第 3 类 "Iris-virginica(弗吉尼亚州鸢花)" 中。

　　为了检验该神经网络分类模型对于分类输出值未知实例的性能，将 iris 数据集中的 3 个类分别取出 25 个实例，共 75 个实例组成检验集(文件 iris-75test.csv)，剩余的 75 个实例作为训练集实例(文件 iris-75train.csv)，重新实验。这次选择 test options 选项为 Supplied test set，选择 iris-75test 为检验集，其他参数不变。训练结果如图 6.19 所示。

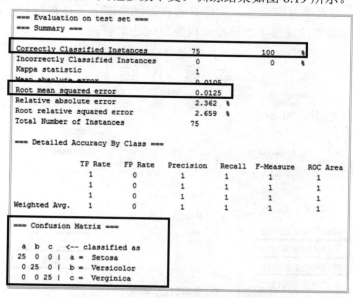

```
=== Evaluation on test set ===
=== Summary ===

Correctly Classified Instances         75              100      %
Incorrectly Classified Instances        0                0      %
Kappa statistic                         1
Mean absolute error                  0.0105
Root mean squared error              0.0125
Relative absolute error              2.362 %
Root relative squared error          2.659 %
Total Number of Instances            75

=== Detailed Accuracy By Class ===

              TP Rate   FP Rate   Precision   Recall   F-Measure   ROC Area
                1         0          1           1        1           1
                1         0          1           1        1           1
                1         0          1           1        1           1
Weighted Avg.   1         0          1           1        1           1

=== Confusion Matrix ===

  a  b  c   <-- classified as
 25  0  0 |   a = Setosa
  0 25  0 |   b = Versicolor
  0  0 25 |   c = Verginica
```

图 6.19　iris 神经网络分类模型在检验集上的输出结果

反向传播学习的一个特别需要关注的问题是可能会过度训练网络,即出现训练实例 rms 非常令人满意,而检验实例的 rms 却非常令人不满意,证明该模型在训练实例上表现出较好的性能,而在未知输出的检验集实力上表现不佳。解决这个问题的一种重要方法就是用更少的周期重新训练网络,避免训练过度。

本例中的 iris 神经网络分类模型在检验集上表现出更为出色的性能,rms 为 0.0125,分类正确率为 100%。证明该模型不存在训练过度的情况。

6.3 神经网络模型的优势和缺点

神经网络模型具有以下优势。

(1) 神经网络技术与其他技术相比,更为擅长处理包含大量噪声数据的数据集,这主要是因为神经网络的激励函数,如 S 形函数能够自然地平滑外部和随机误差带来的输入数据噪声。

(2) 通过对分类类型数据的变换,神经网络不仅可以处理数值型数据,还可以处理分类类型数据。

(3) 神经网络技术具有悠久的历史,其研究也得到普遍的重视,并已经在很多领域中得到广泛应用,且表现良好。

(4) 神经网络既可以用于有指导的学习,也可以用于无指导的聚类。

神经网络模型具有以下缺点。

(1) 神经网络最大的缺点是它是一个黑盒子型模型,对于自身的解释能力不强。

(2) 神经网络学习算法不能保证收敛到最理想的结果,所以经常需要通过选择多种学习参数反复实验才能得以解决。

(3) 神经网络很容易过度训练,从而导致在训练数据上工作得很好,而在检验数据上表现欠佳,这个问题可以通过不断地检查检验集性能来解决。

本 章 小 结

本章内容概述如图 6.20 所示。

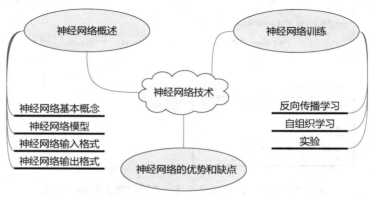

图 6.20 第 6 章内容导图

神经网络的是一种试图模拟人类大脑、由多个称之为神经元的处理单元节点构成的层次结构模型。输入网络的数据必须为[0,1]区间的数值型数据，存在多种变换方法对分类类型的数据进行变换。网络的输出结果也必须为[0,1]区间的数值数据，对于分类类型的输出属性，需要依据不同的要求和应用，进行数值变换或编码。目前的数据挖掘软件，如 Weka，都能够在网络训练前自动完成输入数据和输出数据的[0,1]数值变换工作，并且对于输出结果进行逆变换，还原原始值域中的值。

神经网络的训练过程可以是有指导和无指导的。反向传播学习算法(BP 算法)是一种有指导的学习方法，用来训练前馈神经网络。BP 算法使用网络计算输出与实际输出之间的误差，从输出层开始调整权重，并反向移动到隐层。这个过程是迭代的，终止条件可以是均方根误差(rms)达到某个标准、最大迭代次数(周期数)或训练时间。训练过的网络可以用来分类未知输出的实例或估计、预测其输出值。

自组织学习方法是一种无指导的聚类方法，用来训练自组织的 Kohonen 神经网络。自组织学习，是通过竞争学习来实现的，对于每个输出节点，其权值向量与输入实例的属性值进行最近匹配，最近匹配的节点为获胜节点，修改获胜节点的输入权值向量，使之与当前训练实例更加匹配，最后保存赢得大部分实例的输出节点，并应用检验数据分析簇，确定所发现内容的含义。

围绕神经网络的一个中心问题是缺乏解释所学内容的能力。尽管这样，神经网络仍然成功地应用于解决商业和科学领域的问题。

可以使用 Weka 软件进行反向传播学习建立前馈神经网络分类模型，本章通过两个实验完整阐述了准备数据、定义网络结构和设置参数、进行网络训练和解释结果的整个建立过程。在训练过程中，调整网络结构、学习率、训练时间等参数是为了达到更理想的结果，包括较小的 rms 值、较高的检验集分类正确率等。

习　　题

1. 画出一个全连接的前馈神经网络，该网络有两个输入层节点，1 个隐层，3 个隐层节点和 4 个输出层节点。

2. 使用两种分类-数值变换方法，将心脏病人数据集中的 Chest Pain Type(胸痛类型)的 4 个属性值 Angina、Abnormal Angina、NoTang、Asymptomatic 变换为等价的[0,1]区间的数值数据。

3. 使用 Min-Max 标准化方法将 45 岁年龄值，变换为[0,1]区间的值，年龄的取值范围为[18,100]；假设通过神经网络计算得到一个年龄值为 0.6，将这个[0,1]区间内的输出值还原为正常年龄值。

4. 对于输入实例[0.3,0.6,0.5]，计算图 5.1 所示的神经网络中节点 i、节点 j 和节点 k 的输入值和输出值。

5. 使用 Buildings 数据集(Excel-Buildings.csv)和反向传播学习建立神经网络模型，对新办公楼进行估值。在训练网络之前，对于输入数据和输出数据进行观察和分析，判断是否需要进行人工变换。使用数据集中的前 8 个实例进行训练，后 3 个实例进行检验，并添加

3 个房价未知的新实例，使用神经网络模型进行房价预估。

6. 使用心脏病患者数据集(CardiologyNumerical.arff)的前 200 个实例进行反向传播学习训练，剩余的 103 个实例作为检验集实例进行模型检验。改变网络结构和参数，使之达到更为理想的检验集结果。

第7章 统计技术

本章要点提示

统计学是一门对数据收集、整理和分析处理，从而得到数据特征和预测对象未来的综合性科学。大多数统计分析方法都具有较强的数学理论基础，在分析数据和预测对象方面有着较高的准确度，从而使其在社会科学和自然科学的各个领域都得到了普遍和成功的应用。统计分析方法和技术也是数据挖掘技术中非常重要和比较成熟的技术，在数据挖掘的过程中，运用、延伸和扩展了许多统计学的方法。常用的分析方法包括回归分析、贝叶斯分析、聚类技术和主成分分析、时间序列分析等。

本章将详细介绍数据挖掘中几种常用的统计技术。7.1 节介绍了线性回归、非线性回归和树回归。7.2 节介绍了使用贝叶斯分类器建立分类和实值数据的有指导学习模型。7.3 节讨论了统计技术中的聚类技术，重点介绍了基于分层的凝聚聚类和概念分层聚类技术以及基于混合模型聚类技术的 EM 算法。7.4 节对比了数据挖掘中的统计技术和机器学习方法的不同之处，为针对不同的问题和数据情况选择不同的数据挖掘技术提供参考。

7.1 回归分析

回归分析(Regression Analysis)是一种统计分析方法，它可以用来确定两个或两个以上变量之间定量的依赖关系，并建立一个数学方程作为数学模型，来概化一组数值数据，进而进行数值数据的估值和预测，其应用非常广泛。

弗朗西斯·高尔顿爵士(Francis Galton)于 1877 年首先使用了"回归"(Regression)一词。基于他对亲子间的身高研究，得出尽管父母的身高会遗传给子女，但子女的身高却有逐渐"回归到平均值"(Regression Toward the Mean)的现象。尽管这个"回归"的概念与现在的"回归"已不尽相同，但这是回归一词的起源。

回归分析按照涉及的自变量的多少，可分为一元回归分析和多元回归分析；按照自变量和因变量之间的关系类型，可分为线性回归分析(Linear Regression Analysis)和非线性回归分析(Nonlinear Regression Analysis)。如果在回归分析中，只包括一个自变量和一个因变量，且二者的关系可用一条直线近似表示，这种回归分析称为一元线性回归分析(又称简单线性回归分析)。如果回归分析中包括两个或两个以上的自变量，且因变量和自变量之间是线性关系，则称为多元线性回归分析。

回归分析是一种有指导的技术，它通过建立一个数学模型来表示一个或多个自变量的组合与因变量的关系。

7.1.1 线性回归分析

根据自变量和因变量的相关关系，建立线性回归方程。线性回归方程的格式如下：

$$y = a_1x_1 + a_2x_2 + \cdots + a_ix_i + \cdots a_nx_n + c \qquad (7.1)$$

其中，$x_1, x_2, \cdots, x_i, \cdots, x_n$ 是自变量，y 是因变量；$a_1, a_2, \cdots, a_i, \cdots a_n$ 和 c 是常量。

1. 简单线性回归

简单线性回归(Simple Linear Regression)是线性回归方程最简单的形式，它只有一个自变量作为因变量的预测。简单线性回归方程是典型的斜截式(Slope-Intercept Form)方程，格式如下：

$$y = ax + c \qquad (7.2)$$

其中，x 是自变量；y 是因变量；a 和 c 是常量，方程的图形是斜率为 a、y 轴截距为 c 的一条直线。常量 a 和 c 的确定，是建立回归方程的重要工作，称为参数估计(Parametric Estimating)，它通过应用统计学原理对一组已知的 x 和 y 值进行有指导的学习而计算完成。常用的计算 a 和 c 的统计学方法是最小二乘法(Least-Squares Criterion)。

最小二乘法，又称最小平方法，是通过使得因变量预测值与实际值之间的误差的平方和(方差)最小，而得出 a 和 c 的最优解。简单的计算过程如下。

【例 7.1】 给出一组 x、y 值，如表 7.1 所示。将 x 作为自变量，y 作为因变量，应用最小二乘法计算 a 和 c 的值，建立简单回归方程。

表 7.1　一组 x、y 值

x	y
1	3
4	7
2	6
3	8

表 7.1 中的数据实例以 x 和 y 分别为横坐标值和纵坐标值，在二维坐标系下的分布如图 7.1 所示的散点图。为了在散点图中观察这些点的 x 与 y 值的相关程度，添加趋势线显示这些点的线性拟合情况和回归方程。操作步骤如下。

(1) 新建一个 Excel 文件，将表 7.1 中数据复制到工作表的 A1 到 B5 区域。选中 A2 到 B5 数据区域，单击"插入"菜单中的"散点图"按钮，在当前的工作表中插入如图 7.1 所示的散点图。

(2) 在散点图中的任意一个序列点上右击，在弹出的快捷菜单中选择"添加趋势线"命令，如图 7.2 所示。打开"设置趋势线格式"对话框，如图 7.3 所示，选择趋势预测/回归分析类型为"线性"，并选中"显示公式"复选框，将如图 7.1 所示的"$y=1.4x+2.5$"回归方式显示在趋势线旁边。

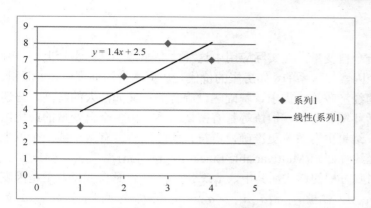

图 7.1　表 7.1 中实例数据的散点图和趋势线　　　　　图 7.2　添加趋势线

以上是通过 MS Excel 建立线性回归方程，并显示出一条拟合线。下面我们使用最小二乘法，计算回归方程中的 a 和 c 的值。

最小二乘法是为得出最优的 a 和 c 的值，要使得 y 的计算值与实际值之间的方差(误差平方和)最小，即使式 7.3 的值最小。

$$E(a,c) = (3 - (1a + c))^2 + (7 - (4a + c))^2 + (6 - (2a + c))^2 + (8 - (3a + c))^2 \tag{7.3}$$

求 $E(a,c)$ 最小值的方法是 $E(a,c)$ 分别对 a 和 c 求偏导，再使两个偏导数为 0。即如式(7.4)和式(7.5)所示。

$$\frac{\partial f}{\partial a} = 0 \tag{7.4}$$

$$\frac{\partial f}{\partial c} = 0 \tag{7.5}$$

两个偏导计算的结果为 $60a+20c-134=0$ 和 $20a+8c-48=0$，是具有两个未知量的二元一次方程组，通过解该方程组，得到 $a=1.4$，$c=2.5$。与 Excel 计算结果一致。

图 7.3　"设置趋势线格式"对话框

2. 多元线性回归

简单线性回归因其只有一个自变量，在实际应用中这种情况非常少见。实际上，一种现象或一个事物往往是与多个因素相联系的，如房屋的价值与房屋本身的地理位置、面积、品质有关，还与当前的社会和经济政策、需求、基础建设等有关；又如，人的身高，与遗传因素、先天条件、后天生活环境、营养、锻炼等都有密切联系。由多个自变量的最优组合共同来预测或估计因变量，结果更有效、更准确，更符合实际需要。有两个或两个以上的自变量的线性回归称为多元线性回归(Multivariable Linear Regression)。

式(7.1)是一个多元线性回归方程的通式，其中，$x_1, x_2, \cdots, x_i, \cdots, x_n$ 是自变量，y 是因变量，$a_1, a_2, a_3, \cdots, a_i, \cdots, a_n$ 和 c 是常量，$a_1, a_2, a_3, \cdots, a_i, \cdots, a_n$ 又称为回归系数。a_i 为 $x_1, x_2, \cdots, x_i, \cdots, x_n$ 确定时，x_i 每增加一个单位对 y 的效应，即 x_i 对 y 的偏回归系数。

进行多元线性回归分析时，应首先考虑自变量的选择，以确保建立的回归方程具有较好的解释能力和预测效果。在选择自变量时，主要应该考虑如下因素。

(1) 自变量对因变量的影响应该是显著的，而自变量应不受因变量的影响，即要求自变量是外生性的(Exogeneity)。

(2) 自变量与因变量之间必须具有线性相关性。

(3) 各个自变量之间必须具有一定的互斥性，或者说，自变量之间的相关程度不应高于自变量与因变量之间的相关程度，否则，将影响参数估计的准确性，使得参数的标准差增加，即造成多元共线性(Multicollinearity)。

多元线性回归方程的参数估计，同简单线性回归方程一样，也是在要求因变量的计算输出与实际输出的误差平方和最小时，使用最小二乘法求解 $a_1, a_2, a_3, \cdots, a_i, \cdots, a_n$ 和 c 的值。

下面使用 MS Excel 和 Weka 软件进行多元线性回归建模。

3. 实验：使用 Excel 和 Weka 进行多元线性回归

MS Excel 提供了一个线性回归分析工具 LINEST 函数，能够用它执行简单和多元线性回归分析。

【例 7.2】 使用 Excel 帮助文档中的 LINEST 函数指南实例数据集——"办公楼"数据集(如表 7.2 所示)和 Excel 的 LINEST 函数，建立多元线性回归方程，在对模型进行评估后，估计出某个未知价值的办公楼的价值。

表 7.2 中的数据集有 11 个实例，每个实例数据描述了一座办公楼的 Floor Space(底层面积)、Number of Offices(办公室个数)、Number of Entrances(入口个数)、Building Age(大楼使用年数)和 Value(价值)。开发商希望根据这些实例应用线性回归分析来估计出某个不知道价值的办公楼的价值。

下面将 Floor space、Number of Offices、Number of Entrances 和 Building Age 作为自变量，分别用 x_1、x_2、x_3 和 x_4 表示，Value 作为因变量，使用 LINEST 函数进行多元线性回归分析，建立能够估计办公楼价值的回归模型。执行线性回归分析的步骤如下。

(1) 新建一个 Excel 工作簿，将表 7.2 中的数据复制到 A1 到 E12 区域。

(2) LINEST 函数的输出为多个，需要显示在至少 n 列的区域中，其中 n 为回归变量的总数，本例中 $n=5$。用鼠标选中至少 5 列的空白区域，作为回归分析输出区域。

(3) 执行回归，在 Excel 公式栏中输入下式：

$$= \text{Linest}(E2:E12, A2:D12, TRUE, TRUE)$$

其中，第一个函数参数 E2:E12 是因变量所在的单元格区域；第二个参数 A2:D12 为自变量所在的单元格区域；第三个参数用来设置回归方程常数项的取值，若该参数设置为 TRUE 或默认，表示正常计算回归方程中的常数项，否则，若参数设置为 FALSE，则回归方程中的常数项被置为 0，如图 7.4 所示；第四个参数用来设置 LINEST 函数的返回值状态，若该参数设置为 TRUE 或默认，表示希望函数除了正常返回回归方程系数和常数项之外，还给出检查回归方程性能的回归统计值，否则，若参数设置为 FALSE，则仅返回回归方程的系数和常数项。

(4) 按 Enter+Ctrl+Shift 组合键，此时回归分析的输出显示在 Excel 工作簿被选中的区域中。

表 7.2　Excel 帮助文档中的办公楼数据集

Space(x_1)	Offices(x_2)	Entrances(x_3)	Age(x_4)	Value
2310	2	2	20	142000
2333	2	2	12	144000
2356	3	1.5	33	151000
2379	3	2	43	150000
2402	2	3	53	139000
2425	4	2	23	169000
2448	2	1.5	99	126000
2471	2	2	34	142900
2494	3	3	23	163000
2517	4	4	55	169000
2540	2	3	22	149000

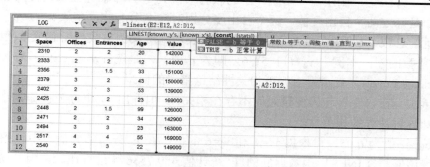

图 7.4　输入 LINEST 函数参数

(5) 查看回归分析的输出结果(如表 7.3 所示)。其中第一行为回归方程系数。从左到右分别是 x_4、x_3、x_2、x_1 的系数和常数项 c 的值；若 LINEST 函数的第三个参数设置为 FALSE，则仅返回第一行的值，若参数设置为 TRUE 或默认，则返回第二行到第五行的值。其中，第二行的值为每个回归系数和常数项的标准差值，其中若 LINEST 的第二个参数设置为 FALSE，则常数项的标准差显示"#N/A"；第三行第一个值为 r^2 判定系数(Coefficient of Determination)，第二个值为因变量 y 的估计值的标准差；第四行的两个值分别为 F 统计值和 d_f 自由度值；第五行的两个值分别为方程的回归平方和与残差平方和。

表 7.3　办公楼数据集回归分析的统计值

–234.2371645	2553.211	12529.77	27.64139	52317.83
13.26801148	530.6692	400.0668	5.429374	12237.36
0.996747993	970.5785	#N/A	#N/A	#N/A
459.7536742	6	#N/A	#N/A	#N/A
1732393319	5 652135	#N/A	#N/A	#N/A

(6) 根据回归分析的输出结果，建立回归模型和对模型进行评估。根据结果中第一行的值，建立的回归方程如式 7.6 所示。其中的 x_1、x_2、x_3、x_4 分别为地层面积、办公室个数、入口个数和使用年数。

$$Value = 27.64x_1 + 12529.77x_2 + 2553.21x_3 + (-234.24)x_4 + 52317.83 \tag{7.6}$$

现在使用 r^2 判定系数和 F 统计值等对模型进行评估。r^2 为 y 的估计值与实际值之比，表达了因变量的估计值与实际值之间的相关程度，即回归直线对所给实例值的拟合程度，称为拟合优度(Goodness of Fit)，范围在[0,1]之间。若 r^2 为 1，则表示估计值与实际值之间有很好的相关性，它们之间没有差别。反之，若判定系数为 0，则回归方程不能用来预测 y 值。本例中，r^2 的值为 0.9967，表示因变量的估计值与实际值之间的相关程度很高。然而，需要注意的是，该判定系数是使用训练实例而不是检验实例计算出来的，判定该回归方程具有良好的估价预测性能，还必须谨慎。下面还可以通过 F 统计值来确定具有如此高的 r^2 值的结果是偶然发生的可能性。

使用第四行的两个值 F 统计值和 d_f 自由度值，可以判断因变量和自变量之间所观察到的关系是否是偶尔发生的，即判断 r^2 是否具有显著性。要解释 F 值，需要使用 d_f 查看 F 分布邻近值表。方法是，在任何一本统计学的教材中找到 F 分布临界值表。在查表前需要做两件事，一是确定两个自由度值。两个自由度分别对应 F 分布临界值表中的 v_1 和 v_2，其中 v_1 是自变量的总数，本例中 $v_1=4$；v_2 就是 d_f 值，表示训练实例总数与所有变量(包括自变量和因变量)总数的差，本例中 $v_2=(11-5)=6$，即为 d_f 值。二是选择 α 值。α 值被称为显著性水平(Significance Level)，表示得出如下相关性结论错误的概率。

假设事实上在自变量和因变量之间不存在相关性，但选用 11 个办公楼作为小样本进行统计分析却导致很强的相关性。

现在选择 α 值为 0.05，再根据 $v_1=4$ 和 $v_2=6$ 的值，在 F 分布临界值表中查到 F 临界值为 4.53，将该值与 LINEST 函数返回的 F 统计值 459.753674 进行比较，因 F 统计值远大于查表所得的 4.53，说明偶然出现高 F 值的可能性非常小，即因变量与自变量之间没有关系这一假设不成立。

另外，除了使用 α、v_1 和 v_2 查看 F 分布临界值表，找到 F 值，与 F 统计值进行比较，来判断偶然出现高 F 值的可能性之外，Excel 还提供了一个函数——FDIST 函数，可以用它来计算偶然出现高 F 值的概率，其语法为 FDIST(F, v_1, v_2)。本例中 FDIST 函数的格式为

FDIST(459.753674,4,6)，其返回值为 1.37E-7，是一个极小的概率值，说明结论与查表是一样的：该回归方程中因变量与自变量的强线性相关性不是偶然发生的，该方程可用于估计办公楼的价值。

(7) 现在，开发商可以使用回归方程预估办公楼的价值了。设有一座未知价值的办公楼，面积为 2500、3 个办公室、2 个入口，已使用 25 年，则其估计价值由式(7.7)计算所得为 158257.56。

$$y=27.64*2500+12529.77*3+2553.21*2-234.24*25+52317.83=158257.56 \qquad (7.7)$$

下面使用同样的数据集，应用 Weka 软件进行多元线性回归分析，并比较两次分析的结果。

【例 7.3】　使用表 7.2 中的办公楼数据集和 Weka 软件，建立多元线性回归模型，为某办公楼估值。

(1) 准备和加载数据。将例 7.2 中的数据集存为.csv 格式文件。启动 Weka，选择 Explorer，在 Weka Explorer 窗口中切换到 Preprocess 选项卡，单击 Open File 按钮并选择数据集所在的.csv 文件，加载数据集。

(2) 切换到 Classify 选项卡，在 Classifier 窗口中单击 Choose 按钮，在出现的窗口中展开 functions 分支，选择 LinearRegression 选项，如图 7.5 所示。注意，在 functions 中还有一个 SimpleLinear-Regression 选项，如图 7.5 所示，它为简单线性回归，不适用本例。单击 Close 按钮确定。

(3) 在 Test options 面板中，选择 Use training set 选项，使用训练集作为检验集。

(4) 单击 Test options 面板下方的下拉按钮，选择因变量为 Value，单击 Start 按钮，开始回归模型的训练。

(5) Classifier output 对话框如图 7.6 所示。从输出结果中读出线性回归方程的系数，建立回归模型，观察发现其与式(7.3)完全相同，并且相关系数 Correlation coefficient 为 0.9984，说明因变量与自变量之间有很强的相关性。

图 7.5　选择线性回归分析工具

(6) 要估计未知价值的办公楼的价值，可将这些办公楼的实例数据放到另一个.csv 文件中，其中 Value 列为空。将这个.csv 文件作为检验集，输入模型进行因变量的估值。注意：选择 test options 面板中的 Supplied test set 选项作为检验方法。为了能够在输出结果中看到估值，则单击 test options 面板中的 more options 按钮，打开如图 7.7 所示的分类器评估选项对话框，选中 Output predictions 复选框，使得在输出结果中显示作为检验集实例的办公楼的预测价值。

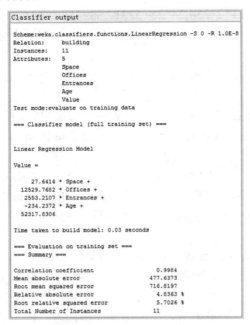

图 7.6 Weka 的线性回归分析输出结果

图 7.7 选择在输出结果中显示预测值

(7) 单击 Start 按钮，开始回归模型训练和检验，得到未知价值实例的预估价值为 158261.096，结果如图 7.8 所示，与使用 Excel 的 LINEST 函数的预估值基本相同。

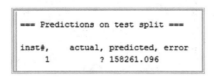

图 7.8 预估价值结果

以上实验分别使用了两种工具 Excel 和 Weka 对办公楼数据集进行了多元线性回归分析，建立的回归方程是完全相同的，并对未知价值的办公楼的价值进行了预估，预估价值基本一样。

建立回归模型的目的除了以上对未知值的预测之外，还有一个重要目的是发现知识。观察回归模型的系数可以发现，对办公楼价值有正面贡献的因素有面积(Space)、办公室个数(Offices)和入口个数(Entrances)三个自变量，而使用年数(Age)为负面贡献，说明楼越旧，价值越低，这个结论与我们的常识一致，所以没有实际价值。那么其他三个正面贡献的属性，对于最终楼价的影响是否有区别呢？可以将(Age)属性从训练集中删除，由其他属性作为三个自变量进行回归模型训练，输出结果如图 7.9 所示，可以看到 Space 属性被 Weka 自动删除了，这是因为 Weka 能够使用 r^2 判断在统计上对模型的正确性没有贡献的那些自变量，并忽略它们。所以从这点可以看出，Space 对楼房的价值影响是非常小的，这是个有价值的发现，与我们的常识不同。

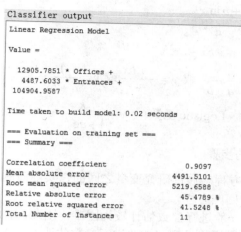

图 7.9

在 Excel 中可使用 t 统计值来检验自变量对于因变量的影响的显著性。使用表 7.3 中的回归分析统计量中的第一行回归系数和第二行的回归系数标准差值，计算每个自变量的 t 统计值的绝对值，得到 $t_{Space} = 5.1$，$t_{Offices} = 31.3$，$t_{Entrances} = 4.8$ 和 $t_{Age} = 17.7$。使用 $\alpha=0.05$，$v_1=4$ 和 $v_2=6$ 查看 t 分布临界值表，发现 t 临界值为 2.447。该临界值还可使用 Excel 的 TINV 函数计算，格式为 TINV(0.05，6)= 2.447。将每个自变量的 t 统计值的绝对值与 2.447 比较，t 统计值的绝对值都大于临界值，则说明回归模型中每个自变量对因变量的影响都具有显著性，因此，回归方程中的所有自变量都可以用来预测办公楼的价值，只是其中 Offices 和 Age 更为显著。

7.1.2 非线性回归

在很多回归分析的实际应用中，因变量与自变量之间的关系并不都是线性的，一般需要使用非线性回归分析。其中一些非线性回归分析可以通过变量代换，将其转化为线性回归，从而使用线性回归分析解决非线性回归问题。还有一些非线性回归分析无法通过数学变化进行转换，必须直接使用非线性分析方法解决。

线性和非线性回归分析都是使用最小二乘法进行回归分析，区别只是分析的问题中变量之间的关系呈线性的和非线性的。

非线性回归分析模型有多种，选择哪种模型解决实际问题，需要依靠专业知识和经验。其中常见的非线性回归分析模型有：指数曲线方程、对数曲线方程、幂函数曲线方程、抛物线曲线方程、双曲线方程、S 形曲线方程与 Logistic 曲线方程等。

1. 常见的非线性回归方程

常见的非线性回归方程如下。

(1) 指数函数：$y = ae^x$ 或 $y = ab^x$。

(2) 对数函数：$y = a + b\ln x$。

(3) 幂函数曲线方程 $y = ax^b$。

(4) 抛物线函数：$y = a + bx + cx^2$。

(5) 双曲线函数：$y = \dfrac{x}{a+bx}$ 或 $y = \dfrac{a+bx}{x}$ 或 $y = \dfrac{1}{a+bx}$。

(6) S 形曲线函数(又称 Logistic 函数)：$y = \dfrac{k}{1 + ae^{-bx}}$。

2. 非线性回归分析的步骤

(1) 选择非线性回归方程。通过研究变量之间的在实际问题中的背景关系，或通过散点图，选择适当的非线性回归方程。

(2) 非线性回归方程一般进行参数估计较为困难，因此，往往通过变量置换，将非线性回归转换为线性回归，利用线性回归方法进行参数估计。如式(7.8)为 S 形函数变换为线性方程的方法。

令
$$y' = \ln\left(\frac{k-y}{y}\right), a' = \ln a$$

则
$$y' = a' - bx \tag{7.8}$$

(3) 评估非线性模型。通过研究变量之间的背景关系，或通过散点图观察变量之间的非线性关系。往往会发现可能有几种接近的曲线关系同时存在，选择哪个非线性方程可能都能解决实际问题，但是哪个方程最优需要通过判定系数(r^2)进行最优拟合的判定。

3. 对数回归模型的应用

使用信用卡账单促销数据集进行多元线性回归分析，建立了一个自变量为 Credit Card Insurance 和 Sex，因变量为 Life Insurance Promotion 的多元线性回归方程，如式(7.9)所示。

$$\text{Life Insurance Promotion} = 0.5909\text{Credit Card Insurance} - 0.5455\text{Sex} + 0.7727 \tag{7.9}$$

这个回归方程中的因变量的取值为 Yes 和 No，对它们进行数值化变换为 0 和 1。式(7.9)中的线性方程在实际应用中，其因变量的值在[0,1]区间内变化，接近 0 的值，预测该客户将不接受寿险促销；接近 1 的值，认为他可能接受寿险促销。然而，式(7.9)不能表达因变量的值被限制在[0,1]区间内，因为线性回归分析所产生的是一条在正负方向上没有限制的拟合直线。希望通过线性回归方程直接观测到因变量的取值在[0,1]区间内，以表达解决因变量二元取值的问题，需要对线性模型进行变换，使之输出属性的值直接在方程中就被限制在[0,1]区间内。

对线性模型进行变换使其因变量取值限制在[0,1]区间内的方法有多种，这里仅讨论对数模型。

对数回归(Logistic Regression)是一种非线性回归技术。对数回归不是直接预测因变量的值，而是估计因变量取给定值的概率。它是对因变量发生某事件的条件概率进行建模，从

而预测因变量的线性函数，因其回归方程表达形式为线性的，所以又被称为广义线性回归模型中的一种。对数回归方程如下：

$$\ln\left[\frac{p(y=1\mid x)}{1-p(y=1\mid x)}\right] = ax + c \tag{7.10}$$

其中：$x = x_1, x_2, x_3, \cdots, x_n$。$ax + c = a_1 x_1 + a_2 x_2 + a_3 x_3 + \cdots + a_n x_n + c$。$p(y=1\mid x)$ 为条件概率 (Conditional Probability)，表示 y 取值为 1 的事件发生的条件频率，这个概率通常被转换为一个概率比 $p(y=1\mid x)/(1-p(y=1\mid x))$，并用对数表示，以避免预测概率值超出 [0,1] 区间。$\ln(p(y=1\mid x)/(1-p(y=1\mid x)))$ 通常写成 $\mathrm{logit}(p)$ 的形式。

对数回归模型的输出变量必须为二元分类类型变量，其数值化变换为 0 和 1 两个取值。对数回归分析计算出输入实例取 0 和 1 的概率，拟合这些概率的模型就是对数回归模型。其中通过变换，得出计算 $p(y=1\mid x)$ 条件概率的公式如式(7.11)所示，该函数又称为 Logistic 函数(S 型函数)。图 7.10 为该函数的图形表示，它是一条限制在 [0,1] 区间内的 S 形曲线。

$$p(y=1\mid x) = \frac{\mathrm{e}^{ax+c}}{1+\mathrm{e}^{ax+c}} \tag{7.11}$$

针对信用卡账单促销数据集的回归分析问题，设因变量 Life Insurance Promotion = YES 为 $y=1$ 事件，Life Insurance Promotion = NO 为 $y=0$ 事件，自变量选择 Credit Card Insurance、Sex 和 Age 三个属性。回归方程可写成式(7.12)的对数回归方程的形式。

$$\ln\left[\frac{p(y=1\mid x)}{1-p(y=1\mid x)}\right] = a_1 \times \text{Credit Card Insurance} + a_2 \times \text{Sex} + a_3 \times \text{Age} + c \tag{7.12}$$

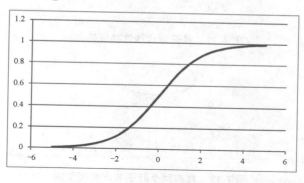

图 7.10　Logistic 函数

7.1.3　树回归

上述线性回归和非线性回归都是一种全局回归模型，是在进行回归分析之前，就设定了一个模型，拟合数据得出参数估计。然而，在解决实际问题时，现实问题可能会很复杂，不能直接判断出使用哪种模型，甚至不能判断出使用线性还是非线性模型。此时，采取一种称为树回归(Tree Regression)的回归分析方法可解决此类问题。它实际上是使用称之为回归树(Regression Tree)的决策树结构，通过构建决策节点把数据切分成区域，然后在局部区域内进行回归拟合。

回归树本质上就是一棵决策树，只是其叶节点是数值而不是分类类型值。一个叶节点的值是经过树到达叶节点的所有实例的输出属性的平均值。回归树中最著名的就是分类回归树(Classification And Regression Tree，CART)，它能够针对复杂的、非线性问题建模。CART 是根据数据特征进行二元划分来创建树。与决策树的划分度量使用信息量值，树的节点是离散阈值不同，CART 使用计算分割数据的方差作为度量，树的节点使用使得方差最小的那个连续特征值，即方差越小的那个节点越能表达那个特征的数据。

　　CART 的缺点是结果的解释困难。为此，回归树经常同线性回归方程结合起来形成模型树(Model Trees)。与回归树的不同之处是，模型树的叶节点表示的是一个分段的线性回归方程而不是一些特征的平均属性值。通过将线性回归与回归树相结合，使得达到准确结果所需要的树的层次更少了，所以能够简化回归树结构。图 7.11 给出了一个能够使用分段回归方程描述的问题。从图中明显看出有两条拟合直线，即以 x 坐标小于 5.0 和大于等于 5.0 分成的两个线段。此时，可以使用有两个叶子节点的模型树，如图 7.12 所示。每个节点为一个线性回归模型，来完成图 7.11 中的数据的线性拟合。

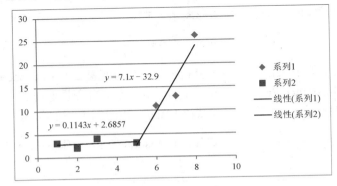

图 7.11　具有分段线性特征的数据

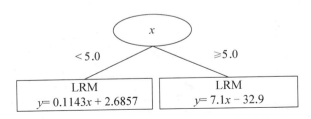

图 7.12　具有两个叶子节点的模型树

7.2　贝叶斯分析

　　贝叶斯分析(Bayesian Analysis)是一种参数估计方法。它将关于未知参数的先验信息与样本信息相结合，根据贝叶斯公式，得出后验信息，然后根据后验信息去推断未知参数。贝叶斯分析方法在决策支持、风险评估、模式识别等方面都得到了广泛的应用，被用来建立分类模型，就是著名的贝叶斯分类器。

　　贝叶斯分类器(Bayes Classifier)是一种简单，但功能强大的有指导分类技术。模型假定所有输入属性的重要性相等，且彼此是独立的。尽管这些假定很可能是假的，但贝叶斯分类器实际上仍然可以工作得很好。分类器是基于贝叶斯定理(Bayes Theorem)的，定义如下：

$$P(H \mid E) = \frac{P(E \mid H) \times P(H)}{P(E)}$$

(7.13)

其中：H 为要检验的假设；E 为与假设相关的数据样本。

从分类的角度考察式(7.13)，假设 H 就是因变量，代表着预测类；数据样本 E 是输入实例属性值的集合；$P(E \mid H)$ 是给定数据样本 E 时，假设 H 为真的条件概率；$P(H)$ 为先验概率(Priori Probability)，表示在任何数据样本 E 出现之前假设的概率。条件概率和先验概率可以通过训练数据计算出来。下面通过一个例子来了解贝叶斯分类器。

【例 7.4】 基于信用卡账单促销数据集(表 7.4 所示)，应用贝叶斯分类器，判断一个新实例的性别 Sex。该实例的输入属性值为 Magazine Promotion = Yes，Watch Promotion = Yes，Life Insurance Promotion = No 以及 Credit Card Insurance = No。

1. 使用贝叶斯定理解决例 7.4 中的问题

(1) 找出先验信息。要判断新实例的性别，则将 Sex 作为分类器的输出属性。表 7.5 依据表 7.4，通过类实例个数与实例总数之比，计算出每个输入属性的输出属性值的分布。

(2) 确定要检验的假设。本例中要检验的假设 H 有两个：客户 Sex 为 Male；客户 Sex 为 Female。要判断新客户的性别 Sex，即比较两个概率值 $P(\text{Sex} = \text{Male} \mid E)$ 和 $P(\text{Sex} = \text{Female} \mid E)$ 的大小，概率值大的，其假设 H 成立。

(3) 要计算 $P(\text{Sex} = \text{Male} \mid E)$ 和 $P(\text{Sex} = \text{Female} \mid E)$ 两个概率值，必须首先计算贝叶斯公式(式(7.13))中的条件概率 $P(E \mid H)$、先验概率 $P(H)$ 和 $P(E)$，即计算 $P(E \mid \text{Sex} = \text{Male})$、$P(E \mid \text{Sex} = \text{Female})$、$P(\text{Sex} = \text{Male})$、$P(\text{Sex} = \text{Female})$ 和 Sex=Male 及 Sex=Female 的样本数据出现的概率 $P(E)$。其中，可认为样本集中男女客户实例出现的比例是相同的，则两个 $P(E)$ 值是相等的。下面计算其他 4 个概率值。

表 7.4 用于贝叶斯分类器的数据集

Magazine Promotion	Watch Promotion	Life Insurance Promotion	Credit Card Insurance	Sex
Yes	No	No	No	Male
Yes	Yes	Yes	Yes	Female
No	No	No	No	Male
Yes	Yes	Yes	Yes	Male
Yes	No	Yes	No	Female
No	No	No	No	Female
Yes	Yes	Yes	Yes	Male
No	No	No	No	Male
Yes	No	No	No	Male
Yes	Yes	Yes	No	Female

表 7.5　属性 Sex 的计数和概率

Sex	Magazine Promotion		Watch Promotion		Life Insurance Promotion		Credit Card Insurance	
	Male	Female	Male	Female	Male	Female	Male	Female
Yes	4	3	2	2	2	3	2	1
No	2	1	4	2	4	1	4	3
概率：yes/total	4/6	3/4	2/6	2/4	2/6	3/4	2/6	1/4
概率：no/total	2/6	1/4	4/6	2/4	4/6	1/4	4/6	3/4

① 计算 $P(E \mid Sex = Male)$ 和 $P(Sex = Male)$

将每条数据样本的条件概率值连乘，计算 $P(E \mid Sex = Male)$概率值(前提是，假设数据样本是独立)。其中每条数据样本的条件概率值为

$P(Magazine\ Promotion = YES \mid Sex = Male) = 4/6$

$P(Watch\ Promotion = YES \mid Sex = Male) = 2/6$

$P(Life\ Insurance\ Promotion = NO \mid Sex = Male) = 4/6$

$P(Credit\ Card\ Insurance = NO \mid Sex = Male) = 4/6$

则总的条件概率为

$P(E \mid Sex = Male) = (4/6)(2/6)(4/6)(4/6)= 8/81$

现在计算先验概率 $P(Sex = Male)$。因为这个概率是在不知道实例以前是否参加促销的的情况下男性客户的概率，先验概率可以简单地认为是总体中男性所占的比例，即：

$P(Sex = Male)= 6/10=3/5$

② 计算 $P(E \mid Sex = Female)$和 $P(Sex = Female)$

将每条数据样本的条件概率值连乘，计算 $P(E \mid Sex = Female)$概率值(前提是，假设数据样本是独立)。其中每条数据样本的条件概率值为

$P(Magazine\ Promotion = YES \mid Sex = Female) = 3/4$

$P(Watch\ Promotion = YES \mid Sex = Female) = 2/4$

$P(Life\ Insurance\ Promotion = NO \mid Sex = Female) = 1/4$

$P(Credit\ Card\ Insurance = NO \mid Sex = Female) = 3/4$

则总的条件概率为

$P(E \mid Sex = Female) = (3/4)(2/4)(1/4)(3/4)= 9/128$

现在计算先验概率 $P(Sex = Female)$。因为在数据集中有 4 位女性，则：

$P(Sex = Female) = 4/10 = 2/5$

(4) 根据贝叶斯公式计算两个 $P(H \mid E)$，即 $P(Sex = Male \mid E)$和 $P(Sex = Female \mid E)$，比较两个概率值，概率值较大的假设 H 成立。

$P(Sex = Male \mid E) = (8/81)(3/5)/P(E) \approx 0.0593/P(E)$

$P(Sex = Female \mid E) = (9/128)(2/5)/P(E) \approx 0.0281 /P(E)$

在 $P(E)$的值相同的情况下，因为 0.0593 > 0.0281，则贝叶斯分类器得出的结论是——新实例的 Sex 最可能为 Male。

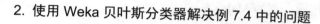

2. 使用 Weka 贝叶斯分类器解决例 7.4 中的问题

（1）准备数据。将表 7.4 中的数据保存到一个"例 7.4.csv"文件中，并将新实例(其中 Sex 属性值为空)添加到该文件的最后，并另存为"例 7.4-test.csv"文件。并分别加载到 Weka 中，分别另存为"例 7.4.arrf"和"例 7.4-test.arrf"文件。再使用文本编辑器打开"例 7.4-test.arrf"文件，删除除新实例外的其他实例。注意，不能破坏.arrf 文件的格式头。这样做的目的是希望训练数据集和检验数据集的文件格式头相同。

（2）加载训练数据，选择 bayes 分类器下的 NaiveBayes(朴素贝叶斯分类器)选项，如图 7.13 所示。

（3）设置检验集为 Supplies test set，加载"例 7.4-test.arrf"文件为检验集，设置输出属性的 Sex，选中 Classifier Evaluation Options 对话框中的 Output Predictions 复选框。

（4）执行训练，并预测新实例，输出结果如图 7.14 所示。

图 7.13　选择 NaiveBayes 分类器

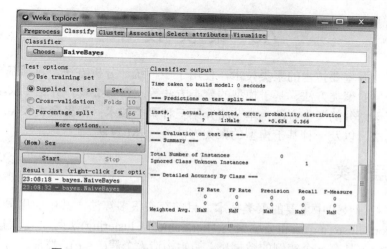

图 7.14　NaiveBayes 分类器预测未知实例的输出结果

两次预测新实例的 Sex 值结论相同，都为 Male。

3. 贝叶斯分类器存在的问题

1) 概率为 0 问题

贝叶斯分类器中存在着一个重要问题就是若某个属性值的个数为 0，则会造成计算每条样本数据的条件概率的连乘作为总的条件概率时，条件概率为 0。如例 7.4 中，假设 Credit Card Insurance 的值为 NO 的女性人数为 0，则 $P(Credit\ Card\ Insurance = NO\ |\ Sex = Female) = 0/4=0$，继而 $P(E|\ Sex = Female) = 0$，而 $P(E|\ Sex = Female)$ 作为计算 $P(Sex = Female\ |\ E)$ 的分母，为 0 造成计算错误。

解决此问题的办法是：为每个要计算的比率的分子和分母添加一个小常数 k。因而计算比率的分式 n/d 变成：

$$\frac{n + (k)(p)}{d + k} \tag{7.14}$$

其中：k 是 0 到 1 之间的值(通常为 1)；p 为属性可能值总数的等分。如果属性有两个可能值，则 p 为 0.5。

使用这种方法重新计算前面的条件概率 $P(E\ |\ Sex = Female)$。$k=1$，$p=0.5$，Sex=Female 的条件概率为

$$P(E|\ Sex\ =\ Female\ ) = \frac{(3+0.5)(2+0.5)(1+0.5)(3+0.5)}{(4+1)(4+1)(4+1)(4+1)} \approx 0.0735$$

2) 缺失数据问题

当要预测的未知实例的某个输入属性值缺失时，如例 7.4 中的新实例，其中缺失了 Watch Promotion 属性值，即 Magazine Promotion = Yes，Watch Promotion = Unknown，Life Insurance Promotion = No，Credit Card Insurance = No，判断该客户的性别 Sex 值，只需在计算 $P(\ E\ |\ Sex = Male\ )$ 和 $P(\ E\ |\ Sex = Female\ )$ 两个条件概率时，都简单地忽略此属性出现的条件概率值即可，即将此属性概率值当作 1.0。尽管这样做导致两个条件概率的值增大了，但因为是同时受到相同影响，从而不会影响最终判断。

7.3　聚　类　技　术

作为数据挖掘重要技术的聚类技术，使用了多种统计分析方法，包括基于划分的聚类方法、基于分层的聚类方法、基于模型的聚类方法等。在第 2 章，介绍了 K-means 算法，它是著名的基于划分的聚类方法。本节将介绍三种聚类技术：凝聚聚类和 Cobweb 两种概念分层聚类算法，以及一种基于模型的聚类方法——EM 算法。

7.3.1　分层聚类

作为数据挖掘技术中重要的聚类技术，目前存在很多算法，其中应用最为广泛的是划分聚类(Partition Clustering)法和分层聚类(Hierarchical Clustering)法两大类。划分聚类法的主要思想是：对一个具有 n 个实例的数据集，初始构造 k 个簇($k < n$)，然后通过反复迭代调整 k 个簇的成员，最终直到每个簇的成员稳定为止。第 2 章中的 K-means 算法就是一种被普

遍使用的划分聚类方法。分层聚类是按照对数据实例集合进行层次分解。根据分层分解采用的策略不同，分层聚类法又可以分为凝聚聚类(Agglomerative Clustering)和分裂聚类(Divisive Clustering)。

凝聚分层聚类采用自底向上策略。首先将每个对象作为一个簇，根据某种相似度度量方法对这些簇进行合并，直到所有实例都被分别聚类到某一个簇中，或满足某个终止条件时为止。绝大多数分层聚类算法属于凝聚聚类方法，这些算法的区别一般是在簇之间的相似度度量方法上有所不同。

分裂分层聚类采用自顶向下策略(与凝聚分层聚类相反的策略)。首先将所有的数据实例放在一个簇中，再根据某种相似度度量方法逐步将其细分为较小的簇，直到达到希望个数的簇，或每个数据实例自成一个簇，或两个最接近簇之间的距离大于某个阈值。

1. 凝聚聚类

凝聚聚类(Agglomerative Clustering)是一种很受欢迎的无指导聚类技术。与 K-means 算法需要在聚类前确定所形成簇的个数不同，凝聚聚类在开始时假定每个数据实例代表它自己的类。算法步骤如下。

(1) 开始时，将每个数据实例放在不同的分类中。

(2) 直到所有实例都成为某个簇的一部分。

① 确定两个最相似簇。

② 将在①中选中的簇合并为一个簇。

(3) 选择一个由步骤(2)迭代形成的簇作为最后结果。

下面举例说明凝聚聚类的执行过程。

【例 7.5】 对于表 7.6 所示的信用卡账单促销数据集(部分)，使用凝聚聚类技术，将实例聚类在合适的簇中。

(1) 第一次迭代，计算两个实例之间的相似度值。

计算实例间相似性值的方法有多种。通过式(7.15)计算的相似性值显示在图 7.15 中。

表 7.6　信用卡账单促销数据集

Instance Range	Income	Magazine Promotion	Watch Promotion	Life Insurance	Sex
11	40-50K	Yes	No	No	Male
12	25-35K	Yes	Yes	Yes	Female
13	40-50K	No	No	No	Male
14	25-35K	Yes	Yes	Yes	Male
15	50-60K	Yes	No	Yes	Female

$$\text{相似性值}(I_i, I_j) = \frac{I_i \text{和} I_j \text{两个实例值相同的属性个数}}{\text{比较的属性个数}} \qquad (7.15)$$

相似性值(I_1, I_1) = 1.0
相似性值(I_2, I_1) = 0.2, 相似性值(I_2, I_2) = 1.0
相似性值(I_3, I_1) = 0.8, 相似性值(I_3, I_2) = 0.0, 相似性值(I_3, I_3) = 1.0
相似性值(I_4, I_1) = 0.4, 相似性值(I_4, I_2) = 0.8, 相似性值(I_4, I_3) = 0.2, 相似性值(I_4, I_4) = 1.0
相似性值(I_5, I_1) = 0.4, 相似性值(I_5, I_2) = 0.6, 相似性值(I_5, I_3) = 0.2, 相似性值(I_5, I_4) = 0.4, 相似性值(I_5, I_5) = 1.0

图 7.15 第一次迭代实例间相似性值

(2) 第一次迭代，合并两个最相似的实例到一个簇中。

从图 7.15 中可以看到 I_3 与 I_1、I_4 与 I_2 两对实例显示出最高的相似值 0.8，可以选择其中一对进行合并。至此，第一次迭代后，产生了三个单实例的簇(I_2)、(I_4)、(I_5)和一个具有双实例的簇(I_3, I_1)。

(3) 第二迭代，计算两个簇之间的相似度值。

计算两个簇之间的相似度值的方法有多种。图 7.16 给出的是通过计算两个簇中所有实例平均相似度得到的簇之间的相似度。如，簇(I_1, I_3)与簇(I_4)的相似度值为 7/15=0.47。

相似性值((I_1, I_3), (I_1, I_3)) = 0.8
相似性值(I_2, (I_1, I_3)) = 0.33, 相似性值((I_2), (I_2)) = 1.0
相似性值(I_4, (I_1, I_3)) = 0.47, 相似性值((I_4), (I_2)) = 0.8, 相似性值((I_4), (I_4)) = 1.0
相似性值(I_5, (I_1, I_3)) = 0.47, 相似性值((I_5), (I_2)) = 0.6, 相似性值((I_5), (I_4)) = 0.4, 相似性值((I_5), (I_5)) = 1.0

图 7.16 第二次迭代簇间相似性

(4) 第二次迭代，合并 I_2 与 I_4。

产生两个双实例簇(I_2, I_4)、(I_1, I_3)和一个单实例簇(I_5)。继续簇的合并过程直到所有实例合并到一个簇中。

(5) 确定最后的簇。

可以使用多种统计方法，如启发式技术。以下是三种常用的启发式技术。

(1) 使用合并簇时使用的相似度度量方法，将各个簇内平均相似度与数据集中所有实例的总相似度(称为域相似度)进行比较。若各个簇的平均相似度比域相似度高，即确定该聚类算法是有用的。应用这种启发式技术，可能导致多个簇表现出较好的质量(簇内平均相似度值大于域相似度)，故该技术一般用于淘汰簇而不是选择最后的簇。

(2) 将每个簇内的平均相似度与每个簇间的相似度进行比较。类内部相似度值大于簇间的相似度值的簇被认为是质量较好的簇。这种技术同样还导致多个簇表现出较好的质量，故该技术也是用来淘汰簇而不是用于选择最后的簇。

(3) 结合前两种技术，淘汰一些簇后，将每个保留下来的簇提交给规则生成器，检查这些规则集，选择其中定义最明确的簇作为最后的结果。

当输入属性值为实数时，常用简单欧氏距离进行实例之间、簇之间的相似性度量。

凝聚聚类一般不独立使用，经常是作为其他聚类技术的预处理技术。比较著名的应用是在 K-means 算法开始前，进行凝聚聚类确定初始簇的个数，而不是如一般做法随机或任意选择簇的个数。K-means 算法中初始簇的个数的选择对最后聚类效果的影响是显著的，因此，预先应用凝聚聚类技术进行初始的簇的个数的选择，对提高 K-means 算法执行的质量有重要作用。

【例 7.6】　对于 CreditCardPromotion 信用卡账单促销数据集，使用 Weka 进行分层聚类，查看分层结果。

(1) 加载 CreditCardPromotion.csv 数据集，切换到 Cluster 选项卡，单击 Choose 按钮，在打开的算法选择对话框中，选择 HierarchicalClusterer 聚类算法，如图 7.17 所示。

(2) 设置相似度度量方法。单击 Choose 按钮后面的算法文本框，在设置算法属性对话框中，设置距离函数 distanceFunction 为欧氏距离 EuclideanDistance，单击 OK 按钮确定。

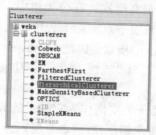

图 7.17　选择聚类算法为分层聚类

(3) 在 Cluster mode 面板中选择 Use training set 选项，单击 Start 按钮执行挖掘，结果如图 7.18 所示。观察结果，产生两个簇，一个具有 14 个实例，另一个为单实例簇。要想更为直观地查看分层过程，可在 Result list(right-click for options)列表中选择本次训练条目，右击，从弹出的快捷菜单中选择 Visualize tree 命令，打开分层聚类树，如图 7.19 所示。

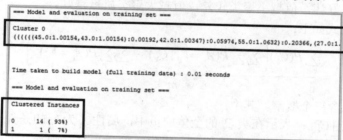

图 7.18　分层聚类结果

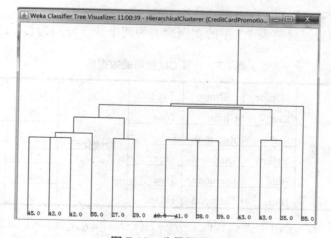

图 7.19　分层聚类树

2. Cobweb 分层聚类算法

Cobweb 算法是一种增量式分层聚类算法。Cobweb 使用分类树对实例数据进行分类，分类树的构造过程是一种概念分层的过程，这个过程称为概念聚类。

概念聚类(Conceptual Clustering)是一种无指导聚类技术，它结合增量学习(Incremental Learning)构造概念分层。概念分层(Concept Hierarchy)是一种树结构形式，其根节点包含所有域实例的汇总信息，是概念的最高层次。在分类树中，除了叶节点，其他节点都称为树的基层节点(Basic-Level Nodes)。基层节点实际上表达了人类对概念层次的划分。在 Cobweb 中，使用评价函数来度量概念层次的质量。因此，Cobweb 是一种在概念分层上储存知识的概念聚类模型，它接受的实例格式为"属性-值"，并且属性值必须是分类类型的。下面是标准的 Cobweb 概念聚类算法。

(1) 建立一个类(簇)，使用第一个实例作为它唯一的成员。

(2) 对于每个剩余实例，在每个树层次(概念分层)上，用一个评价函数决定选择以下两个动作之一执行。

- 将新实例放到一个已存在的簇中。

- 创建一个只具有这个新实例的新概念簇。

在 Cobweb 中，评价函数(Evaluation Function)是一种对概念分类质量测量的指标，Cobweb 算法使用了一种启发式评价方法——分类效用(Category Utility，CU)来指导分类。CU 定义了聚类的好坏，值越小聚类较差，值越大聚类质量越好。

CU 的计算公式如下：

$$CU = \frac{\sum_{k=1}^{m} P(C_k)\left(\sum_i \sum_j P(A_i = V_{ij} \mid C_k)^2 - \sum_i \sum_j P(A_i = V_{ij})^2\right)}{m} \tag{7.16}$$

式(7.16)中包含三个概率。其中：

(1) $P(A_i = V_{ij} \mid C_k)$：表示在类 C_k 的全体成员中，属性 A_i 为 V_{ij} 的条件概率。

(2) $P(A_i = V_{ij})$：表示在整个数据集中，属性 A_i 取值为 V_{ij} 的概率。

(3) $P(C_k)$：表示每个类 C_k 的概率。

下面用一个例子来说明 CU 方程的计算方法。

【例 7.7】 假设已经将表 7.7 中的实例聚类为两个簇，分别为 C_1、C_2，计算 CU 值。

表 7.7 计算 CU 使用的数据集

Instance		Color	Shape	TypeID		Color	Shape	TypeID
i_1	数值化前	Red	Circle	True	数值化后	0	0	1
i_2		Red	Rectangle	False		0	2	0
i_3		Yellow	Diamond	True		1	1	1
i_4		Blue	Diamond	True		2	1	1
i_5		Blue	Diamond	False		2	1	0

假设聚类结果分为了两个类 C_1 和 C_2，分别为 (i_1, i_2) 和 (i_3, i_4, i_5)。下面按步骤计算 CU 值，

从而评价该聚类的质量。

(1) 计算 $P(C_k)$ 。

数据集共有 5 个实例，而 C_1 和 C_2 分别有两个实例和 3 个实例，则 $P(C_1) = 2/5 = 0.4$ ，$P(C_2) = 3/5 = 0.6$ 。

(2) 计算 $\sum_i \sum_j P(A_i = V_{ij})^2$ 。

这个二重求和被称为无条件概率求和项(Unconditional Probability Sum)。计算数据集中每个属性的每个取值的概率值，求其平方和，结果如表 7.8 所示。

表 7.8　CU 方程中的无条件概率值和条件概率值的计算结果

属性值	整个数据集	C_1	C_2
	无条件概率值	条件概率值	
Red	$(2/5)^2 = 0.1600$	$(2/2)^2 = 1.0000$	$(0/3)^2 = 0.0000$
Yellow	$(1/5)^2 = 0.0400$	$(0/2)^2 = 0.0000$	$(1/3)^2 = 0.1111$
Blue	$(2/5)^2 = 0.1600$	$(0/2)^2 = 0.0000$	$(2/3)^2 = 0.4444$
Circle	$(1/5)^2 = 0.0400$	$(1/2)^2 = 0.2500$	$(0/3)^2 = 0.0000$
Diamond	$(3/5)^2 = 0.3600$	$(0/2)^2 = 0.0000$	$(3/3)^2 = 1.0000$
Rectangle	$(1/5)^2 = 0.0400$	$(1/2)^2 = 0.2500$	$(0/3)^2 = 0.0000$
False	$(2/5)^2 = 0.1600$	$(1/2)^2 = 0.2500$	$(1/3)^2 = 0.1111$
True	$(3/5)^2 = 0.3600$	$(1/2)^2 = 0.2500$	$(2/3)^2 = 0.4444$
求和项	Unconditional Probability Sum=1.3200	Unconditional Probability sum ($k=1$)= 2.0000	Unconditional Probability sum ($k=2$)= 2.1111

(3) 计算 $\sum_i \sum_j P(A_i = V_{ij} \mid C_k)^2$ 。

这个二重求和项被称为条件概率求和项(Conditional Probability Sum)。计算每个属性值分别出现在 C_1 和 C_2 中的条件概率，求其平方和，结果如表 7.8 所示。

(4) 计算 CU。

根据式(7.16)计算这个分类的分类效用 CU 值。

$$CU = \frac{0.4(2 - 1.32) + 0.6(2.1 - 1.32)}{2} = 0.37$$

为了说明 Cobweb 模型进行概念分层的过程，使用 Weka 建立概念分类树。

【例 7.8】　根据表 7.7 中的实例集，使用 Weka 进行 Cobweb 聚类，建立概念分层树。参见图 7.20 所示的 Cobweb 使用表 7.7 中的数据集建立概念分层。分层步骤如下。

(1) 加载表 7.7 中的数据集，切换到 Cluster 选项卡，单击 Choose 按钮，选择聚类算法为 Cobweb，如图 7.20 所示。

(2) 其他参数保持默认，单击 Start 按钮开始聚类，输出结果如图 7.21 所示，打开分类树，如图 7.22 所示。观察该树，根节点将所有 5 个实例聚类在一起，是所有概念类的综合。树的第二层为第一层概念层，有 3 个叶节点和一个基层节点。新实例在加入概念层时，评价函数有四种选择。

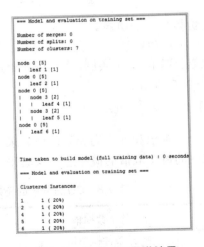

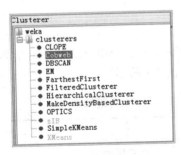

图 7.20　在 Weka 中选择 Cobweb 聚类算法　　　　**图 7.21　Cobweb 聚类结果**

①　若新实例与该层已经存在的类中的实例充分相似，其被合并到该节点中，并且该实例沿着这条路径进入分层的第二层。

②　若评价函数认为新实例是唯一的可以建立概念节点的节点，则其成为该层的叶节点，即概念节点。

③　若两个节点的相似度很高，可将它们合并为一个基层节点，并将新实例再次提供给概念层以更改分层。

④　同样地，若两个节点的相似度很高，可将其中一个已经聚类到概念分层中的节点分解出来，并将该实例在此提供给概念层以更改分层。

后两种选择有助于更改由偏斜的实例造成的非理想分层。最后在概念树的每个层上继续这个过程直到所有新节点都成为叶节点，概念分层树建立完毕。

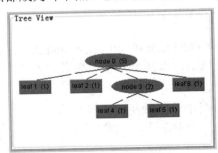

图 7.22　Cobweb 聚类算法创建的概念分层树

Cobweb 算法能够自动调整类(簇)的个数，不会因为随机选择分类个数的不合理性，造成聚类结果的不理想。但是 Cobweb 算法中的两种操作选择，对于实例的顺序是敏感的，故为了降低这种敏感性，算法引入了两种附加操作——合并和分解(见例 7.8 步骤(2)③、④)。

同时，在应用 Cobweb 算法时需要考虑其局限性。主要缺点有以下三点。

(1) Cobweb 算法假设每个属性的概率分布是彼此独立的(见式(7.16)和例 7.7)，但实际应用中，属性间经常是相关的，所以这个假设不总是成立的。

(2) 类(簇)的概率分布的表示、更新和存储的复杂程度，取决于每个属性取值的个数，当属性有大量的取值时，算法的时间和空间复杂度会有相当大的提高。

(3) 偏斜的实例数据会造成概念分层树的高度不平衡，也会导致时间和空间复杂度的剧烈变化。

7.3.2　基于模型的聚类

基于模型的聚类方法(Model-based Clustering)是为每个分类(簇)假设一个模型，再去发现符合模型的数据实例，使得实例数据与某个模型达成最佳拟合。它可以通过建立反映实例数据空间分布的密度函数来定义簇的特征，还可以通过统计数字确定簇的个数、噪声数据和孤立点，使得该聚类方法具有一定的健壮性，所以应用非常广泛。

为每个簇假设一个数学上的参数分布模型，如高斯分布(Gaussian Distribution)或泊松分布(Poisson Distribution)，整个数据集则成为一个这些分布的混合分布模型，每个分类的单个分布被称为成分分布(Component Distribution)。因为每个成分分布都是数据分布的最佳拟合，则混合模型能够很好地表达整个数据的分布。其中一个混合(Mixture)是一组 n 元概率分布，其每个分布代表一个簇。混合模型为每个数据实例指定一个概率，假定这个实例是某个簇的成员，则它具有一组特定的属性值。混合模型假定所有属性是独立自由变量。

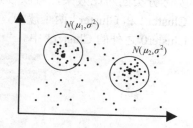

基于模型的聚类方法中，使用最广泛的是高斯混合模型。该模型把分类(簇)看成以重心为中心的高斯分布，如图 7.23 所示，其中圆圈部分表示分布的主体，μ 为所给属性的均值，σ 为属性的标准差值。

图 7.23　高斯混合模型聚类示意图

EM(Expectation-Maximization)算法是一种采用有限高斯混合模型的统计技术，统计学中用于在依赖于无法观测的隐性变量(Latent Variable)的概率模型中，对参数进行最大似然估计。假设整个数据集服从高斯混合分布，待聚类的数据实例看成是分布的采样点，通过采样点利用极大似然估计方法估计高斯分布的参数。求出参数即得出了实例数据对分类的隶属函数。

EM 算法与 K-means 算法相似，都是迭代地进行参数估计直到得到一个期望的收敛值。下面在最简单的情况下，给出 EM 算法的一般过程。假设概率分布是正态的，分类(簇)个数为 2，数据实例由单个实值属性组成，算法的任务是对 5 个参数值进行估计，分别是两个分类的均值 μ、标准差 σ，一个分类的样本概率 P(另一个的概率为 $1-P$)。

EM 算法的一般过程如下。

(1) 估计 5 个参数的初始值。

(2) 直到满足某个终止标准。

① 使用如式(7.17)所示的正态分布的概率密度函数计算每个实例的分类概率，在双分类的情况下，有两个概率分布公式，每个都拥有不同的均值和标准差值。

② 使用步骤(2)①中每个实例的概率值重新对 5 个参数进行重新估值。

$$f(x) = 1/(\sigma\sqrt{2\pi})\mathrm{e}^{-(x-\mu)^2/(2\sigma^2)}$$

(7.17)

其中：e 为指数；μ 为所给数值属性的均值；σ 为属性的标准差值；x 为属性值。

算法的终止条件是度量聚类质量的值不再显著增大，使用来自聚类所确定的分类(簇)的可能性值来度量聚类的质量，值越高表示聚类越理想。

下面在 Weka 中使用 EM 算法，对 iris 数据集进行聚类分析。

【例 7.9】使用 iris 数据集，在 Weka 中使用 EM 算法进行聚类，并解释聚类结果。

(1) 在 Weka 中加载 iris.arff 数据集，切换到 Cluster 选项卡，单击 Choose 按钮，选择聚类算法为 EM，如图 7.24 所示。

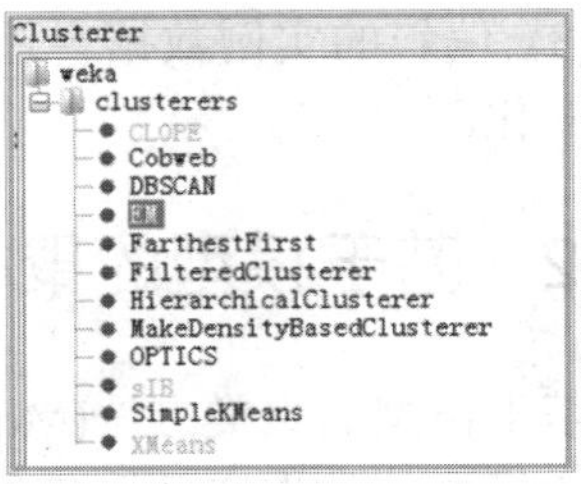

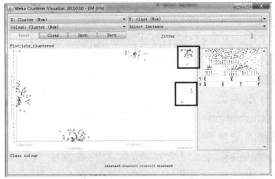

图 7.24　在 Weka 中选择 EM 聚类算法

(2) 其他参数保持默认，单击 Start 按钮开始聚类，输出结果如图 7.25 所示。观察输出结果，iris 数据集中的实例被聚类到 4 个簇(分类)中，与实际鸢尾花分为 3 类不一致。在 Result list 窗格的本次挖掘会话条目上右击鼠标，从弹出的快捷菜单中选择 Visual cluster assignment 命令，打开如图 7.26 所示的可视化窗口。在该窗口中设置 *X* 坐标显示 Cluster(簇)，*Y* 坐标显示 Class(实际分类)。图中显示出聚类和实际分类的对比效果，可以看到其中本应全部属于 Iris-virginica 类中的实例，被聚类到了 Cluster2 和 Cluster3 两个簇中，本应全部属于 Iris-versicolor 类中的实例，有几个被聚类到了 Cluster0 之外的 Cluster3 中。

图 7.25　EM 聚类结果

```
Clusterer output

                          Cluster
Attribute                       0        1        2        3
                           (0.32)   (0.33)    (0.2)   (0.14)
=============================================================
sepallength
  mean                      5.897    5.006   6.9426   6.1304
  std. dev.                0.5279   0.3489    0.498   0.2943

sepalwidth
  mean                     2.7519    3.418   3.1103   2.8088
  std. dev.                0.3103   0.3772   0.2952   0.2361

petallength
  mean                     4.2267    1.464   5.8559   5.0993
  std. dev.                 0.445   0.1718   0.4626   0.2462

petalwidth
  mean                     1.3134    0.244   2.1495   1.8254
  std. dev.                0.1864   0.1061    0.232   0.2152

class
  Iris-setosa                   1       51        1        1
  Iris-versicolor         48.1125        1   1.0182   3.8693
  Iris-virginica           2.0983        1  31.0375  19.8641
  [total]                 51.2108       53  33.0557  24.7335


Time taken to build model (full training data) : 2.39 seconds

=== Model and evaluation on training set ===

Clustered Instances

0       48 ( 32%)
1       50 ( 33%)
2       29 ( 19%)
3       23 ( 15%)        Log likelihood: -2.03504
```

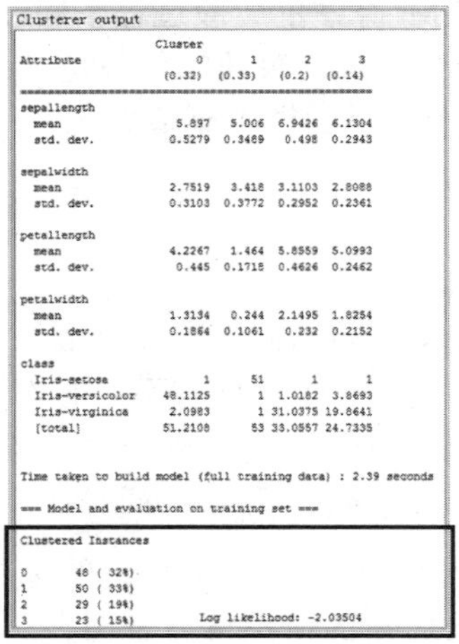

图 7.26　iris 数据集 EM 聚类的可视化结果

EM 算法实现了一个一定收敛于最大的可能性值的统计模型。然而，最大化可能不是全局的。因此，要达到最佳的结果，可以多次应用算法。同时，由于 EM 算法所选择的初始的均值和标准差值影响着最后的结果，所以可以在算法开始时，使用如凝聚聚类等技术，计算出簇的初始均值和标准差，EM 算法使用这个均值和标准差作为初始参数进行聚类分析。

聚类最大的问题是对所发现内容缺乏解释，EM 算法也不例外，所以像其他聚类技术一样，可以使用一个有指导模型来分析聚类的结果。

7.4 数据挖掘中的统计技术与机器学习技术

数据挖掘在统计领域和人工智能(AI)领域，如机器学习中都有自己的一套规则和技术，数据挖掘中的统计技术与机器学习技术在如下几个方面有所不同。

(1) 一般来说，统计技术假设数据的基本分布，常做的假设是数据是正态分布的。而统计技术在数据挖掘中的应用可靠性依赖于对数据集所做的基本假设是否有效。反之，机器学习技术对于要处理的数据没有进行假定。

(2) 机器学习技术倾向于用人可理解的风格来决定知识结构。机器学习方法如决策树和产生式规则包含的知识是容易解释的，即便是神经网络，尽管对所学知识的解释能力不强，但它实际上也是基于人脑的简单模型。而许多统计技术的输出是数学方程，它的含义解释起来可能很困难。

(3) 机器学习技术能够较好地处理缺失数据和噪声数据。在噪声环境下，神经网络在建立模型方面是特别优秀的。而统计技术通常需要消除有噪声的数据实例。

(4) 大多数机器学习技术能够解释它们的行为，而统计技术不能。神经网络是个例外，它们不能以一种人所理解的形式指出所学习的内容。

(5) 统计技术能够处理小型或大小适度的数据集，而在处理大型数据集上存在问题。这是因为较大的数据集更可能包含噪声。而且，许多统计方法试图以线性方式来建立数据模型，当一个数据集的大小增加时，建立一个准确的线性模型是不可能的。

(6) 统计技术和机器学习方法在建模速度上没有本质区别，计算复杂性仅仅依赖于采用的技术本身，具体是统计技术还是机器学习方法没有关系。

(7) 使用统计检验来评估数据挖掘的输出结果，与建模技术本身无关，不管是应用统计技术还是机器学习方法，所建模型都可以利用统计技术加以检验。

本 章 小 结

本章内容概述如图 7.27 所示。

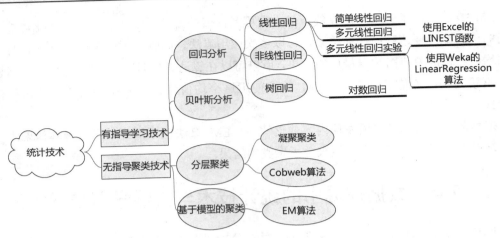

图 7.27　第 7 章内容导图

数据挖掘中的统计技术包括有指导的分类技术和无指导的聚类技术。有指导的分类技术中最常用的、用于估计和预测问题的是回归分析技术。线性回归是以一个或多个自变量的线性组合来表达一个因变量的变化，在因变量和自变量之间的关系接近于线性时，线性回归是一种合适的数据挖掘策略。Microsoft Excel 的 LINEST 函数和 Weka 中的 Linear Regression 算法都能够很容易地进行多元线性回归建模。

在实际应用中，多数问题是非线性的，即因变量和自变量之间不存在线性关系，此时需要根据数据背景的研究结果和散点图中数据的分布，选择一种或多种曲线方程来拟合数据的分布。但是曲线方程的参数估计是一件困难的事，往往通过变量置换，将非线性方程转换为线性方程，再进行参数估计。

对数回归模型是一种常用的非线性回归方程。对数回归模型的一个应用就是在因变量为二元输出时对因变量值的约束。对数回归方程将因变量的输出与每个数据实例的条件概率值关联起来。

对于实际应用中更为复杂的问题，可以通过树回归方法进行数据分段拟合，解决不能使用一个模型进行全局拟合的问题。树回归分为回归树和模型树，两者的区别在于叶节点是经过树到达该节点的所有实例的输出属性的平均值，还是一个分段的线性回归模型。

贝叶斯分类器是一种简单而功能强大的有指导分类技术。模型假设所有输入属性具有相等的重要性且相互独立。这种假设很可能不成立，但即便如此，贝叶斯分类器在实际应用中仍然工作良好。贝叶斯分类器可以应用在具有分类类型和数值类型数据的数据集中，以及应用在包含大量缺失数据的数据集中，这是它相比很多统计分类器所具有的优势。

基于分层的聚类技术中常用的是凝聚聚类和概念分层聚类。凝聚聚类开始时假设每个数据实例代表它自己的簇，算法的每次迭代都合并最相似的一对簇，最后将所有数据实例都聚类在一个簇中。计算实例的相似度和簇相似度，以及簇合并方法有多种方法，使用简单欧氏距离是常用的方法。凝聚聚类往往作为其他聚类技术应用的预处理技术，用来确定初始簇的个数、计算初始属性均值和标准差。

概念分层聚类技术中的 Cobweb 算法是一种增量学习算法，它通过概念分层分类树来建模。

　　基于模型的聚类技术为每个数据实例指定一个概率，该概率是构成某个簇的一组特定属性值。EM(Expectation-Maximization)算法利用有限高斯混合模型，在假设所有属性是独立自由变量的前提下，迭代计算一组参数，直到达到一个期望的收敛值，进行参数估计。

习　　题

1. 表7.9为某个家庭从2004年以来的年均收入情况，收入单位为千元。

表7.9　家庭年均收入表

No.	Year	Income
1	2004	23.1
2	2005	34.3
3	2006	18.9
4	2007	35.7
5	2008	56.8
6	2009	100.4
7	2010	130.3
8	2011	98.5
9	2012	140.3
10	2013	135.7

　　(1) 画出表7.9的散点图，将Year作为x轴，income作为y轴，观察该图，Year和Income之间是否呈线性关系？

　　(2) 使用MS Excel的LINEST函数建立简单线性回归方程，预测这个家庭未来的收入。

　　2. 使用第2章表2.1中假想的打篮球数据集，建立贝叶斯分类器，确定下面实例的Play值。

Weather = Sunny

Temperature = 20～30

Courses = 4

Partner = No

Play = ?

假设Partner未知，Play的值又如何？

　　3. 对表7.10中的数据实例，使用凝聚聚类技术，将实例聚类在合适的簇中。

表7.10　一个假想的打篮球数据集(部分)

Weather	Temperature/℃	Courses	partner	Play
Sunny	20～30	8	Yes	Yes
Rain	20～30	8	No	No
Sunny	0～10	2	Yes	Yes
Rain	20～30	2	Yes	Yes

Weather	Temperature/℃	Courses	Partner	Play
Sunny	10~20	8	Yes	No
Rain	0~10	2	Yes	No

4. 假设已经将表 7.11 中的实例聚类为两个簇，分别为 C_1 和 C_2，计算 CU 值。

表 7.11　网络购物交易记录表(部分)

Book	Sneaker	Earphone
Yes	Yes	Yes
Yes	Yes	No
No	Yes	Yes
No	Yes	No
Yes	No	Yes

5. 使用 LINEST 函数和心脏病人数据集进行实验。

(1) 除了列 Angina、Slope、Thal 和 Class 之外，删除其他列。

(2) 应用 LINEST 函数和前 200 个数据实例创建一个因变量为 Class 的线性回归模型。

(3) 挑选两个或三个实例用于检验，方程能够正确分类这些实例吗？

(4) 使用 Weka 进行相同的实验和检验，对比结果。

(5) 使用 Weka 的 NaiveBayes 分类器算法完成上述实验，比较两次实验结果。

(6) 对心脏病人数据集应用 Weka 的 EM 算法，检查分析聚类结果。

第 8 章　时间序列和基于 Web 的数据挖掘

本章要点提示

在现实生活中，存在这样一类数据，它们之间存在着时间上的关系，数据都带有时间特征，它们的观测值通常是按时间顺序排列，如股票价格、销售量、Web 站点点击率、经济数据等，这样的数据被称为时间序列(数据)。时间序列在现实生活中非常常见，经济、金融、商业、气象、通信等领域产生着大量的时间序列。随着计算机技术的普遍应用，这些数据能够被保存起来，通过分析和挖掘，发现隐含在数据中的时间演变规律，从而实现对产生时间序列的系统的未来行为的预测。这就是时间序列分析或挖掘。

本章 8.1 节使用神经网络技术和线性回归方法建立预测模型，解决时间序列预测问题。8.2 节介绍了如何使用数据挖掘对 Web 站点进行自动化评估和提供个性化服务，并就 Web 站点的自适应调整和改善进行了简单阐述。8.3 节针对多模型应用中的两种著名方法装袋和推进进行了简单介绍。

8.1　时间序列分析

8.1.1　概述

1. 时间序列

股票价格是典型的时间序列数据，它的观测值中包含与时间相关的信息。随着时间的变化和推移，股票的价格在不断地波动，若将这些股票价格按照时间排序，就形成了以时间为序的时间序列(Time Series)，即时间序列是用时间排序的一组随机变量。

日常生活中会产生大量的、各种类型的时间序列数据，一般可以分为以下几种。

1) 根据时间序列值的个数划分

根据时间序列值的个数可以分为一元时间序列和多元时间序列。

(1) 一元时间序列。

与时间相关的序列值只有一个的时间序列被称为一元时间序列(Univariate Time Series，单变量时间序列)。如股票价格、商品售价、家庭收入等时间序列，只有一个属性值与时间相关，可以通过单变量的分析获取知识或规律。

(2) 多元时间序列。

与时间相关的序列值有多个的时间序列被称为多元时间序列(Multivariate Time Series，多变量时间序列)。如气象数据、经济数据等时间序列。气象数据可能包含温度、湿度、风力、气压、雨量等与时间相关的反映气象条件的属性；而经济数据可能包含 GDP、CPI、人均收入、利率、汇率等与时间相关的反映经济状况的属性。多元时间序列中的各个序列值能够从多个侧面描述序列的变化规律，多元时间序列的数据挖掘就是要揭示各变量之间相互依赖关系的动态规律性。

2) 根据时间的类型划分

根据时间的类型可以分为离散型时间序列和连续型时间序列。

(1) 离散型时间序列。

时间序列中每个序列值所对应的时间参数为离散的间隔点，则该序列被称为离散时间序列(Discrete Time Series)。

(2) 连续型时间序列。

时间序列中的每个序列值所对应的时间参数为连续函数，则该序列被称为连续时间序列(Continuous Time Series)。

3) 根据时间序列中序列的统计特性划分

根据时间序列中序列的统计特性分为平稳型、季节型、循环型、直线型和曲线型时间序列。

(1) 平稳型时间序列。

平稳型时间序列(Steadied Time Series)是指时间序列中的属性值随着时间的变化无明显的趋势，既不会有逐渐增加(升高)的趋势，也不会有逐渐减少(下降)的趋势，而会在某个值的范围内上下波动，而且波动是无规律的。这个值称为水平值，该水平值是相对稳定的。时间序列中的序列值，围绕这个水平值上下波动，故稳定型时间序列也被称为水平型时间序列。

例如，一个人在一年中每天消耗的粮食基本上是相同的，把这 365 个数字排列起来，发现它所构成的时间序列总保持在一定水平，上下相差不大。平稳型时间序列中序列的取值与具体时期无关，只与时期的长短有关。一般来说，只有平稳型时间序列才是可以被预测的。

(2) 季节型时间序列。

季节型时间序列(Seasonal Time Series)是指时间序列中的属性值随着时间周期进行周期性变化的时间序列。此处的"季节"不是特指一年四季中的季节，而是泛指时间周期，可以是日、周、月、年、季节等不同的时间周期。时间序列中属性值的周期性变化指的是序列值在每个周期中变化基本相似。如图 8.1 所示为 2008—2013 年某城市某类商品的每个季度的销售总额的时态图。图中的商品为季节型商品，其销售额与季节有密切关系，一季度是全年最高水平，到了二季度有所下降，到了三季度达到了谷底，到了四季度又有所上升。而这个变化规律每年的情况是相似的。

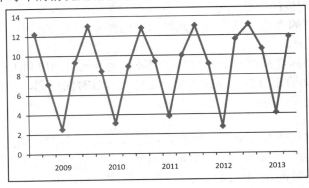

图 8.1　季节型时间序列的时态图

(3) 循环型时间序列。

循环型时间序列(Cycling Time Series)是指时间序列中的属性值随时间的变化也是呈周期性，但是周期不是一个固定的时间间隔，这个周期可以称为循环周期。如商业周期、经济周期等。

(4) 直线型时间序列。

直线型时间序列(Linear Time Series)是指时间序列中的属性值随时间的变化呈线性变化的时间序列。在一个长的时间时期中，时间序列中的序列值随时间逐步增加或逐步减少，显示出一种向上或向下的趋势，相当于平稳型时间序列中加入一个斜率。如某段时期的人均收入、商品的销售量等。

(5) 曲线型时间序列。

曲线型时间序列(Curve Time Series)是指时间序列中的属性值随时间的变化呈曲线变化的时间序列。在一个长的时间时期中，时间序列中的序列值随时间会顺时针转向或逆时针转向，即随时间增加或减少的幅度会逐渐扩大或缩小，但不发生周期性变化。如某种商品从进入市场到被市场淘汰的销售量变化。

季节型、循环型、直线型和曲线型时间序列都属于非平稳型时间序列，其中季节型和循环型时间序列是曲线型时间序列的特例，它们都具有周期性特征。

根据以上时间序列的分类描述，确定一个时间序列可考虑季节周期、循环周期和趋势因素，除此之外，还应考虑随机波动因素。所以一个时间序列一般由四个独立的因素组成——趋势、季节周期、循环周期以及随机波动因素。

随机波动因素又称不规则因素，用于表达时间序列随机变化的特性。这种因素包括实际时间序列值与考虑了趋势、循环周期、季节周期因素后相应的估计值之间的偏差。随机波动因素是由短期的、未被预测的和不可重复发现的因素引起的时间序列的随机波动，所以它是不可预测的，它对时间序列产生的影响也是不可预测的。

2. 时间序列分析和时间序列数据挖掘

时间序列分析是统计学研究的一个重要分支，它是以事物随时间变化的数据为研究对象，通过对时间序列数据的特征进行分析，揭示事物的发展变化规律。例如，根据某只股票前几个月的每日收盘价格，通过时间序列分析，预测出其明天的收盘价格。时间序列挖掘(Time Series Data Mining，TSDM)是对时间序列进行数据挖掘的过程，即从大量的时间序列数据中提取未知的、具有潜在价值的与时间属性相关的知识或规律，用于短期、中期或长期预测。因为时间序列的普遍存在，时间序列数据挖掘已经成为数据挖掘的一个重要分支。

时间序列数据一般都具有复杂性、动态性、高噪声，甚至多维的特性。随着计算机技术的发展，使得数据采集和存储更加容易，时间序列数据的规模也在不断提升，海量的、具有大数据特征的时间序列数据正在大量产生，这些都使得时间序列挖掘成为数据挖掘中最具挑战性的工作。时间序列数据挖掘的重要应用就是预测，即根据已知时间序列中数据的变化特征和趋势，预测未来属性值。

时间序列分析的经典方法有图表法、指标法和模型法。图 8.2 显示了某学校中午就餐时的平均等待时间的时间序列图表。图表可以使用柱形图、折线图、饼图等，但最常使用散点图，如图 8.2 所示。散点图能够将序列属性值随时间的变化情况更为清晰准确地表达出来。指标法又可分为平均分析指标法和速度分析指标法，分别使用平均水平、平均增长和平均发展速度、平均增长速度来度量一个时间时期的时间序列属性值的变化。而模型法是对时间序列进行深层次分析的最主要方法。目前已经产生出多种经典时间序列分析方法和模型，如 AR(Auto-regressive，自回归模型)、MA(Moving Average，移动平均模型或称滑动平均模型)、ES(Exponential Smoothing，指数平滑模型)、TE(Trend Extrapolation，趋势外推模型)、ARMA(Auto-regressive and Moving Average，自回归和移动平均模型)和 ARCH(Autoregressive Conditional Heteroskedasticity，自回归条件异方差模型)等，被广泛地应用在自然科学和社会科学的各个领域。

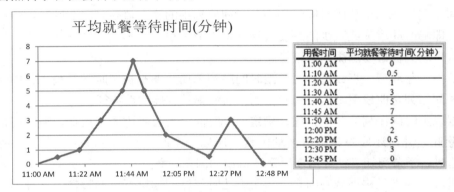

图 8.2　平均就餐等待时间的时间序列图表

时间序列数据挖掘方法与时间序列分析一样都是希望从时间序列数据中发现规律和特征，从而对事物进行分类或预测。时间序列数据挖掘也像其他数据挖掘问题一样，挖掘技术和方法可以是具有统计特性的方法和机器学习技术。使用具有统计特性的方法进行数据挖掘之前需要假定数据的分布，如正态分布，数据挖掘成功与否很大程度上取决于假设的实际合理性。而使用机器基于归纳的学习方法，没有数据分布的假设，所以受假设的限制很小。但数据挖掘的质量与数据本身的质量有很大关系，充分和高质量的数据是所有数据挖掘成功与否的重要决定因素。

时间序列数据挖掘方法也分为有指导的学习、无指导的聚类以及关联分析。常用的挖掘方法和技术有产生式规则、决策树、贝叶斯分类器、神经网络、回归分析、模糊集和粗糙集等。应该注意的是，时间序列数据集是随时间不断变化的数据，其内部特征会随着时间的推移而变化。而时间序列数据挖掘所使用的数据是历史数据，基于这些数据训练的模型在现有数据集中可能预测性较好，但不能保证其在现在或将来的数据上能够具有同样好的性能，所以通过数据挖掘建立的时间序列模型需要随时间进行动态的更新。

3. 时间序列数据挖掘的处理过程

时间序列数据挖掘的一般过程如下。

(1) 确定数据挖掘目标，抽取并建立时间序列数据集，选择合适的数据挖掘技术或算法。

(2) 在时间序列中设置内部时间间隔，将时间序列分割为若干个子序列。

(3) 建立预测模型，应用模型预测未知值。

下面通过两个例子，进一步描述建立时间序列预测模型的过程。两个例子分别使用了统计方法——线性回归分析方法和机器学习方法——神经网络技术建模。其中线性回归方法分别使用 MS Excel 和 Weka 软件来实现，并对比了两者的结果。

8.1.2　线性回归分析解决时间序列问题

【例 8.1】　表 8.1 给出了某个城市 1994—2013 年 20 年的商品房平均售价，希望根据这 20 年的数据，建立线性回归方程模型，预测 2014 年该市的商品房平均售价。

表 8.1　某城市 1993—2013 年商品房平均售价

Year	Cur-HousePrice	Pre-1-HousePrice	Pre-2-HousePrice	Pre-3-HousePrice
1994	1500	1450	1440	1455
1995	1520	1500	1450	1440
1996	1580	1520	1500	1450
1997	540	1580	1520	1500
1998	600	540	1580	1520
1999	700	600	540	1580
2000	1000	700	600	540
2001	1200	1000	700	600
2002	2000	1200	1000	700
2003	2300	2000	1200	1000
2004	1800	2300	2000	1200
2005	1700	1800	2300	2000
2006	1900	1700	1800	2300
2007	2300	1900	1700	1800
2008	2550	2300	1900	1700
2009	2800	2550	2300	1900
2010	3000	2800	2550	2300
2011	3600	3000	2800	2550
2012	4000	3600	3000	2800
2013	3500	4000	3600	3000
2014	?	3500	4000	3600

表 8.1 中的时间序列数据集有 5 个属性，分别为 Year(年份)、Cur-HousePrice(当年的商

品房平均售价)、Pre-1-HousePrice(前一年的商品房平均售价)、Pre-2-HousePrice(前第二年的商品房平均售价)和 Pre-3-HousePrice(前第三年的商品房平均售价)。这样的数据实例中实际上包含了一个内置的时间维度，本年度的商品房平均售价和前三年的商品房平均售价，期望使用前三年每年的商品房均价预测当年价格。本例实例中的时间间隔(Time lag)的选择是随意的，一般来说，选择一个最佳的时间间隔需要通过实验来确定。

表 8.1 中的最后一条记录为 2014 年的前三年商品房均价，当年的均价需要预测模型预测出来。

下面使用表 8.1 中的数据集，应用 MS Excel 的 LINEST 函数来建立线性回归方程预测模型，预测 2014 年的商品房均价。步骤如下。

(1) 打开表 8.1 所在的 TimeSeries-housePrice.xls 文件，选中 4*4 的某个空白单元格区域，输入公式"=LINEST(B2:B21,C2:E21,TRUE,TRUE)"，按 Shift+Control+Enter 组合键，得到线性回归方程的输出结果，如图 8.3 所示。

0.150591	-0.414463896	1.210629	186.1452
0.311687	0.416582271	0.264167	257.1256
0.846675	428.3868131	#N/A	#N/A
29.45123	16	#N/A	#N/A

图 8.3　线性回归方程输出结果

这样，得到线性回归方程如下。

(2) 现在使用该方程预测 2014 年的商品房均价。将前三年的数据代入式(8.1)，得到 2014 年的商品房均价为 1.2106*3500−0.4145*4000+0.1506*3600+186.1452 = 3307.4052。

(3) 使用 2010 年到 2013 年的商品房均价数据检验回归方程，检验结果如表 8.2 所示。

$$Cur - HousePrice =$$
$$1.2106(Pre - 1 - HousePrice) - 0.4145(Pre - 2 - HousePrice) \qquad (8.1)$$
$$+0.1506(Pre - 3 - HousePrice) + 186.1452$$

表 8.2　线性回归方程检验结果

年	Excel/Weka 属性未筛选			Weka 属性筛选		神经网络模型预测值	
	实际值	预测值	误　差	预测值	误　差	预测值	误　差
2010	3000	2865.382	134.618	2875.9376	-124.062	2971.865	-28.135
2011	3600	3041.54	558.46	3070.0176	-529.982	3127.169	-472.831
2012	4000	3722.672	277.328	3652.2576	-347.742	3686.292	-313.708
2013	3500	3988.364	-488.364	4040.4176	540.4176	3780.704	280.704

通过上述的简单检验，发现该线性回归方程的预测结果不够理想。

(4) 加载 TimeSeries-housePrice.csv 文件，使用 Weka 软件建立上述时间序列线性回归方程。注意：在 Preprocess 选项卡中将 Year 属性设置为 Remove，在 Classify 选项卡中选择算法 LinearRegression，并在该算法的参数设置对话框中将 attributeSelectionMethod 设置为 No attribute selection，即未作属性选择。使用训练数据作为检验数据，执行数据挖掘，结果如图 8.4 所示。

　　从结果中可以看到使用 Weka 建立的线性回归模型与使用 Excel 建立的回归模型的结果是相同的。从结果中还发现，训练数据的平均绝对误差 MAE 为 261.018。这样的结果不是很理想，如果用这个预测模型来预测房价，并决定是否购房，可能会作出一个错误的决策。

　　(5) 在 LinearRegression 算法的参数设置对话框中将 attributeSelectionMethod 设置为 M5。M5 是一种模型树算法，它将分段线性函数作为决策树的叶子节点，采用方差诱导方法，实现了将分段线性回归模型的组合作为整个回归模型的思想。Weka 中的线性回归算法借鉴了 M5 算法完成属性筛选。使用训练数据作为检验数据，执行数据挖掘，结果如图 8.5 所示。

　　结果仍然不理想，训练数据的平均绝对误差 MAE 为 282.6627，使用 2010 年到 2013 年的商品房均价检验模型，模型的预测价格结果见表 8.2，可以发现使用线性回归不能很好地解决表 8.1 中的商品房平均售价问题。下面使用神经网络技术再次建模，期望能够得到更为理想的结果。

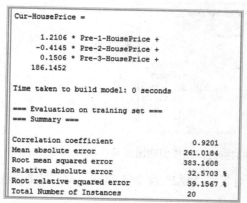

图 8.4　Weka 不作属性删选的线性
回归方程输出结果

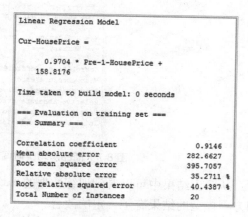

图 8.5　Weka 作了属性筛选的线性
回归方程输出结果

8.1.3　神经网络技术解决时间序列问题

　　使用线性回归方程建模的实验结果显示出线性模型可能不适合预测商品房均价。现在尝试使用神经网络技术建立预测模型。步骤如下：加载 TimeSeries-housePrice.csv 文件，在 Preprocess 选项卡中将 Year 属性设置为 Remove，在 Classify 选项卡中选择算法 MultilayerPerceptronLinear，并在该算法的参数设置对话框中将 GUI 设置为 True，允许交互式调整神经网络的结构。重复试验，直到得到一个较为理想的结果或参数的修改已经不能对模型产生影响时为止。本例中，将隐层设置为(7,5)，即两个隐层，每个隐层分别为 7 个和 5 个节点，结果如图 8.6 所示。使用训练数据作为检验数据，执行数据挖掘，结果如图 8.7 所示。

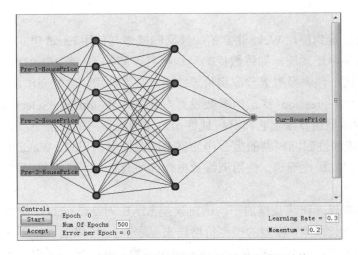

图 8.6　商品房均价时间序列的神经网络模型结构

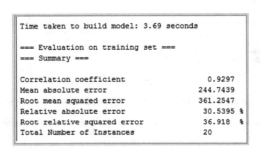

图 8.7　商品房均价时间序列的神经网络模型输出结果

从输出结果中可以看到训练数据的平均绝对误差 MAE 为 244.7439，比以上的线性回归方程模型的结果有了一定的改善。

使用 2010 年到 2013 年的商品房均价检验模型，模型的预测价格结果如表 8.3 所示，可以发现预测值与实际值之间的误差有所下降。

8.2　基于 Web 的数据挖掘

8.2.1　概述

随着 Web 技术的迅速发展和广泛应用，以及大数据时代的到来，Web 已经成为世界上规模最大的公共数据源。基于 Web 的数据挖掘(也称 Web 数据挖掘)就是利用数据挖掘技术从与 Web 相关资源和行为中发现感兴趣的、潜在的、有价值的模式和信息的过程，是数据挖掘技术在 Web 环境下的应用。Web 数据挖掘涉及 Web 技术、数据挖掘技术、计算机科学与技术、信息科学等多个领域，是一项跨学科的综合技术。Web 数据挖掘可以从页面的结构或 Web 网站的结构中寻找知识，从网页内容中抽取有价值的信息和知识，从记录着每个用户点击情况的使用日志中挖掘用户的访问模式。所以，按照 Web 数据挖掘目的和对象

的不同，Web数据挖掘可以分为三种类型：Web内容挖掘(Web Content Mining，WCM)、Web结构挖掘(Web Structure Mining，WSM)和Web使用挖掘(Web Usage Mining，WUM)，如图8.8所示。

1. Web内容挖掘

Web内容挖掘是对Web上文档的内容进行分析，从Web文档内容中发现知识的过程。Web上数据的格式和类型非常丰富，包括文本、声音、图像、图形、视频等多媒体数据，无结构的平面文本、用HTML标记的半结构数据和来自数据库的结构化数据。这样根据处理的内容将Web内容挖掘分为Web文本挖掘和Web多媒体挖掘。Web文本挖掘的对象可以是无结构的平面自由文本、半结构化的HTML文本和结构化的文本数据。

2. Web结构挖掘

Web结构挖掘是从Web页面的组织结构和Web页面之间的链接关系中发现信息和知识的过程。Web的页面结构挖掘是对页面进行分类和聚类，找到权威页面和中心页面，从而提高检索的性能。同时还可以用来指导网页采集工作，提高采集效率。Web的组织结构挖掘是将Web看作一个有向图，图的节点为Web页面，图的边是页面间的链接，利用图论对Web的拓扑结构进行分析。

3. Web使用挖掘

Web使用挖掘是指通过对用户的Web访问日志数据进行分析，从而发现感兴趣的模式的过程。Web使用挖掘一般通过一般的用户访问模式跟踪(General Access Pattern Tracking)和个性化的使用记录跟踪(Customized Usage Tracking)两种方式分析日志数据来理解用户的行为，通过阐明日志记录中的规律，可以识别用户的喜好、满意度，可以发现潜在用户和用户访问Web页面的模式，从而改进Web网站和Web页面的结构，以及为用户提供个性化的服务，增强网站的服务竞争力。Web使用挖掘中使用的数据除了服务器日志记录外，还包括代理服务器日志记录、客户端日志记录、注册信息、用户会话信息、交易信息、Cookie中的信息和用户查询等用户与Web网站之间的所有可能的交互记录。

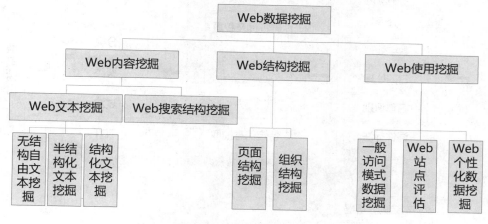

图8.8　Web数据挖掘类型

8.2.2　Web 文本挖掘

　　Web 文本挖掘可以看成是对基本搜索技术的功能扩展，其目标是对页面进行摘要和分类。摘要是基于关键字的，可以通过传统的页面文本摘要得到关键字的信息。而分类是将 Web 页面集作为训练集，根据页面内容文本信息进行有指导的学习训练，建立分类模型，将分类模型用于分类新页面的过程。Web 文本挖掘的功能模型金字塔如图 8.9 所示。其中，金字塔的顶端为最复杂的 Web 文本挖掘功能，最底端为简单的 Web 文本挖掘功能。本节重点介绍金字塔中间的功能，即相似性检索和分类及聚类功能。

图 8.9　Web 文本挖掘功能模型

　　Web 文本数据挖掘包括无结构自由文本挖掘、半结构化文本挖掘和结构化文本挖掘。其中结构化文本挖掘面向数据库中带有结构的数据集，这在前面章节已经详细讨论过，本节的文本挖掘主要指从无结构的自由格式文件或用 HTML 标记的半结构化文本文件中提取模式的过程。与前面章节中讨论的结构化文本数据挖掘不同，本节中的 Web 文本挖掘的主要目的不是理解文本的内容，而是希望分类文本数据，即确定一个文本是否符合一个主题。Web 文本数据挖掘的任务是建立一个具有二元分类输出的分类模型，分类器的结果是 YES 和 NO。

　　【例 8.2】　希望检索涉及"足球世界杯"的所有页面中的文章。

　　Web 文本挖掘的基本流程是：利用文本切分技术(分词技术)分词，抽取文本特征，将文本数据转换为描述文本内容的结构化数据。利用分类、聚类和关联分析等数据挖掘技术，建立分类模型，应用模型发现新的概念或联系。其流程图如图 8.10 所示。其中的 TDT(Topic Detection and Tracking，话题发现与跟踪)技术可以将与某事件相关的、分散的信息汇集并组织起来，其关注的主要是对热点新闻、突发事件话题进行组织。本例中的应用可认为是 TDT 应用。

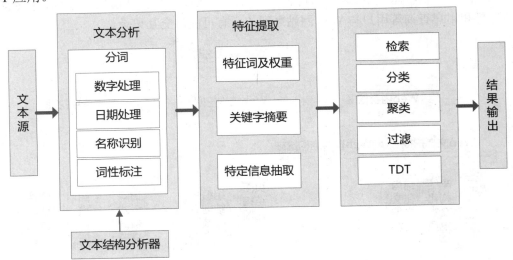

图 8.10　Web 文本挖掘流程

解决本例问题的一般步骤如下。

(1) 文本分析(Text Analysis)和特征提取(Feature Extraction)。收集涉及"足球世界杯"的文本源，使用分词技术，提取特征单词，建立属性字典，只选择那些在文本源中出现次数最少的单词。用属性表示提取的特征单词，即将 Web 页面集合中的文本信息转化为一个二维数据表，表的每一列为一个特征，表的每一行为一个 Web 页面的特征集合。

(2) 训练(Train)。使用 TFIDF 方法对训练数据集进行训练。TFIDF(Term Frequency Inverse Document Frequency)是一种用于文本挖掘的常用加权技术。它是一种统计方法，用来评估一个单词对于一个文本集中的一篇文章的重要程度。单词的重要性随着它在文章中出现的次数成正比增加，但同时会随着它在文本集中出现的频率成反比下降。TFIDF 加权的各种形式常应用于搜索引擎，作为文章与用户查询之间相关程度的度量。

(3) 过滤(Filter)。删除那些在文本源中出现频率较大的单词，它们对于区分这篇文章与其他文章没有利用价值。

(4) 分类(Classify)。检查每个要分类的新文章的所选属性出现的频度，如果文章中所选属性的出现次数超过了预定义的最小频率值，则将整篇文章分类到与"足球世界杯"主题相关的文章类中。

8.2.3　Web 使用挖掘

图 8.7 中的 Web 使用挖掘(也称 Web 访问模式挖掘或 Web 日志挖掘)，是从 Web 的访问模式中获取有价值的信息或模式的过程，是对用户访问 Web 时在服务器上留下的访问记录进行挖掘。

Web 的基本结构是 B/S 结构或 C/S 结构，即浏览器/服务器结构。其工作方式采用典型的请求和响应方式。客户向 Web 服务器(或通过代理服务器)发出访问请求，Web 服务器接收到请求后，根据请求将客户要求的信息内容直接(或通过代理)返回到客户端。浏览器显示得到的页面，并将其保存在本地高速缓存中。Web 服务器同时将访问信息和状态信息等记录到日志文件里。客户每发出一次 Web 请求，上述过程就重复一次，服务器就在日志文件中增加一条相应的记录。因此，日志文件比较详细地记载了用户对 Web 网站的整个浏览过程。客户端记录的是单个用户访问多站点的信息，代理服务器日志记录的是多用户访问多站点的信息，而 Web 服务器日志则记录了多用户访问单站点的信息。因此，用户访问模式的挖掘可以分为基于客户端访问模式的挖掘、基于代理服务器端访问模式的挖掘和基于 Web 服务器端访问模式的挖掘三种类型。

根据挖掘目的和应用方向，挖掘的用户访问模式的侧重点也不尽相同。Web 日志挖掘的目的是在海量的 Web 日志数据中自动、快速地发现用户的访问模式，如频繁访问路径、频繁访问页组、用户聚类等。

1. 基于 Web 日志的数据挖掘处理过程

随着电子商务的兴起，基于互联网的商业贸易活动越来越活跃，消费者网上购物、商品生产者或经销商之间的网上交易、在线电子支付以及各种商务活动和相关的综合服务活动已经大范围地取代了传统方式的商业模式。通过网络开展贸易活动的企业一般希望通过电子商务营销达到销售的最大化，基于 Web 日志的数据挖掘能够帮助企业通过分析用户的行为，从而优化 Web 网站或网页设计，以达到最大化销售的目的。例如，通过关联分析，将用户一般会同时购买的商品同时显示在一个页面上，提高用户的关注度，使企业能够最大程度上获取利益。

图 8.11 给出了以 KDD 处理模型完成基于 Web 日志的数据挖掘的过程示意图。

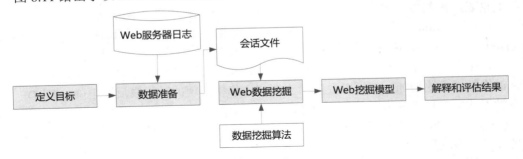

图 8.11　基于 Web 日志的数据挖掘处理过程

1) 定义目标

KDD 处理过程的第一步是建立一个或多个目标。对于 Web 日志挖掘，可能的目标有：

(1) 优化页面间结构，减少用户购物交易之前所访问的网页的平均数目，减少在购买项上的返回总数。

(2) 增加每个客户会话所浏览的网页的平均数目。

(3) 增加访问者平均保持率。

(4) 为客户提供个性化网页，确定用户可能一起购买或浏览的产品，增加 Web 服务效率。

2) 准备数据

Web 的用户会话(User Sessions)结果数据都存储在 Web 服务器日志(Web Server Logs)文件中，这个服务器日志文件一般包含了用户浏览的网页和沿着网页链接所产生的点击流(Click Stream)序列的信息。

服务器日志文件一般是以扩展的一般日志文件形式(Extended Common Log File Format)来提供数据，数据字段一般有：主机地址、日期/时间、请求、状态、字节、访问页和浏览器类型，可以从这些字段中提取每个用户在浏览网站时所产生的点击流序列。

数据准备工作就是从 Web 服务器日志中提取数据，创建用于数据挖掘的文件，该文件被称为会话文件(Session File)。会话文件包含了几条到几千条的记录，每条记录表示一个用户会话实例。用户会话实例是一个用户向一个 Web 服务器请求页面浏览(Pageview)的完整记录。页面浏览由一个或多个页面文件所构成，每个页面在 Web 浏览器上形成一个显示窗口。在数据挖掘过程中，每个页面浏览由一个用于标识目标的唯一的统一资源标识符(URI)所标识。

为数据挖掘准备会话文件不是一件容易的事，一般具有以下三点困难。

(1) 区别用户的困难。从日志文件所列的服务器请求的所有会话中识别出每个用户与该服务器的会话是一项困难的任务。一般可以借助主机地址和 Cookie。但是多个用户可能从相同的主机访问 Web 站点，使用主机地址来区分用户是不可靠的。若主机地址能够与访问页结合起来，那么将一个用户会话与其他会话区别开来就容易多了。Cookie 是存储在用户计算机中的一个数据文件，它包含了用户访问 Web 站点的会话信息。若用户允许使用

Cookies，就可以通过 Cookie 来区分用户。但是，为了保护个人隐私，许多用户都不愿意授权给 Web 站点使其能够在他们的机器上存储 Cookie，所以依赖 Cookie 中的信息区别客户也是有困难的。

(2) 筛选日志项的挑战。用户页面请求一般会通过多种服务器类型产生多个日志项，必须通过技术识别出与数据挖掘目标不相关的日志项，如图像和广告服务器所产生的日志项，使它们不会成为会话文件的一部分。

(3) 添加新变量的考虑。有时候需要添加新的变量到会话文件中，这些变量是与数据挖掘目标相关，但原始会话文件中又没有的日志项。这些日志项的设计和数据采集是数据准备阶段的一项重要工作。

3) 挖掘数据

用于数据挖掘的会话文件创建完成后，选择合适的数据挖掘算法，将会话数据提交给这个算法执行数据挖掘。选择的数据算法可以是前面章节介绍的传统的机器学习和统计技术，如关联分析技术和聚类技术，也可以使用一些针对 Web 数据挖掘而设计的专用算法。

4) 解释和评估结果

会话文件中的一个实例表示一个用户在一次会话过程中的页面浏览行为。下面通过一个例子来说明如何解释和评估基于 Web 的数据挖掘的结果。

【例 8.3】 表 8.3 给出了某个会话文件中的实例，使用关联规则技术来解释这个基于 Web 的数据挖掘会话的结果。

表 8.3 某会话文件中的实例

会话实例 ID	点击流
I_1	$P_2 \rightarrow P_8 \rightarrow P_1 \rightarrow P_5 \rightarrow P_{12} \rightarrow P_{11} \rightarrow P_3$
I_2	$P_1 \rightarrow P_2 \rightarrow P_{11} \rightarrow P_5 \rightarrow P_9 \rightarrow P_8 \rightarrow P_{10} \rightarrow P_{12}$
I_3	$P_6 \rightarrow P_1 \rightarrow P_8 \rightarrow P_7 \rightarrow P_4 \rightarrow P_7 \rightarrow P_2 \rightarrow P_{11}$
I_4	$P_3 \rightarrow P_1 \rightarrow P_2 \rightarrow P_8 \rightarrow P_{12} \rightarrow P_7 \rightarrow P_9$
I_5	$P_7 \rightarrow P_2 \rightarrow P_{12} \rightarrow P_{10} \rightarrow P_3 \rightarrow P_6 \rightarrow P_1$

表 8.3 中，P_i 为一个页面浏览(Pageview)。假设通过关联分析，得到如下规则：

IF $\rightarrow P_1$ & P_2 & P_8 THEN P_{12}

(置信度：4/5 = 80%)

规则说明：如果用户点击了 P_1、P_2 和 P_8，那么他也会点击 P_{12}。规则的置信度为 4/5，表示会话文件中的 5 个实例中有 4 个实例的 P_1、P_2、P_8 和 P_{12} 同时出现，即有 80% 的概率能够相信用户访问了 P_1、P_2 和 P_8，同时也会访问 P_{12}。

规则的价值体现在以下两个方面。

(1) 优化 Web 页面间的结构。若在 P_1、P_2、P_8 和 P_{12} 之间不存在直接的链接，那么根据以上挖掘结果，应该在这四个页面之间添加直接的链接，来改善网站的结构。

(2) 个性化页面浏览。若发现用户的页面访问行为符合规则，则可以认为该用户对 P_{12} 感兴趣，可以将 P_{12} 添加到推荐的页面浏览列表中，自动提交给用户，从而个性化该用户所浏览的页面。

【例 8.4】 对于表 8.3 的会话文件，使用凝聚聚类方法将实例聚类到合适的簇中。

可以使用无指导聚类技术对会话文件中的实例进行聚类分析，从而根据用户的页面浏览行为，区分不同类别的用户。聚类分析中的相似度度量方法有很多，这里使用凝聚聚类方法，并使用式(8.2)中的实例相似度计算公式来计算实例的相似度值。第一次迭代的计算结果显示在表 8.4 中。

$$相似性值(I_i, I_j) = \frac{I_i 和 I_j 两个实例共有的浏览页面的个数}{实例中的浏览页面总数} \quad (8.2)$$

表 8.4　凝聚聚类的第一次迭代的相似性值计算结果

相似性值	I_1	I_2	I_3	I_4	I_5
I_1	1	0.4	0.27	0.36	0.29
I_2	0.4	1	0.25	0.33	0.27
I_3	0.27	0.25	1	0.27	0.27
I_4	0.36	0.33	0.27	1	0.36
I_5	0.29	0.27	0.27	0.36	1

合并两个最相似的实例到一个簇中。从表 8.4 中可以看到 I_1 与 I_2 这对实例显示出最高的相似值 0.4，可以进行合并。至此，第一次迭代后，产生了三个单实例的簇(I_3)、(I_4)、(I_5)和一个具有双实例的簇(I_1, I_2)。

在第二迭代中，计算两个簇之间的相似度值。计算两个簇之间的相似度值的方法有多种。本例通过计算两个簇中所有实例平均相似度得到簇之间的相似度。如簇(I_1, I_2)与簇(I_3)的相似度值为 14/23=0.609。则第二次迭代的计算结果显示在表 8.5 中。

表 8.5　凝聚聚类的第二次迭代的相似性值计算结果

相似性值	(I_1, I_2)	I_3	I_4	I_5
(I_1, I_2)	1	0.609	0.727	0.64
I_3	0.609	1	0.27	0.27
I_4	0.727	0.27	1	0.36
I_5	0.64	0.27	0.36	1

合并两个最相似的簇 I_4 与 I_5，产生两个单实例簇(I_5)、(I_3)和一个三实例簇(I_1, I_2, I_4)。继续簇的合并过程直到所有实例合并到一个簇中。根据一些统计技术或启发式技术确定最后的簇，即确定最后的用户分类。

还可以将凝聚聚类作为其他聚类技术的预处理技术，再使用其他聚类技术进行用户分类。

除了在 Web 数据中发现模式外，还可以将发生在 Web 站点上的活动进行汇总统计，如访问 Web 页面的频率、商品被添加到购物篮又被删除的次数、最为畅销的商品等。通过对这些统计汇总信息进行分析，也能获取一些想要的信息。目前，一些 Web 站点可以自由下载 Web 服务器日志分析，它们能够提供用户访问 Web 站点的活动日志。

5) 应用结果

将基于 Web 的数据挖掘结果应用于解决实际问题，如：

(1) 利用聚类所得到的不同用户的行为特征，来个性化用户访问页面。

(2) 利用关联分析所得到的用户访问页面的关联结果，优化 Web 站点链接，使之更好地反映用户常用的路径。

(3) 根据用户分类，进行有针对性的网络广告促销或邮件促销。

(4) 对用户购买商品进行关联分析，将用户可能会一起购买的商品推荐给用户，删除用户不感兴趣的产品。

(5) 根据商品畅销程度，扩充畅销商品的供应。

2. Web 站点评估

一般情况下，用户从以下三个主要方面来看待一个网站。

(1) 网站所提供的产品或服务。

(2) 单个 Web 页的设计。

(3) 整个网站的设计。

其中，网页和网站设计是相关的，网站设计能够表达出页面链接的直观性。网站的成功最终依赖于用户群体如何看待它。

所以，在上一节使用 Web 日志进行数据挖掘中，要实现的目标归纳为两个方面。

(1) 网站评估。网站评估是检验 Web 设计者的意图是否符合用户的期望。

(2) 个性化服务。个性化服务是指为一个特定用户或一个特定用户群体提供适用于他或他们的个性化的产品和网页的显示功能。

Web 站点评估是确定站点的实际使用是否符合其设计者的意图。如果站点访问者的访问路径不像设计者所希望的那样，那么该网站可能被认为是导航困难的，此时，Web 网站设计者必须考虑改变网站结构以更好地满足用户的需要。

以评估网站为目标的 Web 数据挖掘通过确定用户的一般访问模式和用户群体前进的路线来实现网站评估。应该注意，与上一节中的 Web 数据挖掘应用不同的一点是，Web 站点评估除了需要对浏览页面进行聚类来区别不同的用户浏览模式，从而检查 Web 站点是否通过提供这些页面的链接组合而方便用户使用之外，还应该关注页面的浏览顺序，从而发现最好的链接顺序。此时的基于 Web 日志的数据挖掘问题成为序列识别问题，这类问题使用一种被称为序列挖掘器(Sequence Miner)的特殊算法来解决。序列挖掘器能够发现以相同顺序出现的被频繁访问的页面。

3. 个性化服务

基于 Web 日志的数据挖掘的另一方面的目标是提供个性化服务(Personalization Service)。个性化服务是一种自动推给用户的服务，不需要用户主动地选择或寻找他们感兴趣的内容。过去的个性化服务是通过让用户填写他们感兴趣内容的表单，Web 网站的设计者根据这些表单，了解用户需求和爱好，在此基础上提供满足个人需要的服务。这种方法存在两个问题：一是用户可能对自己的真实需求和爱好并不充分了解，使得表单内容不能准确反映用户的需求和爱好；二是用户对于填写相关信息的抵触情绪也可能致使表单不能完整反映个人需求和爱好。所以，使用数据挖掘技术对用户已经产生的访问行为进行分析，发现不同类型用户的不同的需求模式和爱好习惯，自动地进行个性化分析和提供服务。

图 8.12 显示了基于 Web 日志的个性化服务模型的建立过程。

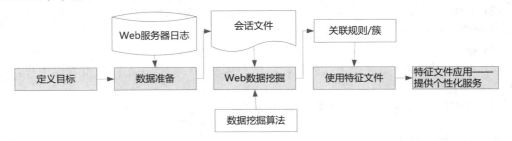

图 8.12　基于 Web 日志的个性化服务模型建立过程

其中，使用数据挖掘的关联分析和聚类技术产生关联规则或簇，通过关联规则或对簇的解释，建立用户访问 Web 站点的使用特征文件(Usage Profiles，UP)，使用特征文件为不同的用户自动提供个性化服务。创建 UP 可以使用两种 Web 特征化技术。

(1) 使用关联分析生成关联规则，直接创建 UP。如例 8.3。

(2) 使用聚类技术建立簇，通过对各个簇的解释，发现各个簇中的概念来创建 UP。方法如下。

① 使用式(8.3)计算每个页面浏览 P_j 对于簇 C_i 的代表性度量值。

② 设定一个阈值，对于每个簇，只有满足阈值的那些页面浏览才能使用 UP。满足阈值的页面作为该簇的代表性浏览页面。

③ 为每个浏览页面指定一个权值来反映其出现在所有会话实例中的频度，该权值用来计算每个用户的页面浏览推荐值，对于每个用户，只有那些具有推荐值高于阈值的浏览页面才可能作为推荐页面推荐给用户。

使用上述两种方法创建 UP 后，利用 Web 个性化推荐引擎，将 UP 与当前用户的 Web 访问行为相比较，将希望推荐给用户的链接页面提供给该用户。

$$代表性度量值(C_i, P_j) = \frac{页面 P_j 出现在簇 C_i 中所有会话实例的总次数}{簇 C_i 中会话实例的总个数} \tag{8.3}$$

4. Web 站点自适应

实际上，用户访问 Web 站点的兴趣是在不断变化的，需要对用户需求和爱好的变化情况进行监控，并根据实际情况调整页面链接结构，来适应用户需求的变化。

可以使用两种方式来调整 Web 网站的结构，增删页面链接。一是依靠人工完成，这种方式不能实现需求变化的实时监控和页面链接的准确高效的调整。二是使用数据挖掘自动化这个处理过程。能够通过数据挖掘学习模型半自动地改进内部结构以及表示方法的 Web 站点被称为自适应 Web 站点(Adaptive Web Sites)。

在自适应 Web 站点的内部核心处有一组索引页。索引页(Index Page)是一个 Web 页，该页能够链接到详细描述某个主题的一组页面。这样自动调整 Web 站点内部结构的问题就成为索引页的合成问题，即对于一个 Web 站点和一个访问者的访问日志，创建新的索引页，该索引页包含当前未链接的、需要链接的页面的链接集合。合成索引页的工作可由一种自动化页面合成系统——索引发现者(Index Finder)来完成。索引发现者使用聚类技术生成

Web 站点的候选索引页,并为每个候选索引页创建了一个基于规则的描述。若 Web 站点所有者决定接受这些候选页,索引发现器则创建一个页面并自动将其添加到 Web 站点中去。Web 站点所有者给出这个页面的标题,并确定该页面位于站点的什么位置。

8.3　多模型分类技术

8.3.1　装袋技术

提高决策的正确性的通常做法是建立多个数据挖掘模型,综合应用多个模型进行决策。其中每个模型都是使用相同的数据挖掘算法来建立,模型的区别在于选取同一个数据集中不同的训练实例进行训练。

装袋技术是使用相同数据集的不同实例子集作为训练实例,建立多个模型用于决策支持的著名方法之一。装袋(Bagging)由雷奥·布莱曼(Leo Breiman)于 1996 年提出,是一种有指导的学习方法。其基本思想是使用多个模型分类新实例,这多个模型在新实例的分类中拥有相同的权重。用于分类的多个模型都使用了相同的数据挖掘技术来创建,模型之间的区别在于从相同的数据集中选取不同的训练实例。装袋的工作过程如下。

(1) 从数据集中随机选取若干大小相同的训练数据集。实例用置换方式来取样,使得每个实例可能出现在多个训练集中。

(2) 应用数据挖掘算法建立每个训练实例的分类模型,N 个训练数据集产生 N 个分类模型。

(3) 分类未知实例 I。将 I 提交给每个分类器,每个分类器允许投票一次,实例被放在获得最多投票的类中。

装袋技术除了可以解决分类问题外,还可以应用在估计和预测问题中。

8.3.2　推进技术

推进(Boosting)技术是另一个著名的使用多个模型投票选出新实例的分类技术。该技术由约阿夫·弗罗因德(Yoav Freund)和罗伯特·夏皮尔 Robert(Schapire)于 1996 年提出。它比装袋技术更为复杂,与装袋技术也有如下不同之处。

(1) 装袋技术中多个模型之间的变化是由于选择相同数据集的不同训练实例集造成,推进技术与之不同,每个新模型的建立是基于前面模型的结果,新模型关注于分类前面模型未能正确分类的实例,所以最后一个模型关注于正确分类前面所有模型未能正确分类的那些实例。区分已经和未能被前面模型正确分类的实例的方法是为每个实例指定不同的权重。训练开始时,所有实例被指定为相同的权重。建立最后一个模型后,那些被模型正确分类的实例的权重减少,而被错误分类的实例的权重增加。

(2) 装袋技术中多个模型对于新实例的分类投票权力是一样的,推进技术与之不同,每个模型被赋予的权重是基于其训练数据上的性能,在未知实例的分类中执行效果较好的模型被赋予了更多的权力。

推进技术建立的模型是在分类训练数据的能力上彼此补充。

推进技术在应用过程中存在着一个重要的问题，即数据挖掘算法不能分类加权训练数据。此时，有如下解决办法。

(1) 为所有训练数据赋予相同的权重，建立第一个分类模型。

(2) 增加未被正确分类的实例的权重，减少被正确分类的实例的权重。

(3) 在用置换法从以前的训练数据中取样来创建新的训练数据集时，有意识更为频繁地选取具有较高权重值的实例而不是具有较低权重值的实例。

(4) 对每个新模型重复上述步骤。

由于未被正确分类的实例被更频繁地取样，权重值仍然在模型建立过程中扮演着角色，即便数据挖掘算法在模型建立过程中实际上并未使用权重值。

本 章 小 结

本章内容概述如图 8.13 所示。

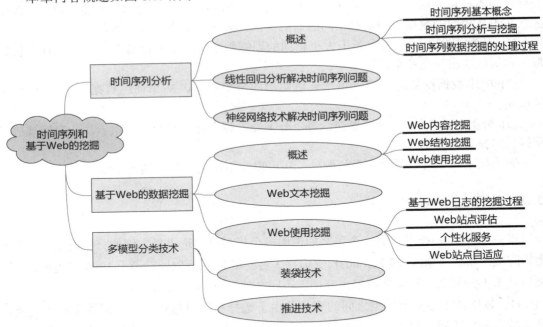

图 8.13　第 8 章内容导图

时间序列分析中的数据包含了与时间有关的属性，分析的目的一般是为预测输出结果。可以使用包括线性回归方程等统计技术和神经网络等机器学习方法进行数据挖掘，来解决时间序列问题。

随着网络通信技术的发展和广泛应用，以及大数据时代的到来，Web 网站正在成为最大的数据源，基于 Web 的数据挖掘也成为近些年的研究和应用重点。Web 数据挖掘可以分为内容挖掘、结构挖掘和使用挖掘三大类。其中内容挖掘主要关注的是文本数据挖掘，它涉及从无格式的自由文件中提取模式。其基本数据挖掘算法涉及创建一个频繁出现的单词的属性字典，过滤掉被认为没有什么价值的普通单词，使用更改的字典分类未知内容的新文章。Web 使用挖掘主要是根据 Web 服务器日志文件创建会话文件。服务器日志文件一般包含了用户浏览的网页和沿着网页链接所产生的点击流序列的信息，提取创建的会话文件中包含多个实例，每个实例为一个用户请求页面浏览的会话记录。使用会话文件进行分类或聚类以及关联分析，可得到用户访问模式、用户分类等数据挖掘结果，该结果可应用于解决实际问题。

　　Web 使用数据挖掘要解决的实际问题包括网站评估和个性化服务。Web 站点的访问用户如何看待该网站是网站成功的决定因素之一。数据挖掘有助于发现用户对 Web 站点的感受，根据挖掘的结果可以改进网站链接结构和为用户提供个性化服务。在技术支持下，Web 站点还可以做到自适应地调整结构和改善表达方法。

　　多模型方法，包括装袋和推进技术是改善模型应用性能，提高决策正确性的途径。

习　题

1. 对你感兴趣的网站从以下几个方面进行评估。

(1) 在网站中能够很容易或不容易找到所需要的信息。

(2) 网站中提供的信息大多数是令人感兴趣的或根本令人不感兴趣。

(3) 找到需要的信息打开的链接较多或较少，层次较深或较浅。

(4) 广告较多或较少，多数广告是或不是令人感兴趣的。

(5) 若为电子商务网站，网站能够将感兴趣的商品放在一起进行推荐或不推荐。

(6) 其他方面。

2. 试述装袋技术和推进技术的相似点和不同点。

3. 考虑一个电脑装机 DIY 网站的页面链接结构，设计几个回答新手装机问题的典型链接路径。

4. 收集近 20 年某城市的房价信息，建立时间序列数据集，使用 MS Excel 的 LINEST 函数创建一个线性回归方程来预测 2014 年的房价。可以使用前 5 年的实际房价值对模型进行检验。

5. 使用 Weka 的神经网络技术，重新完成第 4 题。

6. 收集你喜欢的 NBA 球星在过去一些年里的赛季表现，预测他在将要到来的这个赛季中的可能表现。这是一个时间序列问题，需要考虑与表现相关的属性集合(本人的、本队的和对手的情况)和合适的时间间隔以及对未来最近预测性的属性集合。

7. 对你所喜欢的股票的价格、歌曲的排行执行时间序列分析。

8. 对你的成绩或绩点(如 GPA)进行时间序列分析。

附录 A 词 汇 表

第 1 章 认识数据挖掘

- 数据挖掘(Data Mining)：利用一种或多种计算机学习技术，从数据中自动分析并提取信息的过程。数据挖掘的目的是寻找和发现数据中潜在的有价值的信息、知识、规律、联系和模式。数据挖掘与计算机科学有关，通常使用机器学习、统计学、联机分析处理、专家系统和模式识别等多种方法来实现。

- 浅知识(Shallow Knowledge)：存储在数据库中、可通过查询和搜索就能够获取的知识。

- 机器学习(Machine Learning，ML)：模拟人类的学习方法，来解决计算机获取知识问题的方法。

- 概念(Concept)：具有某些共同特征的对象、符号或事件的集合。

- 归纳学习(Induction-Based Learning)：人类学习的最重要方式之一。通过对事物的特定实例的观察、对所掌握的已有经验材料的研究，从归纳中获取和探索新知识，并常常以概念的形式表现出来。

- 有指导(监督)的学习(Supervised Learning)：归纳学习是为了建立一个用于分类或预测的模型，而通过对大量已知分类或输出结果值的实例进行训练，调整分类模型的结构，达到建立能够准确分类或预测未知模型的目的。这种基于归纳的概念学习过程，被称为有指导(监督)的学习。

- 实例(Instance)：用于有指导学习的样本数据。

- 训练实例(Training Instance)：用于训练的实例。

- 检验实例(Test Instance)：用来判断模型是否能够很好地应用在未知实例的分类或预测中的实例。

- 属性-值格式(Attribute-Value Format)：一种表格格式，表的第一行包含属性的名称，第一行下面的每一行都包含一个数据实例，表的列中给出它们的属性值。

- 输入属性(Input Attribute)：有指导的学习中的属性。

- 输出属性(Output Attribute)：有指导学习中的输出结果。

- 决策树(Decision Tree)：是一种简单的、易于解释和理解的概念结构。决策树是一棵倒立的树，树的非叶子节点表示在一个属性上的分类检查，叶子节点表示决策判断的结果，该结果选择了正确分类较多实例的分类。

- 无指导(监督)聚类(Unsupervised Clustering)：是一种无指导(无教师)的学习，在学习训练之前，没有预先定义好分类的实例，数据实例按照某种相似性度量方法，计算实例之间的相似程度，将最为相似的实例聚类在一个组——簇(Cluster)中，再解释和理解每个簇的含义，从中发现聚类的意义。

- 数据查询(Data Query)：通过数据查询语言在数据中找出所需要的数据或信息。
- 隐含知识(Hidden Knowledge)：不能通过查询和搜索，需要通过数据挖掘来获取的数据中潜在的、隐藏的信息或知识。
- 专家系统(Expert System)：是一种具有"智能"的计算机软件系统，它能够模拟某个领域的人类专家的决策过程，解决那些需要人类专家处理的复杂问题。
- 专家(Expert)：有能力解决领域中复杂问题的人。
- 知识工程师(Knowledge Engineer)：与专家交流，获取专家知识的人。
- 操作型数据库(Operational Database)：面向日常事务处理的数据库，通常结构为关系模型。
- 数据仓库(Data Warehouse)：从多种、异构、分散的传统操作型数据库或其他数据源中抽取面向主题的数据，打上时间戳，进行集成存储。
- 因变量(Dependent Variables)：有指导的学习模型中的输出属性。
- 自变量(Independent Variables)：有指导的学习模型中的输入属性。
- 分类(Classification)：通过有指导的学习训练建立分类模型，使用模型对未知分类的实例进行分类。
- 估计(Estimation)：用来确定一个未知的输出属性值。与分类模型不同的是，估计模型的输出属性是数值类型的而非分类类型的。
- 孤立点(Outliers)：非典型实例。
- 产生式规则(Production Rule)：格式为"IF 前提条件 THEN 结论"的规则，其中"前提条件"描述输入属性的值，"结论"说明输出属性的结果。
- 关联分析(Association Analysis)：发现事物之间关联关系的分析过程。
- 购物篮分析(Market Basket Analysis)：确定顾客在一次购物中可能一起购买的商品，发现其购物篮中不同商品之间的联系，分析顾客的购买习惯，从而发现购买行为之间的关联。这种关联的发现可以帮助零售商制定营销策略。
- 关联规则(Association Rules)：用来表达关联关系的一组特殊的产生式规则形式，规则的结果可以包含多个属性，某条规则的输出属性可以作为其他规则的输入属性。
- 数据挖掘技术(Data Mining Technique)：是对一组数据应用一种数据挖掘方法，通常由一个数据挖掘算法和一个相关的知识结构，如树结构或规则来定义的。
- 前馈(Feed-Forward)神经网：常用的有指导的学习模型。一个实例的输入属性值输入到输入层，通过隐层到达输出层。输入层节点数由输入属性的个数决定，每个输入属性都有一个输入层节点。输出层可能有一个或多个节点来表达模型的输出结果。在网络训练期间，将每个实例的输出和希望的网络输出进行比较，希望值和计算输出值之间的误差通过修改连接权值传回网络。当达到一定的迭代次数后或当网络收敛到一个预定的最低错误率时，训练终止。在模型建立的第二阶段中，固定网络权重，将模型用于计算新实例的输出值。

以下词汇来自 Weka 软件。

- Accuracy(ACC)：正确率、准确度(只适用于离散型数据)。
- Chebyshev Distance：切比雪夫距离。
- Chi-Qquare Test：卡方检验。

- Classifier Model：分类器模型。
- Cluster Centroids：各簇中心(重心)。对于数值型属性，重心即均值(Mean)；对于分类类型属性，重心就是众数(Mode，属性取值最多的为众数)。
- Clustered Instances：簇中实例数目及百分比。
- Correctly Classified Instances：正确分类实例(显示总数和百分比)。
- Correlation Coefficient (CC)：相关系数(只适用于连续值)。
- Cross-validation：交叉验证将一个数据集切分成 n(折数)个大小固定的单元，其中 $n-1$ 个单元被用于训练，第 n 个单元用作检验集。重复这个过程直至每个大小固定的单元都被当作检验数据使用过。模型检验集正确率用 n 个训练-检验实验的平均准确度计算。
- Euclidean Distance：欧氏距离。
- Evaluate on Training Data：在训练数据上评估。
- Evaluation on Test Set：在检验数据上评估。
- False Negatives(FN)：假负。
- False Positives(FP)：假正。
- FP Rate：False Positive(FP) Rate，FPR 简称"假正率"。模型预测为正的负实例比率= FP/(FP+TN)。
- Incorrectly Classified Instances：错误分类实例(显示总数和百分比)。
- Information Gain：信息增益。
- Iteration：迭代。
- J48 Pruned Tree：J48 未剪枝树。
- Jitter：抖动。
- Kappa Statistic：Kappa 统计，用于评估分类器的分类结果与随机分类的差异度。
- Linear Regression Model：线性回归模型。
- Lloyd's Algorithm：Lloyd 算法。一种局部最优算法(Local Optimum Algorithm)，K-means 聚类方法借鉴采用的算法。
- Manhattan Distance：曼哈顿距离，与欧氏距离(直线距离)不同，是两点在标准坐标系上的绝对轴距总和。
- Mean Absolute Error (MAE)：平均绝对误差。分类器预测输出和实际值之间差的绝对平均值，用于度量预测值与实际值之间的差异度。
- Naive Bayes：朴素贝叶斯。
- Number of Leaves：叶子数。
- Overfitting：过度拟合。
- Precision：精确度。被模型正确预测的实例与所有被预测为正的实例的比率= TP/(TP+FP)。
- Predictions on Test Split：检验数据上的分割预测。
- Probability Distribution：概率分布。
- Pruning：剪枝，是为控制决策树规模、优化决策树而采取的剪除部分分支的方法。剪枝分为两种，即预剪枝(Pre-Pruning)和后剪枝(Post-Pruning)。

- Recall：召回率，所有该类样本被正确预测的比例= TP Rate。
- Relative Absolute Error(RAE)：分类器预测输出和实际值之间的误差绝对值和，与实际值与实际均值之差的绝对值和之比。
- ROC Area：ROC 曲线下的面积，即 Area Under ROC Curve(AUC)。
- ROC Curves：ROC 曲线，分类器性能分析工具之一。
- Root Mean Squared Error (RMSE)：均方根误差。均方误差的绝对值。均方误差是分类器预测输出和实际值之间差的平方和的平均值。
- Root Relative Squared Error (RRSE)：相对平方根误差。
- Seed：种子值。
- Size of the Tree：树尺寸(叶子节点和非叶节点数之和)。
- Summary：总结。
- Test Mode：检验模式。
- Time Taken to Build Model：模型建立时间。
- Total Number of Instances：实例总数。
- TP Rate：True Positive(TP)Rate，TPR 简称"真正率"。模型预测为正的正实例比率= TP/(TP+FN)。
- True Negative(TN)：真负。
- True Positive(TP)：真正。
- Within Cluster Sum of Squared Errors：簇内误差平方和，值越小，说明簇内实例间距离越小，是评价聚类好坏的标准。

第 2 章 基本数据挖掘技术

- 悲观剪枝法(Pessimistic Error Pruning，PEP)：目前决策树后剪枝方法中精度较高的技术之一，它使用训练集生成决策树，同时又将其作为剪枝集，剪枝和检验同时进行。
- 置信度(Confidence)：给定一个规则"IF A THEN B"，置信度定义为：在已知 A 为真的条件下，B 也为真的条件概率。
- 支持度(Support)：在关联关系中出现的所有条目(Items)在数据集实例(交易)中所占的最小百分比。
- 条目(Items)：属性及其取值，如 Sneaker = 1。
- 条目集(Item Sets)：符合一定的支持度要求的属性-值的组合。
- 信息熵(Information Entropy)：克劳德·香农提出的、把信息变化的平均信息量称为"信息熵"。在信息论中，信息熵是信息的不确定程度的度量，其越大，信息就越不容易搞清楚，需要的信息量就越大。
- 信息增益(Information Gain)：随机事件 x 取某个可能取值时，其对降低 x 的熵的贡献大小。信息增益值越大，x 的这个取值所带来的信息越大。

第3章 知识发现

- 数据库中的知识发现(Knowledge Discovery in Data，KDD)：从数据集中提取可信的、新颖的、具有潜在使用价值的能够被人类所理解的模式的非烦琐的处理过程。
- 关系型数据库(Relational Database)：一种数据库，其数据表示包含行和列的表的集合。表的每一列是属性，每一行存放一条数据记录的信息。
- 元组(Tuple)：关系数据库表中单独的一行。
- 基于实例的分类器(Instance-Based Classifier)：不使用分类模型的分类器，又称为"懒惰分类器"，典型的如 K-nearest 数据挖掘算法建立的分类器。分类器将每个类的代表性实例组成一个子集，检验实例通过与这些实例的属性值进行比较来分类，检验实例被放到代表性实例与其最为相似("距离"最短)的类中。
- 数据预处理(Data Preprocessing)：KDD 过程中处理噪声和缺失数据的一个步骤。
- 数据清洗(Data Cleaning)：知识发现过程中的数据预处理工作，包括噪声数据和缺失数据检查、噪声数据处理、缺失数据处理办法的确定和说明时间序列信息的方式。
- 噪声(Noise)：属性值中的随机错误。
- 数据平滑(Data Smoothing)：一种减少数据中的噪声的处理技术。
- 数据变换(Data Transformation)：包括确定平滑数据和数据标准化的方法，以及数据类型的变换。
- 数据标准化(Normalization)：又称数据归一化、正规化，指改变数据值使之落在一个指定的范围内。
- 十进制缩放(Decimal Scaling)：标准化方法之一。将数据值除以 10 的整次方。
- Min-Max 标准化(Min-Max Normalization)：标准化方法之一。适用于属性的最小值和最大值都已知的情况。
- Z-Score 标准化(Normalization Using Z-scores)：标准化方法之一。将属性值转换为标准值。
- 对数标准化(Logarithmic Normalization)：标准化方法之一。用一些值的以 2 为底的对数值代替原值可以缩放值域，而又不丢失信息。

第4章 数据仓库

- 数据库(Database)：是计算机存储设备上长期集中存储的一批有组织、可共享的数据集合。
- 联机事务处理(On-line Transactional Processing，OLTP)：用户通过终端或应用系统以在线交易的方式自动化地处理实时性数据的过程，如银行交易、订单业务等日常的事务处理，是传统数据库的主要应用。
- 联机分析处理(On-Line Analytical Processing，OLAP)：通过一套多维数据分析和

统计计算方法，产生集成性决策信息的过程。OLAP 是关系数据库之父 E.F.科德 (E.F.Codd)博士于 1993 年提出的，是数据仓库系统的主要应用。

- 概念模型(Conceptual Model)或实体模型(Entity Model)：现实世界中的事物和事物之间的联系经过人脑的加工概化成为信息世界(或称概念世界)的实体和实体之间的联系，描述实体以及实体之间的联系的模型称为概念模型。

- 数据模型(Data Model)：信息世界的实体和实体之间的联系，经过加工编码形成机器世界的数据和数据之间的联系，描述数据以及数据之间联系的模型称为数据模型。

- 实体(Entity)：是对任何一个可以识别的事物的概化而形成的概念，具有某一或某些方面的特征，这一或这些特征被抽象为一个或多个属性，每个属性有属性类型和属性值之分，而其中的一个或多个属性的组合能够起到唯一标识实体的作用，这样的属性或属性组合称为实体的键(Key)。

- 实体联系图(Entity Relationship Diagram)：一种数据建模工具，用实体和实体间的联系来描述数据结构。实体间的联系可以是一对一、一对多和多对多的。

- 交叉实体(Intersection Entity)：因为数据库系统不能直接实现多对多的实体间联系，多对多的联系需要通过两个一对多的联系来实现，两实体间的联系被称为交叉实体。

- 关系的规范化(Normalization)：关系数据理论是关于数据库设计的理论，它认为可以使用几个结构简单的关系模式取代原来结构复杂的关系模式，从而消除关系模式所具有的插入、删除和更新异常，消除冗余。这个过程称为关系的规范化。

- 第一范式(First Normal Form，1NF)：属于 1NF 的关系模式要求关系的每个分量都必须是原子的。

- 第二范式(Second Normal Form，2NF)：如果一个实体属于 1NF 且它的所有非键属性都完全依赖于主键，则它属于 2NF。

- 第三范式(Third Normal Form，3NF)：如果一个实体属于 2NF 且每个非键属性仅完全依赖于主键，则它属于 3NF。

- 数据粒度(Data Granularity)：用于描述存储信息的详细程度的术语。

- 一对一联系(One-to-One Relationship)。两个实体 A 和 B 之间的一种联系类型，其中 A 的每个实例只与 B 的一个实例相关联。

- 一对多联系(One-to-One Relation)。两个实体 A 和 B 之间的一种联系类型，其中 A 的每个实例与 B 的一个或多个实例相关联。

- 多对多联系(Many-to-Many Relationship)。两个实体 A 和 B 之间的一种联系类型，其中 A 的每个实例都与 B 的一个或多个实例相关联，且 B 的每个实例与 A 的一个或多个实例相关联。

- 反向规范化(De-normalization)：将关系数据库中所有规范化的关系根据依赖关系还原为未做规范化处理之前的有冗余的关系的过程。反向规范化将破坏范式约束。

- 平面文件(Flat File)：是指没有特定格式和关系结构的数据记录，如纯文本文件，包括.txt 文件、使用逗号作为分隔符的.csv 文件、.arff 文件等。

- 独立数据集市(Independent Data Mart)：是一种类似于数据仓库的数据集合，数据集市中的数据面向单一主题。

- 数据的抽取、转换和加载(Extraction，Transformation，Loading，ETL)：ETL 过程的主要任务是：从一个或多个输入源中抽取数据，如果有必要，清洗和转换提取的数据，并将数据加载到数据仓库中。

- 元数据(Metadata)。元数据是定义和描述其他数据的数据，是关于数据的数据，在整个数据抽取、转换、加载过程中起到基础作用。

- 稳定维度(Unchanging Dimensions，UDs)：不随时间发生变化的维度属性。

- 渐变维度(Slow Changing Dimensions，SCDs)：随时间发生缓慢变化的维度属性。

- 快变维度(Rapidly Changing Dimensions，RCDs)：随时间变化频率较快的维度属性。

- 星型模型(Star Model)：用关系模型存放数据仓库中的数据，并调用关系数据库引擎将数据以多维格式展现给用户。一个星型模型有一张事实表，定义了多维空间的维数，事实表的每条记录包含维度关键字和事实。维度关键字是系统产生的值，用于区分事实表的每一条记录。事实表的每一维都可能有一个或多个相关联的维度表。维度表分布在一颗星的顶点上，围绕着中心的事实表，形成了星星的形状，这也是星型模型名称的由来。维度表包含每个维度中的数据。每张维度表和事实表之间的联系是一对多的联系。

- 事实表(Fact Table)：一个关系表，在星型模式中定义了多维空间的维度。

- 维度表(Dimension Tables)：一个关系表，包含了星型模式某一维的相关信息。

- 雪花模型(Snowflake Model)：特殊形式的星型模式，是将星型模型中的某些维度表进行分层形成的模型。

- 星座模型(Constellation Model)。当星型模型中有两个或两个以上的事实表时，形成的模型称为星座模型。

- 依赖型数据集市(Dependent Data Mart)：从企业级数据仓库中获取数据，对数据仓库中的数据进行汇总并计算得到粒度级别较高的数据集市。

- 决策支持系统(Decision Support System，DSS)：是辅助决策者通过数据、模型和知识，以人机交互方式进行半结构化或非结构化决策的计算机应用系统。

- 智能决策支持系统(Intelligent Decision Support System，IDSS)：决策支持系统与专家系统相结合形成的计算机应用系统。它既能发挥专家系统以知识推理形式解决定性分析问题的特点，又能发挥决策支持系统以模型计算为核心的解决定量分析问题的特点，能够做到定性分析和定量分析的有机结合，使得解决问题的能力和范围得到了一个很大的发展。

- 综合决策支持系统(Synthetic Decision Support System，SDSS)：将数据仓库、OLAP、数据挖掘、模型库、数据库、知识库结合起来形成的系统，该系统发挥了传统决策支持系统和新决策支持系统的辅助决策优势，实现更有效的辅助决策。

- 多维数据立方体(Multidimensional Data Cube)：多维结构的数据集，表示为一个多维矩阵，采用多角度查询分析的方法来获取对数据的更深了解。

- 概念分层(Concept Hierarchy)：概念的分层映射，能够从不同的细节程度查看属性。

- 切片(Slice)：一种 OLAP 操作。保持其他维不变，在 OLAP 立方体的一个维度上

进行选取操作。

- 切块(Dice)。一种 OLAP 操作。在两个或更多的维度上进行选取操作，从原始立方体中抽取一个子立方体，甚至是立方块。

- 上卷(Roll-Up)或聚集(Aggregation)：一种 OLAP 操作。立方体中某一维度的单元格的汇总，通常可采用与某一维度相关联的概念分层来获得更高程度的汇总信息。

- 下钻(Drill-Down)：一种 OLAP 操作。上卷的逆操作，以更加详细具体的程度查看数据。

- 旋转(Rotation)或转轴(Pivoting)：一种 OLAP 操作。变换显示各个属性的坐标轴，以便从不同的透视角度来查看数据。

- 数据透视表(Pivot Table)：基于 MS Excel 的数据分析工具，可以用于汇总数据、用不同方式分组数据，以及用多种格式显示数据。

第五章　评估技术

- 检验集评估(Test Set Evaluation)：对于有指导的学习，数据集数据分为训练数据和检验数据，检验集用于在建模中提供度量模型性能的数据，在检验集上的评估称为检验集评估。

- 混淆矩阵(Confusion Matrix)：评估有指导学习模型的基本工具，它能够直观地给出模型检验集分类正确或错误的情况。主对角线上的数据项表示正确分类的实例总数，非主对角线上的数据项表示分类错误的实例数。

- 正态分布(Normal Distribution)：如果数据的频率图是钟形的或对称的，数据被认为是正态的分布。

- 样本数据(Sample Data)：从实例总体中抽取的实例组成的集合。

- 均值(Mean)：就是平均值，用 μ 表示，是所有数据的平均数。

- 方差(Variance)：度量了每个数据与均值的离差量，用 σ^2 表示，是所有数据与均值之差的平方和的平均值。

- 标准(偏)差(Standard Deviation，SD)：用 σ 表示，是方差的平方根。

- 零假设(Null Hypothesis)：又称原假设，或虚无假设，其内容一般是希望证明其错误的假设。

- 双类(Two-Class)问题：问题的输出是分类类型，且输出属性为二元取值："是"与"否"、"真"与"假"、"接受"与"拒绝"。

- 平均绝对误差(Mean Absolute Error，MAE)：计算输出值和实际输出值之间差的平均绝对值。

- 均方误差(Mean Squared Error，MSE)：计算输出值和实际输出值之间差的平均平方值。

- 均方根误差(Root Mean Squared Error，RMS)：均方误差的平方根。

- 分类器错误率(Classifier Error Rate)：是有指导的模型的性能最常用的度量工具，它能够代表模型未来可能具有的性能。

- 提升(Lift)：总体 P 的一个样本中的类 C_i 出现的概率除以整个总体 P 中的类 C_i 出现的概率。

- 提升图(Lift Chart)：以样本尺度函数的形式显示数据挖掘模型性能的图形。

- 相关系数(Correlation Coefficient)：度量了两个数值型属性之间的线性相关程度，对于样本用 r 或 ρ 表示，对于总体则用希腊字母 rho 表示。

- 正相关(Positive Correlation)：两个属性的正相关是指两个属性具有同时增加或减少的特性，r 接近于 1。

- 负相关(Negative Correlation)：两个属性的负相关是指一个属性增加而同时另一个属性减少的特性，r 接近于-1。

- 曲线相关(Curvilinear Correlation)：又称非线性相关。两个属性的曲线相关是指彼此间显示出曲线关系(与直线相比)。

- 散点图(Scatterplot Diagram)：一种二维图表，标注了两个数值属性的关系。

- 分层法(Stratification)：在概念分层上选择数据，确保每个类的实例有合理的分布，即在训练数据和检验数据中都被适当地表示。

- 第一类错误(Type 1 Error)：当正确的零假设被拒绝时，发生第一类错误。

- 第二类错误(Type 2 Error)：当错误的零假设被接受时，发生第二类错误。

- 验证数据(Validation Data)：它是训练数据和检验数据的补充，使用它可以对模型进行比较，帮助我们从多个用同样训练集建立的模型中选择一个。

第六章　神经网络技术

- 神经网络(Neural Networks)：是人工神经网络(Artificial Neural Networks，ANN)的简称。神经网络是一种具有统计特性的数学模型，它的创建思想源于人类神经网络的结构、功能和运行过程。

- 神经元(Neurodes)：在神经网络中，知识被表示为处理单元的集合，这些处理单元节点通常称为神经元。

- 感知神经网络(Perceptron Neural Network)：简单的前馈神经网络体系结构，由一个输入层和一个输出层组成。

- 反向传播学习(Backpropagation Learning)：是前馈神经网络的有指导学习方法。在训练阶段，根据网络输出值修改各个权值，权值的修改方向是从输出层开始，反向移动到隐层，故称为反向传播学习。

- 灵敏度分析(Sensitivity Analysis)：一种网络解释技术，可以确定各个属性相对重要性的等级排列。

- Δ规则(Delta Rule)：一种神经网络学习规则，用来最小化网络的计算输出与网络的目标输出之间的误差平方和。

- 周期(Epochs)：训练数据经过神经网络的一个完整的过程的次数。

- 线性可分(Linearly Separable)：两个类 A 和 B，如果能够画出一条直线分隔开类 A 中的实例和类 B 中的实例，就称为线性可分的。

- 全连接(Fully Connected)：一种神经网络结构，网络中一层的所有节点都与下一层的所有节点相连。
- 激励函数(Activation Function)：在神经网络中，隐层和输出层节点的输入和输出之间具有函数关系，这个函数称为激励函数。
- S 形函数(Sigmoid Function)：常用的神经网络激励函数之一，S 形函数是连续的、可导的、有界且关于原点对称的增函数，可用反正切函数 arctan 或指数函数 exp 来实现。

第 7 章　统计技术

- 回归分析(Regression Analysis)：一种统计分析方法，它可以用来确定两个或两个以上变量之间的定量的依赖关系，并建立一个数学方程作为数学模型，来概化一组数值数据，进而进行数值数据的估值和预测。
- 简单线性回归(Simple Linear Regression)：线性回归方程最简单的形式，它只有一个自变量作为因变量的预测。是一种具有单个独立变量的回归方程。
- 斜截式(Slope-Intercept Form)：格式为 $y=ax+b$ 的线性方程，其中 a 为直线的斜率，b 为 y 轴上的截距。
- 多元线性回归(Multivariable Linear Regression)：有两个或两个以上的自变量的线性回归。
- 判定系数(Coefficient of Determination)：对于一个回归分析，因变量的实际值与评估值之间的相关性。若判定系数接近于 1，则表示因变量的估计值与实际值之间的相关程度很高；反之则很低。
- 对数回归(Logistic Regression)：是一种非线性回归技术。对数回归不是直接预测因变量的值，而是估计因变量取给定值的概率。它是对因变量发生某事件的条件概率进行建模，从而预测因变量的线性函数。因其回归方程表达形式为线性的，所以又被称为广义线性回归模型中的一种。
- 回归树(Regression Tree)：一种特殊的决策树，其叶节点是数值而不是分类类型值。叶节点的值是经过树到达叶节点的所有实例的输出属性的平均值。
- 树回归(Tree Regression)：它是使用回归树结构，通过构建决策节点把数据切分成区域，在局部区域内进行回归拟合的回归分析方法。
- 分类回归树(Classification And Regression Tree，CART)：是一种根据数据特征进行二元划分建树的回归树，它使用计算分割数据的方差作为度量，使用使得方差最小的连续特征值作为树的节点。它能够针对复杂的、非线性问题建模。
- 模型树(Model Trees)：一种特殊的决策树，其每个叶子节点包含一个线性回归方程。
- 贝叶斯分析(Bayesian Analysis)：一种参数估计方法。它将关于未知参数的先验信息与样本信息相结合，根据贝叶斯公式，得出后验信息，然后根据后验信息去推断未知参数。

- 贝叶斯分类器(Bayes Classifier)：使用贝叶斯分析方法建立的、一种简单，但功能强大的有指导分类技术。模型假定所有输入属性的重要性相等，且彼此是独立的。

- 贝叶斯定理(Bayes Theorem)：给定某个数据样本的条件下，假设的概率。它等于给定该假设的条件下数据样本的概率乘以假设的概率，再除以数据样本的概率。

- 先验概率(Priori Probability)：表示在任何数据样本 E 出现之前假设的概率。

- 条件概率(Conditional Probability)：给定假设 H 为真的条件下，数据样本 E 为真的概率，记作 $P(E|H)$。

- 划分聚类法(Partition Clustering)：对一个具有 n 个实例的数据集，初始构造 k 个簇 ($k < n$)，然后通过反复迭代调整 k 个簇的成员，最终直到每个簇的成员稳定为止。

- 凝聚聚类(Agglomerative Clustering)：一种很受欢迎的无指导聚类技术。与 K-means 算法需要在聚类前确定所形成簇的个数不同，凝聚聚类在开始时假定每个数据实例代表它自己的类。聚类算法连续迭代以成对地合并高相似度的簇，直到所有实例都成为一个聚类的成员，最后一步决定哪个聚类是最佳的最后结果。

- 增量学习(Incremental Learning)：是一种在实例连续出现的情况下，根据新出现的实例，调整模型以对新实例作出反应的无指导学习模式。

- 概念聚类(Conceptual Clustering)：一种无指导聚类技术，它结合增量学习作为一组输入实例构造概念分层。

- 概念分层(Concept Hierarchy)：一种树结构形式，其根节点包含所有域实例的汇总信息，是概念的最高层次。

- 基层节点(Basic-Level Nodes)：在分类树中，除了叶节点，其他节点都称为树的基层节点。基层节点实际上表达了人类对概念层次的划分。

- 分类效用(Category Utility，CU)：一种启发式评价函数，它定义了聚类的好坏，值越小，聚类越差，值越大，聚类质量越好。CU 度量了一个实例被分类到某个簇后，其属性值被正确预测的期望增益。

- 基于模型的聚类方法(Model-based Clustering)：是为每个分类(簇)假设一个模型，再去发现符合模型的数据实例，使得实例数据与某个模型达成最佳拟合。

- 混合(Mixture)：在基于模型的聚类方法中，一个混合是一组 n 元概率分布，其每个分布代表一个簇。

- EM(Expectation-Maximization)算法：一种采用有限高斯混合模型的统计技术，统计学中用在依赖于无法观测的隐性变量(Latent Variable)的概率模型中，对参数进行最大似然估计。

第八章　时间序列和基于 Web 的数据挖掘

- 时间序列(Time Series)：用时间排序的一组随机变量。

- 一元时间序列(Univariate Time Series，单变量时间序列)：与时间相关的序列值只有一个的时间序列。

- 多元时间序列(Multivariate Time Series，多变量时间序列)：与时间相关的序列值

有多个的时间序列。

- 离散时间序列(Discrete Time Series)：时间序列中每个序列值所对应的时间参数为离散的间隔点。
- 连续时间序列(Continuous Time Series)：时间序列中的每个序列值所对应的时间参数为连续函数。
- 平稳型时间序列(Steadied Time Series)：时间序列中的属性值随着时间的变化无明显的趋势。
- 季节型时间序列(Seasonal Time Series)：时间序列中的属性值随着时间周期进行周期性变化的时间序列。
- 循环型时间序列(Cycling Time Series)：时间序列中的属性值随时间的变化也是呈周期性的，但是周期不是一个固定的时间间隔。
- 直线型时间序列(Linear Time Series)：时间序列中的属性值随时间的变化呈线性。
- 曲线型时间序列(Curve Time Series)：时间序列中的属性值随时间的变化呈曲线。
- 时间序列挖掘(Time Series Data Mining, TSDM)：对时间序列进行数据挖掘的过程，即从大量的时间序列数据中提取未知的、具有潜在价值的与时间属性相关的知识或规律，用于短期、中期或长期预测。
- TFIDF(Term Frequency Inverse Document Frequency)：一种用于文本挖掘的常用加权技术。它是一种统计方法，用来评估一个单词对于一个文本集中的一篇文章的重要程度，单词的重要性随着它在文章中出现的次数成正比增加，但同时会随着它在文本集中出现的频率成反比下降。
- 用户会话(User Session)：用户向 Web 服务器请求页面浏览(Pageview)的完整过程。
- 会话文件(Session File)：包含会话实例的文件。
- 页面浏览(Pageview)：一个或多个页面文件，在 Web 浏览器上形成一个显示窗口。
- 序列挖掘器(Sequence Miner)：一种特殊的数据挖掘算法，它能够发现以相同顺序出现的被频繁访问的页面。
- 个性化服务(Personalization Service)：一种自动推给用户的服务，无须用户主动地选择或寻找他们感兴趣的内容，而是主动地提供给他们。
- 自适应 Web 站点(Adaptive Web Sites)：能够通过数据挖掘学习模型半自动地改进内部结构以及表示方法的 Web 站点。
- 索引页(Index Page)：一个 Web 页，能够链接到详细描述某个主题的一组页面。
- 装袋(Bagging)：一种有指导的学习方法。其基本思想是使用多个模型分类新实例，其中每个模型都是使用相同的数据挖掘算法来建立，模型的区别在于选取同一个数据集中不同的训练实例进行训练。这多个模型在新实例的分类中拥有相同的权重。
- 推进(Boosting)：一种有指导的学习方法。其基本思想是使用多个模型分类新实例，每个新模型的建立是基于前面模型的结果。基于模型在训练数据上的性能，每个模型被赋予不同的权重,在未知实例的分类中执行效果较好的模型被赋予了更多的权重。

- 点击流(Clickstream):用户在访问 Web 页和相关链接时所产生的一系列链接。
- Cookie:存储于用户计算机中包含会话信息的数据文件。
- 扩展的一般日志文件格式(Extended Common Log File Format):一种用于存储 Web 服务器日志文件信息的格式。

附录 B　数据挖掘数据集

1) 文件名：CreditScreening

领域：信用卡申请

数据来源：UCI

描述：数据集包含 690 个实例，文件包含了信用卡申请的有关数据，所有属性名和值已经被改为无意义的符号，以保护数据的机密性。数据集提供了分类和连续属性的混合，数据还具有一些缺失值，这些值在 Excel 电子表格中以空白单元格的形式出现。每个实例包含 15 个输入属性和 1 个输出属性。输入属性有一个任意的名字，输出属性指定的属性名为 Class。如果 Class 的值为"+"，这个人的信用卡申请得到了批准；如果 Class 的值为"−"，表示拒绝了申请。表 B.1 为所有属性值说明。

表 B.1　CreditScreening 数据集属性说明

属性名	值	说　明
one	a, b	无意义符号
two	Numeric	无意义符号
three	Numeric	无意义符号
four	u, y	无意义符号
five	g, p	无意义符号
six	W, q, m, r, cc, k, c, x, i, e, d, ff, aa, j	无意义符号
seven	v, h, n, o, bb, dd, ff	无意义符号
eight	Numeric	无意义符号
nine	t, f	无意义符号
ten	t, f	无意义符号
eleven	Numeric	无意义符号
twelve	t, f	无意义符号
thirteen	g, s	无意义符号
fourteen	Numeric	无意义符号
fifteen	Numeric	无意义符号
class	+, −	使用+、−表示批准申请和拒绝申请

2) 文件名：CardiologyCategorical

　　　　　CardiologyNumerical

领域：医药

数据来源：UCI

描述：数据集有 303 个实例，其中 165 个实例为未患心脏病的病人数据，138 个实例为患过心脏病的病人数据。

数据集共有 14 个属性，第 14 个属性表示该实例是否为患有心脏病的病人。CardiologyNumerical 文件中的全部属性被变换为数值型属性，CardiologyCategorical 文件中的属性为混合格式，既有数值型属性，也有分类类型属性。表 B.2 为所有属性值的说明。

表 B.2 心脏病人数据集属性说明

属性名	混合值	数值类型值	说　明
Age	Numeric	Numeric	年龄
Sex	Male，Female	1，0	性别
Chest Pain Type	Angina，Abnormal Angina，NoTang，Asymptomatic	1，2，3，4	胸痛类型(绞痛、异常绞痛、无绞痛、无症状)
Blood Pressure	Numeric	Numeric	静息血压
Cholesterol	Numeric	Numeric	血清胆固醇
Fasting Blood Sugar<120	True，False	1，0	空腹血糖低于 120 吗？
Resting ECG	Normal，Abnormal，Hyp	0，1，2	静息心电图(正常、异常、左心室肥大)
Maximum Heart Rate	Numeric	Numeric	最大心率
Induced Angina?	True，False	1，0	诱发心绞痛吗？(运动的结果？)
Old Peak	Numeric	Numeric	峰值
Slope	Up，Flat，Down	1，2，3	斜度
Number Colored Vessels	0，1，2，3	0，1，2，3	有色导管编号
Thal	Normal，Fix，Rev	3，6，7	地中海缺血(正常、固定缺损、可逆缺损)
Concept Class	Healthy，Sick	1，0	概念类(血管造影疾病状态)

3) 文件名：CreditCardPromotion

　　　　　CreditCardPromotionNet

领域：信用卡促销

数据来源：假想数据集

描述：数据集有 15 个实例，包含曾经接受或拒绝过各种促销产品的信用卡持卡人的信息。

数据集共有 7 个属性，分别提供每个客户的年龄、收入、性别、是否拥有信用卡保险、是否利用过各种信用卡促销。表 B.3 为所有属性值的说明

CreditCardPromotion 文件中的属性为混合格式，既有数值型属性，也有分类类型属性。

CreditCardPromotionNet 文件中的数据为原始数据集的数值转换格式。

表 B.3　信用卡促销数据集属性说明

属性名	混合值	数值类型值	说　明
Income Range	Numeric	Numeric	收入范围
Magazine Promo	Yes，No	1，0	是否购买促销产品
Watch Promo	Yes，No	1，0	是否购买促销产品
Life Ins.Promo	Yes，No	1，0	是否购买人寿保险
Credit Card Ins.	Yes，No	1，0	是否购买信用卡保险
Age	Numeric	Numeric	年龄
Sex	Male，Female	1，0	性别

4) 文件名：bank-data

领域：商业

数据来源：互联网

描述：银行客户行为数据集。数据集包含了 600 个实例，12 个属性。属性包括 ID(用户 ID)；属性 Age(年龄)；Sex(性别)；Region(居住地)，取值 Inner_city(市内)、Town(城镇)、Suburban(城郊)、Rural(乡村)；属性 Income(收入)；Married(婚否)；Children(子女数)，取值 0、1、2、3；Car(是否有汽车)；Save_act(是否有储蓄账户)；Current_act(是否为活期账户)；Mortgage(是否有抵押)；Pep(是否为 Pep)。表 B.4 为所有属性值的说明。

表 B.4　银行数据集属性说明

属性名称	值	说　明
ID	ID12101 到 ID12700	用户名
Age	Numeric	年龄
Sex	Male，Female	性别
Region	Inner_city，Town，Suburban，Rural	居住地(市内、城镇、城郊乡村)
Income	Numeric	收入
Married	Yes，No	婚否
Children	Numeric	子女数
Car	Yes，No	是否有汽车
Save_act	Yes，No	是否有储蓄账户
Current_act	Yes，No	是否为活期账户
Mortgage	Yes，No	是否有抵押
Pep	Yes，No	是否为 Pep

5) 文件名：ColdType

领域：医疗

数据来源：假想数据集

描述：数据集共有 8 个属性，前 7 个属性表达了病人患感冒的临床症状，分别为 Increased‐lym(淋巴细胞是否升高)、Leukocytosis(白细胞是否升高)、Fever(是否发烧)、Acute-onset(是否起病急)、Sore-throat(是否有咽痛症状)、Cooling-effect(服用退烧药的退热效果如何)、Group(是否有群体发病情况)。第 8 个属性为诊断的感冒类型 Cold-type。表 B.5 为所有属性值的说明。

表 B.5　感冒诊断数据集属性说明

属性名称	混合值	说　明
Increased-lym	Yes，No	淋巴细胞升高
Leukocytosis	Yes，No	白细胞升高
Fever	Yes，No	发烧
Acute-onset	Yes，No	起病急
Sore-throat	Yes，No	咽痛
Cooling-effect	Good，Not good，Unknown	退热效果
Group	Yes，No	群体发病
Cold-type	Viral，Bacterial	感冒类型

6) 文件名：building

领域：商业

数据来源：MS Excel

描述：办公楼数据集。共 5 个属性，包括 Floor Space(底层面积)、Number of Offices(办公室个数)、Number of Entrances(入口个数)、Building Age(大楼使用年数)和 Value(价值)。表 B.6 为所有属性值的说明。

表 B.6　办公楼数据集属性说明

属性名称	值	说　明
Floor Space	Numeric	底层面积
Number of Offices	Numeric	办公室个数
Number of Entrances	Numeric	入口个数
Building Age	Numeric	大楼使用年数
Value	Numeric	价值

7) 文件名：PlayBasketball

领域：体育

数据来源：假想数据集

描述：打篮球数据集。共 5 个属性，分别为：Weather(当天的天气)、Temperature(气温)、Courses(当天上完的课时数)、Partner(是否有球友)、Play(是否去打篮球)。表 B.7 为所有属性值的说明。

表 B.7　打篮球数据集属性说明

属性名称	值	说 明
Weather	Sunny，Rain	当天的天气
Temperature	−10～0、0～10、10～20、20～30 和 30～40	气温
Courses	Numeric	当天上完的课时数(范围为 1～8)
Partner	Yes，No	是否有球友
Play	Yes，No	是否去打篮球

8) 文件名：MarketBasket

领域：商业

数据来源：假想数据集

描述：网络购物交易数据集。共 5 个属性，分别是 Book(图书)、Sneaker(运动鞋)、Earphone(耳机)、DVD、Juice(果汁)。表 B.8 为所有属性值的说明。分别是

表 B.8　网络购物交易数据集属性说明

属性名称	值	说 明
Book	0，1	是否购买图书
Sneaker	0，1	是否购买运动鞋
Earphone	0，1	是否购买耳机
DVD	0，1	是否购买 DVD
Juice	0，1	是否购买果汁

9) 文件名：iris

领域：生物

数据来源：UCI

描述：iris 数据集包含了 150 个实例(每个分类包含 50 个实例)，有 Sepal Length(萼片长度)、Sepal Width(萼片宽度)、Petal Length(花瓣长度)、Petal Width(花瓣宽度)和 Species-name 5 个属性。前 4 个属性为数值型，Species-name 属性为分类属性，表示实例所对应的类别 Iris-Setosa(山鸢花)、Iris-Versicolour(变色鸢花)和 Iris-Virginica(弗吉尼亚州鸢花)。表 B.9 为所有属性值的说明。

iris 数据集有两个版本，其中 Species-name 属性在另一版本上被命名为 Class。

表 B.9　iris 数据集属性说明

属性名称	混合值	说 明
Sepal Length	Numeric	萼片长度
Sepal Width	Numeric	萼片宽度
Petal Length	Numeric	花瓣长度

续表

属性名称	混合值	说　明
Petal Width	Numeric	花瓣宽度
Species-name	Iris-Setosa，Iris-Versicolour，Iris-Virginica	花的种类名称(山鸢花、变色鸢花、弗吉尼亚州鸢花)

10) 文件名：TimeSeries-housePrice

领域：商业

数据来源：假想数据集

描述：某城市 1993—2013 年商品房平均售价。数据集共 5 个属性，分别为 Year(年份)、Cur-HousePrice(当年的商品房平均售价)、Pre-1-HousePrice(前一年的商品房平均售价)、Pre-2-HousePrice(前第二年的商品房平均售价)和 Pre-3-HousePrice(前第三年的商品房平均售价)。表 B.10 为所有属性值的说明。

表 B.10　房屋售价数据集属性说明

属性名称	值	说　明
Year	Numeric	年份
Cur-HousePrice	Numeric	当年的商品房平均售价
Pre-1-HousePrice	Numeric	前一年的商品房平均售价
Pre-2-HousePrice	Numeric	前第二年的商品房平均售价
Pre-3-HousePrice	Numeric	前第三年的商品房平均售价

11) 文件名：bmw-browsers

领域：商业

数据来源：互联网

描述：数据集有 100 条实例数据，数据集共 8 个属性，分别为 Dealership、Showroom、ComputerSearch、M5、3Series、Z4、Financing、Purchase。每个属性都描述客户在其各自的 BMW 体验中所到达的步骤。Dealership 停车场，为 1 表示咨询，为 0 表示未咨询；Showroom 展厅，为 1 表示停留，为 0 表示未停留；ComputerSearch 计算机查询，为 1 表示在计算机上查询，为 0 表示未查询；M5、3Series、 Z4 分别表示是否到达了 5 系、3 系和 Z4 区域停留，为 1 表示去了，为 0 表示没去；Financing 付款，为 1 表示到达付款阶段，为 0 表示未到达此阶段；Purchase 成交，为 1 表示成交，为 0 表示未成交。表 B.11 为所有属性值的说明。

表 B.11　BMW 体验数据集属性说明

属性名	值	说　明
Dealership	0，1	咨询/未咨询
Showroom	0，1	停留/未停留
ComputerSearch	0，1	查询/未查询

续表

属性名	值	说　明
M5	0，1	停留/未停留
3Series	0，1	停留/未停留
Z4	0，1	停留/未停留
Financing	0，1	到达付款阶段/未到达付款阶段
Purchase	0，1	成交/未成交

12) 文件名：票房

领域：商业

数据来源：假想数据集

属性：共 5 个属性，分别为故事好、名导演、名演员、宣传次数、票房。表 B.12 为所有属性值的说明。

表 B.12　电影票房数据集属性说明

属性名	值	说　明
故事好	Yes，No	故事是否好
名导演	Yes，No	是否为名导演
名演员	Yes，No	是否为名主演
宣传次数	Numeric	宣传次数 0～5 次
票房	Good，Bad	票房好和不好

参 考 文 献

[1] Richard J.Roiger，等. 数据挖掘教程[M]. 翁敬农，戴红译. 北京：清华大学出版社，2008.

[2] 韩家炜，堪博. 数据挖掘概念与技术[M]. 范明，孟小峰译. 北京：机械工业出版社，2012.

[3] Ian H. Witten,Eibe Frank. 数据挖掘实用机器学习技术(原书第 2 版)[M]. 董琳，等译. 北京：机械工业出版社，2012.

[4] Pang-Ning Tan，等. 数据挖掘导论(完整版)[M]. 范明，范宏建，等译. 北京：人民邮电出版社，2012.4.

[5] 池太崴. 数据仓库结构设计与实施[M]. 北京：电子工业出版社，2009.

[6] 李雄飞，等. 数据挖掘与知识发现[M]. 北京：高等教育出版社，2010.

[7] http://www.kdnuggets.com.

[8] http://archive.ics.uci.edu/ml/.

[9] http://www.crisp-dm.org.